国防科技图书出版基金

APS CMOS 星敏感器系统原理及实现方法

Principle and Implementation of APS CMOS Star Tracker

邢飞　尤政　孙婷　卫旻嵩　著

国防工业出版社

·北京·

图书在版编目(CIP)数据

APS CMOS 星敏感器系统原理及实现方法/邢飞等著.
—北京:国防工业出版社,2017.4
ISBN 978 - 7 - 118 - 10925 - 2

Ⅰ.①A... Ⅱ.①邢... Ⅲ.①航天器 - 姿态飞行控制
- 敏感器件 Ⅳ.①V448.22

中国版本图书馆 CIP 数据核字(2017)第 041779 号

※

国防工业出版社出版发行
(北京市海淀区紫竹院南路23 号 邮政编码100048)
腾飞印务有限公司印刷
新华书店经售
*
开本 710×1000 插页 35 1/16 印张 16 字数 285 千字
2017 年 4 月第 1 版第 1 次印刷 印数 1—2000 册 定价 88.00 元

(本书如有印装错误,我社负责调换)

国防书店:(010)88540777 发行邮购:(010)88540776
发行传真:(010)88540755 发行业务:(010)88540717

致 读 者

本书由中央军委装备发展部**国防科技图书出版基金**资助出版。

为了促进国防科技和武器装备发展,加强社会主义物质文明和精神文明建设,培养优秀科技人才,确保国防科技优秀图书的出版,原国防科工委于 1988 年初决定每年拨出专款,设立国防科技图书出版基金,成立评审委员会,扶持、审定出版国防科技优秀图书。这是一项具有深远意义的创举。

国防科技图书出版基金资助的对象是:

1. 在国防科学技术领域中,学术水平高,内容有创见,在学科上居领先地位的基础科学理论图书;在工程技术理论方面有突破的应用科学专著。

2. 学术思想新颖,内容具体、实用,对国防科技和武器装备发展具有较大推动作用的专著;密切结合国防现代化和武器装备现代化需要的高新技术内容的专著。

3. 有重要发展前景和有重大开拓使用价值,密切结合国防现代化和武器装备现代化需要的新工艺、新材料内容的专著。

4. 填补目前我国科技领域空白并具有军事应用前景的薄弱学科和边缘学科的科技图书。

国防科技图书出版基金评审委员会在中央军委装备发展部的领导下开展工作,负责掌握出版基金的使用方向,评审受理的图书选题,决定资助的图书选题和资助金额,以及决定中断或取消资助等。经评审给予资助的图书,由中央军委装备发展部国防工业出版社出版发行。

国防科技和武器装备发展已经取得了举世瞩目的成就,国防科技图书承担着记载和弘扬这些成就,积累和传播科技知识的使命。开展好评审工作,使有限的基金发挥出巨大的效能,需要不断地摸索、认真地总结和及时地改进,更需要国防科技和武器装备建设战线广大科技工作者、专家、教授,以及社会各界朋友的热情支持。

让我们携起手来,为祖国昌盛、科技腾飞、出版繁荣而共同奋斗!

国防科技图书出版基金

评审委员会

国防科技图书出版基金
第七届评审委员会组成人员

序

我国航天技术在近五十年特别是近二十年间取得了长足的发展,在遥感、导航、通信、载人航天和探月工程等领域都获得了举世瞩目的成绩,逐渐从航天大国向航天强国迈进。然而,在卫星的核心部组件和元器件方面的研制实力与欧美等传统航天强国还存在差距。星敏感器是卫星平台精度取得突破的一类重要核心器件,是目前卫星系统中姿态测量精度最高的部组件,在高性能卫星及航天器中具有广泛的应用,发挥着不可替代的作用。我国在高性能星敏感器研制方面还存在不足,一定程度上依赖进口。自 2000 年,我国仅从德国 Jena 公司进口的星敏感器就超过百台套,同时国外高性能星敏感器对中国有严格的禁运限制。这些成为阻碍我国航天技术进步的重要瓶颈之一。

国家高度重视高性能星敏感器等航天核心技术的创新研究。清华大学尤政院士所领导的团队,近十五年来致力于我国自主星敏感器的研究工作,在本领域取得了多项具有代表性的成果,获得了 2009 年北京市科学技术一等奖和 2012 年国家技术发明二等奖等奖励。清华大学研制的星敏感器体积小、重量轻、功耗低,星图识别速度快,抗干扰性强,在微小卫星及高精度遥感卫星领域具有特别的优势和广阔的应用前景。近年来,微纳卫星技术发展迅速,包括 Google 等多个高科技公司和若干著名私营企业已进军这一领域,特别是低轨遥感小卫星方面,以 Planet Lab,Skybox,oneWeb,BlackSky 等新兴卫星技术公司为代表,动辄有发送上百颗低轨小卫星的迫切需求。低成本、小型化的纳皮型星敏感器必然将在其中发挥重要作用。随着微光机电等技术发展,COTS 器件的选用和低成本航天技术逐渐成为航天技术发展趋势,星敏感器微型化的潜力不可估量。

本书是作者十五年来创新性研究成果的总结和凝练,涵盖了设计、研制、测试及在轨应用等多方面内容,覆盖了星敏感器的整个生命周期.本书的实验部分亮点明显,理论与实验相结合,采用了大量的真实实验以及卫星的在轨实验数据,使得其说服力更强。同时,本书章节安排合理,每章针对一个星敏感器需要突破的核心问题,从原理到实现进行了重点阐述。在不失整体性的同时,创新突出,将纷繁复杂的方法总结成通用性的逻辑进行阐释,给读者豁然开朗的感觉。

希望本书中所提出的多项方法如图像处理、星图识别和精度测试等能够对我国从事星敏感器的研究和使用的读者提供有价值的启发和参考，并促进高性能星敏感器领域的发展和标准的建立。

2015.11.10

前 言

　　星敏感器是一种以恒星作为测量参考基准的空间姿态敏感器,是迄今为止航天器上姿态测量精度最高的敏感器,具有无漂移、工作寿命长等优点,是航天器赖以生存和性能提升的基础性、关键性器件,在对地遥感、深空探测、空间攻防等航天应用中具有重要的战略意义。

　　星敏感器的发展大致经历了扫描式星敏感器、凝视电荷耦合器件(CCD)星敏感器和有源像素传感器(APS)星敏感器三代。扫描式星敏感器原理简单,识别星数目少,但因其具有转动部件,使系统寿命、可靠性受到影响,体积庞大且精度不高,除在后续的大气层内白天星敏感器上保留相应功能外,在卫星等应用中基本已淘汰;凝视 CCD 星敏感器是目前星敏感器领域的主流产品,在多颗卫星上广泛使用,但因其功耗、体积、质量都较大,且容易受到空间环境等干扰,在微纳卫星上使用较为困难;以 APS 互补金属氧化物半导体(CMOS)感光探测器为基础的新一代微型星敏感器是当前星敏感器领域的研究重点方向。

　　本书在国家安全重大基础研究计划(973)、国家高技术研究发展计划(863:2012AA121503)、国家自然科学基金(51522505,61377012)等的支持下,开展了APS CMOS 星敏感器的新工艺、新机理和新方法研究,并针对微型航天器姿态敏感系统轻小型、高精度的特点,进行了基于 APS CMOS 技术的微小型星敏感器样机、系统、算法的研制,并按照我国航天规范进行了地面环境实验和在轨应用。课题组研制的微型 APS CMOS 星敏感器指向精度7″,质量 1.1kg,功耗 1.3W,捕获时间 0.5s,并可以在月光或云层反射光等进入视场时保持正常工作,在精度与国际高性能星敏感器相当的情况下,将捕获时间和低功耗方面提升了近 1 个量级,显著提高了我国微小卫星的姿态测量水平。在此基础上,课题组又开展了150g 纳型星敏感器、50g 皮型星敏感器等技术研究,并在我国首个微机电系统(MEMS)卫星任务中得到了应用,取得了令人振奋的实验效果。

　　本书从星敏感器的原理和基本方法入手,以某型号卫星的 APS CMOS 星敏感器及在轨应用的实验数据为基础,共包括 10 章,其中第一章主要介绍星敏感器研究意义及发展现状,并对其工作原理和关键技术进行了简要介绍;第二章主要介绍星敏感器的主要技术指标与各参数之间的关系,给出了星敏感器的一般设计原则和基本方法;第3章主要介绍了 APS CMOS 星敏感器成像系统设计原则,以及信噪比和星点滤波等方法,给出星敏感器的星点提取方法和准则;第4章介绍了 APS CMOS 星敏感器的光学成像系统的设计、指标间的关系等,重点介绍了星敏感器的光学系统装调方法,并对温度等变化造成星敏感器精度分析等技术指标进行了分析;第5章介绍了星敏感器的标定方法,重点介绍了一种基于光学自准直原理进行参数解耦的标定方法,简单实用,且相比于传统方法精度更高;第6章重点阐述了基于流水线工作模式的星敏感器星图识别方法;第7章主要阐述了星敏感器的星图识别方法,在系统总结与提炼不同星图识别算法之间的本质运算逻辑的同时,提出了一种基于导航星域的快速星图识别方法;第8章主要介绍了一体化星敏感器的测试系统与方法,包括实验室测试与真实星空测试;第9章主要介绍了星敏感器的在轨实验,并着重分析了星敏感器的在轨动态性能提升方法,同时对上述内容和主要技术指标进行了验证;第十章主要扩展介绍纳型星敏感器的发展、研制、测试及在轨应用情况。

本书不仅系统介绍了 APS CMOS 星敏感器的研制方法与系统实验,而且还简要概括了目前课题组所进行的纳型星敏感器和皮型星敏感器等系统的研究情况,使得整个研究体系和发展历程更加清晰明确。

本书的相关内容源于清华大学精密仪器系智能微系统实验室的长期研究实践,希望能够为国内大专院校及科研院所等相关研究提供参考。由于时间仓促及作者水平所限,书中难免有缺点和不足,恳请读者批评指正。

作 者
2016 年 1 月

目 录

Contents

第 1 章

绪 论

1.1 APS CMOS 星敏感器的研究意义

姿态信息是航天器在轨运行必不可少的参考基准,也是表征航天器水平和性能的重要技术指标。星敏感器是迄今为止航天器上姿态测量精度最高的敏感器,在高精度测绘、遥感、编队飞行中发挥着不可替代的作用。无论在地球轨道卫星还是深空探测器,无论是大型空间结构还是小卫星,高精度的姿态确定几乎都采用星敏感器。相对于太阳敏感器等其他姿态敏感器而言,星敏感器具有以下主要优点:星敏感器能够提供角秒级甚至亚角秒级的指向精度,可实现空间飞行器的三轴绝对姿态测量,而地球敏感器、磁强计、太阳敏感器等只能提供一个或者两个参考方向的测量信息;星敏感器坐标参考的导航恒星相对均匀地布满整个天球,因此一个具有合适灵敏度和视场的星敏感器,几乎在指向任何方位时都能够探测到导航恒星,进而提供三轴的姿态信息,这也是其他姿态敏感器所无法比拟的。

CCD 星敏感器在航天领域的应用已经日趋成熟,前景被看好。但是,目前绝大部分达到应用水平的高精度星敏感器的质量、功耗、体积等都相对较大,对于蓬勃发展的微纳卫星很难直接应用。因此,很多国际研究机构和星敏感器研制单位也将主要的研究精力放在更加适合于微小卫星发展的新型星敏感器上[1,2],希望在微小型星敏感器及微小卫星领域占有一席之地。随着航天任务和微小卫星技术的发展,我国对高精度、高动态、轻小型星敏感器的需求更为迫切;我国在 2010 年成功进行了 15 次航天发射,已经成为航天发射次数最多的国家,其中小卫星大多使用进口的低精度星敏感器。但是,欧盟等国家和组织正在实施出口管制政策,星敏感器的进口越来越难。

本书基于自主星敏感器的研究思路,总结了国际上星敏感器的发展历程,介绍了星敏感器的通用设计方法和基本准则,并针对微小卫星对姿态敏感系统的要求,着重介绍了微小型星敏感器所采用的新技术、新方法。其研究成果不仅能够提高我国微小卫星的姿态测量精度,而且在提高我国微型航天器的自主能力,减少对国外关键技术的依赖,提高新的光学系统空间应用等方面具有重要的意义。

1.2 航天器姿态敏感器综述

为了清晰和明确航天器姿态测量的原理和方法,进一步理解星敏感器在航天应用领域的重要性以及与其他姿态敏感器的区别,本节简要介绍目前在航天器上使用的主要姿态敏感器的情况。

航天器姿态描述通常采用相对某一指定坐标系的指向,最常用的是相对于天球惯性坐标系的指向。为了完成这一过程,通常需要知道一个或者多个方向矢量相对于航天器坐标系和指定坐标系的指向,并且这些矢量相对于指定坐标系都是已知的。最常用的矢量包括:太阳矢量,地球中心矢量,导航星矢量以及地球磁场矢量。姿态敏感器只要测量出这些矢量相对于敏感器本身坐标系或者航天器坐标系的指向,就可以进一步计算得到航天器在指定坐标系的姿态。

1.2.1 太阳敏感器

太阳敏感器是直接测量太阳在航天器坐标系中矢量的敏感器。太阳敏感器属于光学传感器,是卫星上最常用的姿态敏感器,几乎用在所有卫星上。太阳是在地球附近最亮的恒星,能够很容易将其与背景恒星等其他光源分离,而且太阳与地球之间的距离使太阳相对于地球卫星来说是一个点,这在很大程度上简化了太阳敏感器的设计。同时,绝大多数卫星都需要太阳能作为能源,需要帆板正对着太阳;也有些器件或仪器,需要避开太阳,防止杂光和发热。在这些场合,太阳敏感器是非常重要的。太阳敏感器的设计方法和样式很多,但是本质上主要包含三种类型:模拟太阳敏感器,太阳出现敏感器以及数字太阳敏感器[3]。

1.2.2 红外地平敏感器

红外地平敏感器是直接测量地球在航天器坐标系中矢量的敏感器,也称为地球敏感器。它能够直接计算出航天器相对于地球的姿态,故在很多和地球有关的任务中得到广泛应用,如跟踪与数据中继卫星(TDRSS)、地球静止轨道业务环境卫星(GOES)、陆地卫星(LANDSAT)等[4]。地球不能够像太阳那样,被看作一个点进行处理,尤其对于近地轨道卫星,地球占据了卫星视场的40%,故只探测地球的出现对于卫星定姿来说是不够的。因此,大多数地球敏感器都采取检查地平的方式。地平敏感器属于红外敏感器,用来探测温暖的地球表面和寒冷太空的对比度。其难点在于,敏感器区分地球及其周围感光阈值的选择。但是,受到地球大气和太阳反射光等影响,此阈值会发生很大变化。传统地球敏感器采用扫描方式,具有运动部件,寿命和可靠性不足;目前大视场静态红外式地球成像敏感器已经取得长足发展,如我国上海技术物理研究所采用 14 ~ 16μm 谱段的面阵 CCD,实现了完整的地球成像,获得了较高的测量精度。

1.2.3 磁强计

磁强计是航天器上一个比较常用的矢量测量敏感器,具有如下特点:能同时测量磁场的方向和强度;功耗低,质量轻;在一定的轨道范围内,其测量结果是值得信赖的;能够在很大的温度范围内工作;没有运动部件。但是,地球的磁场模型仅仅是对地球磁场的近似描述,以此作为磁强计的测量基准,将带来较大的误差,因此磁强计不是一种高精度的姿态敏感器。另外,地球磁场强度与地心距的 3 次方成反比,当航天器的轨道高度大于 1000km 时,卫星内的剩余磁偏置将会超过地球磁场的影响。这时地球磁场便不能作为测量基准,使得磁强计的应用受到限制。

1.2.4 星敏感器

星敏感器是依靠测量航天器坐标系中导航星的指向来确定航天器姿态的器件。其工作过程是:首先测量导航星在航天器坐标系中的矢量,然后通过星图识别,得到其所对应于惯性坐标系的矢量;通过比较两个坐标系中相应导航星的矢量关系,就可以得到从惯性坐标系到航天器坐标系的变换矩阵,即航天器在惯性坐标系中的姿态。

星敏感器是最高精度的姿态敏感器,其精度可以达到角秒级。但是传统的星敏感器价格昂贵,体积和质量都很大,功耗高,而且星敏感器上的计算机无论是硬件还是软件都比较复杂,设计和调试难度大。另外,相对于其他敏感器来说,星敏感器比较容易受到干扰。空间的很多杂光都可能导致星敏感器工作失效,星敏感器的安装要避开太阳、地球、月球等天体发光或反射光的干扰,同时还要考虑不能受卫星体本身干涉等问题。尽管星敏感器具有上述缺点,但高精度绝对姿态测量的特点使其在卫星等航天器上得到广泛使用。

1.2.5 惯性敏感器

惯性敏感器是利用加速度计和惯性敏感器来测量相对于惯性系统位置和姿态的敏感器,也称为惯性导航系统,简称惯导系统(Inertial Navigation System, INS)。惯性敏感器利用加速度计测得运载体的运动加速度,经过运算求出运载体即时位置;利用惯性敏感器实现导航定位计算所需的基准坐标(导航坐标系）。惯性敏感器不须依靠外界任何信息即可完成导航任务,因为不和外界发生任何光、电联系,因此隐蔽性好,工作不受气象条件的限制。但是,惯性敏感器一般具有高速旋转部件,容易损坏,而且存在漂移,不能够独立高精度地长时间工作,一般需要星敏感器等系统对其进行修正。

1.2.6　姿态敏感器比较

对上述 5 种姿态敏感器进行比较,如表 1-1 所列。

表 1-1　常用姿态敏感器比较[5]

名称	参考系	优点	缺点
太阳敏感器	太阳	低功耗,低质量,太阳清晰、明亮,一般为太阳能电池板和仪器防护所必备	部分轨道内可能不可见,精度约 1′
地球敏感器	地球	对近地轨道总是可用,边界不清晰,分析容易	一般需要扫描地平线,精度约 0.1°,轨道和姿态耦合紧密
磁强	地磁场	经济,低功耗,近地轨道总是可用	精度差,大于 0.5°,只对低轨道可用。卫星需进行磁平衡
星敏感器	星体	高精度,角秒级,独立于轨道运动,空间任何位置均可用	质量大,复杂、昂贵,星体识别时间长
惯性敏感器	惯性	无需外部传感器,独立于轨道运动,短时精度好	有漂移,高速旋转部件易磨损,相对功耗和质量大

从目前卫星上姿态敏感器的整体情况看,在高精度卫星配备上,星敏感器几乎是必然选择。

1.3　星敏感器工作原理

1.3.1　导航星

天体之间由于引力和运动,保持相对的平衡。从视觉上看,所有天体似乎都是等距离的,它们与观测者的关系犹如球面上的点与球心的关系。这个以观测者为中心、以任意长为半径的假想球,称为天球。

恒星是星敏感器进行工作的参考基准。经过多年大量的天文观测,每颗恒星都在天球中具有各自相对固定的位置,一般以天球球面坐标的赤经和赤纬来表示,记作 (α, δ),如图 1-1 所示。根据直角坐标与球面坐标的关系,可以得到每颗恒星在天球直角坐标系下的方向矢量为

$$v = \begin{bmatrix} \cos\alpha\cos\delta \\ \sin\alpha\cos\delta \\ \sin\delta \end{bmatrix} \tag{1-1}$$

目前,星表中导航星的角位置精度一般在 20 毫角秒的量级,相对于星敏感器研制过程中其他方面的误差,其精度可以认为是足够高的。从星库中选出满足星敏感器成像条件的恒星组成导航星,构成导航星表。导航星表在地面上一次性地固化在星敏感器的存储器中。

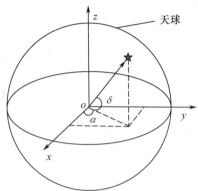

图 1 - 1　导航星在天球球面坐标系和直角坐标系中的描述关系

1.3.2　星敏感器测量原理

当星敏感器处于天球坐标系中的某一姿态矩阵为 A 时,利用星敏感器的小孔成像原理,可以测量得到导航星 s_i(对应天球坐标系下的方向矢量为 v_i),在星敏感器坐标系内的方向矢量为 w_i,如图 1 - 2 所示。

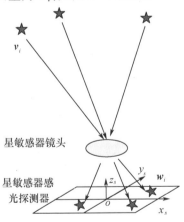

图 1 - 2　星敏感器成像原理图

星敏感器主轴中心在探测器上的位置坐标为 (x_0, y_0),导航星 s_i 在探测器上的位置坐标为 (x_i, y_i),星敏感器的焦距为 f,则可以得到矢量 w_i 的表达式为

$$w_i = \frac{1}{\sqrt{(x_i - x_0)^2 + (y_i - y_0)^2 + f^2}} \begin{bmatrix} -(x_i - x_0) \\ -(y_i - y_0) \\ f \end{bmatrix} \qquad (1-2)$$

在理想情况下具有如下关系,即

$$w_i = Av_i \qquad (1-3)$$

式中:A 为星敏感器姿态矩阵。

当观测量多于 2 颗星时,可以直接通过四元数最优估计(Quarternion Estimation,QUEST)等方法进行星敏感器的姿态矩阵 A 求解,求出最优姿态矩阵 A_q,使得下面的目标函数 $J(A_q)$ 达到最小值[6],即

$$J(A_q) = \frac{1}{2} \sum_{i=1}^{n} \alpha_i \parallel w_i - A_q v_i \parallel^2 \qquad (1-4)$$

式中:α_i 为加权系数,满足 $\sum \alpha_i = 1$。这样,可以得到星敏感器在惯性空间中姿态矩阵的最优估计 A_q。

1.3.3 星敏感器的组成

根据上述测量原理,星敏感器首先需要进行星图获取(拍照),将导航星 s_i 成像到星敏感器的探测器上;然后进行星点提取,提取星点坐标,结合星敏感器的参数,得到星点在星敏感器坐标系统的方向矢量 w_i;再根据星图识别技术,识别出当前在星敏感器坐标平面上的星点所对应导航星表中的导航星 s_i,进而获得在惯性坐标系中的方向矢量 v_i;最后利用 QUEST 等方法,求得此时星敏感器所对应姿态矩阵的最优估计 A_q。星敏感器属于航天器上的一个部件,需要与星上的其他部分发生联系,因此,星敏感器还包括对外接口部分。星敏感器工作流程如图 1-3 所示。

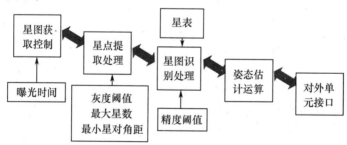

图 1-3 星敏感器工作流程

目前国际上使用的星敏感器大多采用上述的原理和流程来工作。为了和早期跟踪模式的星敏感器相区别,这种星敏感器称为凝视星敏感器。

1.4 国内外星敏感器研究发展现状

星敏感器的发展与应用已历经半个多世纪,期间随着探测器件的不断发展,星敏感器也随之更新换代。最初,星敏感器使用析像管作为探测器件,如"探险者"53 号天文卫星(SAS-C)、高能天文观测台(HEAO)、地磁卫星(MAGSAT)等

航天应用中的星敏感器。但是,析像管的模拟稳定性、尺寸、质量、磁效应和高压击穿等问题限制了它的使用和发展[7]。

自 20 世纪 70 年代起,CCD 和电荷注入器件(CID)等固态图像传感器技术日臻成熟,极大促进了新一代星敏感器的研制和发展。CCD 图像传感器具有光谱响应宽、量子效率高、体积小、工作电压低、灵敏度高、噪声低、分辨率高、空间稳定性好的特点,在几十年的成像技术中占据主导地位。但是,CCD 图像传感器在星敏感器的应用中逐渐暴露出一些问题,包括:CCD 抗空间辐射能力较差;CCD 需要提供的电源种类多;CCD 图像电荷为串行顺序输出,使得 CCD 功耗增大,电荷转移率小于 1,信号在传输过程中发生衰减;CCD 制造工艺复杂,与通用集成电路的工艺兼容性较差。

20 世纪 90 年代,美国喷气推进实验室(JPL)发明了 APS CMOS 图像传感器。APS 在 CMOS 图像传感器的每个像元的光电二极管上均增加一个放大器,构成有源 CMOS 图像传感器。APS 采用标准 CMOS 半导体生产工艺,可将多种功能电路集成到一块芯片上,有体积小、功耗低、质量轻的特点,也非常适合应用在星敏感器技术中。相较于 CCD 图像传感器,APS CMOS 图像传感器具有如下特点:集成度高,可将光敏阵列、驱动、控制电路、模拟信号处理电路、模/数(A/D)转换、全数字接口完全集成,使星敏感器电子设计简化,外围电路减小,有利于星敏感器的微小型化;单一电源供电、功耗低;抗干扰能力强,像元信号不需电荷转移,可直接读出;数据读出方式灵活。

由于 CCD 图像传感器和 APS CMOS 图像传感器有各自的优点,在一定情况下也都存在不足,所以目前基于这两种图像传感器的星敏感器的研制都属于主流研制方向,可根据航天任务需求的不同,选用不同类型的图像传感器。

1.4.1 国外星敏感器发展现状

目前基于 CCD 的自主星敏感器仍然是主流产品,并且已发展出多种商用型号。基于 APS 技术的星敏感器也逐渐开始转化为产品。表 1-2 给出国际上主要航天供应商研制出的星敏感器相关产品,其技术指标等主要来自于相关公司网站上的最新宣传手册。

表 1-2 典型的商用 CCD 星敏感器

研究机构	器件名称		
	Astro 10 (CCD)	Astro 15 (CCD)	Astro APS (HAS/APS)
Jena-Optronik[8] (德国)			

（续）

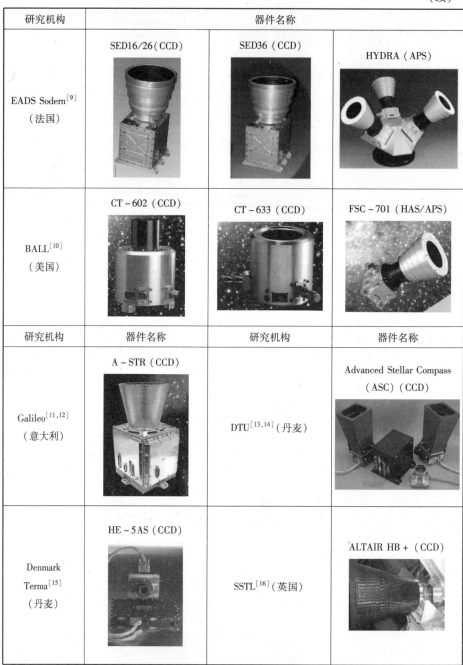

研究机构	器件名称		
EADS Sodern[9] （法国）	SED16/26（CCD）	SED36（CCD）	HYDRA（APS）
BALL[10] （美国）	CT－602（CCD）	CT－633（CCD）	FSC－701（HAS/APS）
研究机构	器件名称	研究机构	器件名称
Galileo[11,12] （意大利）	A－STR（CCD）	DTU[13,14]（丹麦）	Advanced Stellar Compass （ASC）（CCD）
Denmark Terma[15] （丹麦）	HE－5AS（CCD）	SSTL[16]（英国）	ALTAIR HB＋（CCD）

根据表 1－2,对目前国外星敏感器的现状分析如下:

（1）目前国外星敏感器的基本水平为:指向精度 3 ~ 10″（3σ）,质量 3 ~ 7kg,功耗 9 ~ 15W,数据更新率 1 ~ 10Hz,初始捕获时间 2 ~ 10s。在动态性能方面,全性能表现一般要求运动角速度在 0.5(°)/s 以内,在损失部分精度的前提下,可以达到 2(°)/s 或更高。

(2) 为了提高星敏感器的动态性能,部分星敏感器自身集成有 MEMS 惯性敏感器组件,如 HYDRA,提高更新率和动态性能,并减小初始捕获时间[17]。

(3) 若采用多视场星敏感器可以有效避免太阳光干扰,也有利于提高星敏感器的滚转精度;若采用单视场星敏感器,则需要调整适宜的安装位置,尽量避免太阳光等杂光入射时失效情况。

1.4.2 国内星敏感器发展现状

国内星敏感器经过 20 多年的发展,也取得了一定成果。清华大学、北京航天航空大学、长春光学与精密机械研究所、中国空间技术研究院等多家单位都宣布研制出星敏感器的样机。中国空间技术研究院下属单位北京控制工程研究所为我国"嫦娥"一号卫星研制了 CCD 星敏感器(见图 1-4),精度达到 18″,2007 年 10 月进行了发射,成功完成了在轨飞行任务,成为我国星敏感器成果从研究转为应用的重要里程碑标志,但是因其体积和功耗都相对较大,在小卫星的应用方面仍然有一定的困难。

图 1-4 "嫦娥"卫星上 CCD 星敏感器

此外,中国航天科技集团第八研究院、北京控制工程研究所、北京航空航天大学分别研制了小型化星敏感器,并陆续完成了在轨实验,星敏感器整体技术国产化取得了巨大的成功。清华大学从 2000 年开始 APS CMOS 星敏感器研究,先后完成了 APS CMOS 星敏感器地面观星实验、姿态解算等功能和性能实验,并在 2004 年发射的 NS-1 卫星上进行了搭载实验。此后根据中国航天需要,清华大学为某型号卫星设计了星敏感器,如图 1-5 所示。该星敏感器在 2012 年 10 月进行了在轨应用,小型化和快速性等关键性能指标已经达到国际领先水平。

图 1-5 NS-1 卫星上 APS 星相机和某型号卫星敏感器

1.5 微小型 APS CMOS 星敏感器的关键技术

1.5.1 APS CMOS 技术

目前星敏感器大多采用 CCD 作为感光探测器[18],其具有的灵敏度高、动态范围宽、像素响应均匀等特征非常适合高精度场合使用,这也使得其在过去 20 多年来一直占据着星敏感器的主流。最近 CMOS 技术尤其是 APS CMOS 技术[19,20]和背照式近红外 CMOS 技术[21]的发展,使 CMOS 作为感光探测器在灵敏度等方面接近 CCD 水平,而且 CMOS 具有的一些独特性质使其更加适合在航天领域特别是星敏感器领域的应用。目前普遍认为,APS CMOS 感光探测器将代替 CCD 成为下一代微小型星敏感器的主流。

APS CMOS 感光探测器在每个像素内集成了放大器和读出电路,因此不同于 CCD 的电荷转移方式。每个像素的电荷采用直接通过地址选通的读出形式代替了通过移位寄存器传输的读出形式[22]。这一特性使得其比 CCD 更加抗辐照,具有更好的温度特性。同时,其加工工艺与普通 CMOS 工艺完全兼容,能够很容易集成 CMOS 电路和制造出更大的图像面阵[19]。

目前 APS CMOS 感光探测器已经具有窗口曝光、随机访问读出和抗溢出等功能,这为其在星敏感器领域的应用提供了很好的前景。本书将在分析 APS CMOS 传感器的读出和像素响应特点的基础上,提出快速图像获取、实时能量相关滤波和快速星点提取等方法。

1.5.2 卷帘曝光成像方法

APS CMOS 成像原理与 CCD 存在着很大不同。CCD 整帧图像为一次曝光,即所有的曝光时刻相同,曝光结束后按照顺序对每个像素进行读出。为了提高精度,星敏感器的感光探测器一般采用大面阵结构,读出时间占据了图像获取过程的大部分时间,成为星敏感器更新率提高的主要限制。APS CMOS 感光探测器与 CCD 结构完全不同,每个像素单元除了感光区域外,还有信号放大及读出控制信号。理论上 APS CMOS 可以采用访问存储器的形式,直接读出每个像素的响应值。CCD 和 APS CMOS 的读出方式示意图如图 1-6 所示。

通常 APS CMOS 感光单元不仅包含一个像敏二极管(Photo Diode,PD)外,还集成了像敏复位三极管(Photo Diode Reset Transistor,Reset)、行选择三极管(Row Select Transistor,RS)和一个源跟随三极管(Source Follower Transistor,SF),如图 1-7 所示。

APS CMOS 的像敏二极管将电荷信号转换为电压信号。像敏二极管可以认为是一个电容器,在 Reset 信号有效后,Reset 电源给电容充电至电平 V_{reset},随着

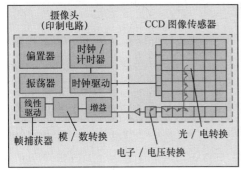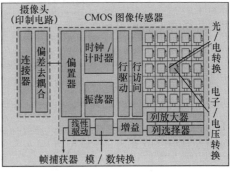

图 1 - 6　CCD 与 APS CMOS 的读出方式示意图

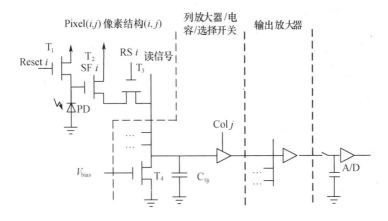

图 1 - 7　APS CMOS 内部结构

光照强度和积分时间的加长,电容两端的电压逐渐降低,形成光感信号,经 SF 放大和隔离,并在 RS 信号有效后传输到相应的列放大器,进行放大和读出。因此,像敏二极管的有效积分时间是 RS 有效信号和 Reset 有效信号之间的时间差。在 RS 有效之后,可以通过 Reset 进行下次复位,并在下一次 RS 有效后进行读出,完成对光照强度的下一次获取。在 APS CMOS 感光探测器设计时,每行采用一个 Reset 信号和一个 RS 信号。也就是说,每行的复位时刻和读出时刻各不相同,形成卷帘式的成像模式,传感器的曝光和读出同时进行。在合理设计曝光和读出时间的情况下,帧间隔时间与曝光时间完全相同。

1.5.3　光学设计方法

目前,光学系统设计都采用基于调制传递函数[23-26](MTF)方法,以平衡像差为评价标准,重点考虑了影响弥散斑能量分布的像差;而星敏感器光学系统以满足点扩散函数(Point Spread Function,PSF)的能量集中度和分布对称性作为标准,以星点提取算法所要求的弥散斑形状和能量分布为评价准则。此种方法有利于星敏感器光学系统小型化设计,同时为后续的滤波算法提供了参考和依据。星敏感器以成像点的中心位置精度作为计算依据,计算精度优于 0.1 个像素的精度,其定位精度是突破瑞利衍射极限的成像精度。

1.5.4　星图滤波算法

APS CMOS 图像传感器与 CCD 图像传感器相比,一个主要缺点就是噪声比较大,尤其是模式噪声。同时,APS CMOS 的灵敏度相对于 CCD 也还具有一定的差距,这就使得 APS CMOS 星敏感器的信噪比相对于传统 CCD 星敏感器有所降低。为了提高信噪比,有效分离出噪声和信号,提取出星点是滤波成像算法的一个关键,也是关系到星敏感器成败的一个关键。

根据星敏感器的成像特征,星点能量分布是按照 PSF 形式,而在 APS CMOS 感光探测器上的噪声是近似高斯分布的,与星点的能量分布不相关。同时,星敏感器与普通成像系统还有一个重要区别:星敏感器所关注的是星点中心位置,而一般成像系统更加关注图像的像差。这就要求图像滤波所采取的方法应该尽量保证星点中心位置的准确性。而采用能量相关的滤波方法的主要特点是滤波系数分布与点扩散函数一致,滤波过程保证了星点中心位置不变,同时滤除了与其不相关的 APS CMOS 感光探测器上的噪声,使得信噪比提高了 2.5 倍。

1.5.5　实时的星图处理方法

传统的星敏感器星图处理算法采取软件的处理方案,只能按照图 1-3 所示的顺序操作模式,速度很慢。随着电子技术的发展,图像传感器的面阵不断增大,现在 1×10^6 像素的感光探测器已经成为星敏感器的使用主流。为了提高星敏感器对单颗星的测量精度,保证单颗星点仍然为 $3 \times 3 \sim 5 \times 5$ 像素,故在图像传感器上星点的有效信息所占的比例已经越来越少。如果采用传统的算法,对图像进行滤波和星点提取时,需要进行大量的遍历运算,这些运算基本上都是在对没有任何信息的背景噪声进行,而计算过程却需要占用大量的内存和处理时间[27]。

本书介绍了一种新的星敏感器工作流程模式,提出了流水线结构的整体工作模式,具体如下:提出了基于硬件结构的实时星图滤波算法,在进行图像曝光(积分)和读出的同时进行图像滤波;在基于现场可编程门阵列-双端口存储器-数字信号处理(FPGA-DPRAM-DSP)硬件结构和游程编码算法原理的基础上,提出了流水结构的快速星点信息提取算法,并与上述的滤波算法流水并行处理。在星敏感器的整个工作流程中,上述两种算法几乎不占用存储空间和处理时间,实现了星敏感器星图像处理的实时性。

1.5.6　导航星域和 k 矢量联合的星图识别方法

传统的星图识别算法一般采用角距法[28-30]或者网格法[31,32]。角距法识别需要的星数目较少,通常选择视场内 4 颗星进行星图识别,由于采用的星数目较少,对每颗星的位置精度要求相对较高,如果此 4 颗星中有干扰星,则会导致识别失败;而网格法星图识别首先选择出 2 颗星作为坐标系基础,然后对视场内的所有星进行坐标系变换,按照新的坐标点进行匹配,其特点是对视场内的每颗星进行匹配,所使用的星数目较多,故对每颗星的坐标位置提取精度要求较低,如果星数目较少或者选取作为坐标系参考的 2 颗星存在干扰星,则会造成识别错误。近些年人们研究出神经网络算法[33-35],与传统的算法相比,具有数据库容量低、实时性和鲁棒性好等优点,但这些算法训练需要大量计算,要求很大的训练集合[36],实际的应用效果并不理想。

本书给出了课题组研究的基于导航星域和 k 矢量[37,38]联合的全天自主星图识别方法,利用 k 矢量对组成星对角距的 2 颗导航星所处范围直接定位的特点,结合导航星域算法,将 4 颗星组成的金字塔结构的 6 组星对角距中的 5 组所对应的导航星进行导航星域变换,然后利用第 6 组导航星和 5 组导航星域联合,通过一次循环将构成金字塔结构的 4 颗导航星全部识别出来。利用 k 矢量直接定位,省去搜索的时间,利用导航星域一次 4 颗星全部识别出来的特点,省去了多次循环比较时间。这种算法不但速度快,而且程序设计逻辑简单,可靠性高。这是一种快速角距的实现方法,具有角距法的识别过程需要星的数目少的优点,但是也存在缺点,如对星点位置要求精度较高、选择的 4 个星点必须全部不是干扰星。

在上述算法的基础上,本书进一步给出了网格匹配法。通过上述方法获得了姿态后,再通过获得的姿态对视场内的每颗星进行二次确认,确保系统姿态的正确性。

在跟踪模式下,本书提出了基于维度分布和经度排列的星库建立关系,实现在跟踪模式下的导航星快速搜索,对新进入视场内的导航星进行准确预测和识别。

1.5.7　标定、测试与在轨验证

作为精度最高的姿态测量系统,星敏感器标定、测试在精度提升方面发挥着重要作用。当星敏感器完成焦平面等安装后,光学系统的参数以及星敏感器的内部结构参数就已经确定,与理论设计值存在一定的误差。如何采用简单的方法实现星敏感器内部结构参数、光学系统参数的测试与标定,在很大程度上决定了星敏感器的精度水平。因此,本书提出了基于光学自准直的星敏感器光学参数和结构参数标定方法。首先通过高精度经纬仪和光学自准直原理,确定星敏

感器的主点参数;然后通过光学系统的对称性,实现内部参数的部分解耦;最后通过所有系统内部的光学参数的逐项测试,实现内部参数的标定与测试。

星敏感器作为高精度的姿态测量系统,如何实现高可靠和高真实的精度验证一直是具有挑战性的。本书打破传统的实验室内模拟器的精度测量与表述方法,提出了一种基于直接真实星空观测的星敏感器精度测试与表述方法,以实际的观测数据为基础,以地球的高精度运动模型为参考,实现星敏感器三轴精度的直接表述,方法简单易行,表述准确真实。

本书以课题组研制的应用于我国某型号卫星的星敏感器为基础,进行对地定向、对日定向、大角度机动等模式下的星敏感器数据分析和在轨星图数据分析,在星敏感器的单帧数据基础上提出了卫星动态运动分析方法,显著提升了星敏感器的动态性能,并扩展了新的应用方式和功能。

1.6 本 章 小 结

本书的相关内容主要涉及清华大学课题组研制的微小型 APS CMOS 星敏感器的相关工作,旨在介绍一种基于 APS CMOS 图像传感器的微小型、高精度、高动态、全自主星敏感器的原理、设计方法、实验与测试方法以及星敏感器的性能评估及应用方法,希望能为研究同行和专家学者提供一个基本参考。

第 2 章

微小型 APS CMOS 星敏感器系统原理

2.1 引 言

APS CMOS 星敏感器是星敏感器的一个重要发展方向,目前国际上著名的星敏感器研究机构已陆续研制出相关产品。本书介绍的清华大学课题组研制的微小型 APS CMOS 星敏感器和德国的 Jenaoptronik 公司 ASTRO-APS 星敏感器基本处于同一水平,在低功耗、初始捕获时间等方面领先同时期相关产品近 1 个量级,在姿态更新率、微型化等方面同样具有显著优势,更加适合于微小型卫星使用。

2.2 APS CMOS 星敏感器关键技术指标分析与确定

星敏感器的技术指标通常包括指向精度、更新率和动态性能等。指向精度是系统最重要的技术指标,是系统整体设计的重要参考。制约星敏感器指向精度的最重要的两个因素是感光探测器的像素尺寸和光学焦距。下面以图 2 - 1 为例,详细分析星敏感器的关键技术指标及其设计依据。

当星敏感器处于天球坐标系中的某一姿态矩阵时,利用星敏感器的小孔成像原理,可以测量得到导航星 s_i(对应天球坐标系下的方向矢量为 v_i),在星敏感器坐标系内的方向矢量为 w_i。

星敏感器主轴中心在探测器上的位置坐标为 (x_0, y_0),导航星 s_i 在探测器上的位置坐标为 (x_i, y_i),星敏感器的焦距为 f,则可以得到 w_i 矢量的表达式为

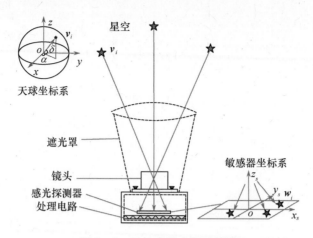

图 2-1　星敏感器成像原理图

$$w_i = \frac{1}{\sqrt{(x_i - x_0)^2 + (y_i - y_0)^2 + f^2}} \begin{bmatrix} -(x_i - x_0) \\ -(y_i - y_0) \\ f \end{bmatrix} \qquad (2-1)$$

在理想情况下具有如下关系,即

$$w_i = Av_i \qquad (2-2)$$

式中:A 为星敏感器姿态矩阵。

当观测量多于 2 颗星时,可以直接通过 QUEST 方法进行星敏感器的姿态矩阵 A 求解,即求出最优姿态矩阵 A_q,使得下面的目标函数 $J(A_q)$ 达到最小值,即

$$J(A_q) = \frac{1}{2} \sum_{i=1}^{n} \alpha_i \| w_i - A_q v_i \|^2 \qquad (2-3)$$

式中:α_i 为加权系数,满足 $\sum \alpha_i = 1$。这样,可以得到星敏感器在惯性空间中姿态矩阵的最优估计 A_q。

v_i 是高精度天文观测数据,精度在毫角秒量级,且几乎恒定不变,因此 A_q 的精度主要取决于探测器上获得的导航星成像点 w_i 的精度。根据式(2-1)可知,w_i 的精度取决于数字图像的中星点的处理精度 x_i,y_i 以及星敏感器的焦距长度 f,故提高星敏感器的精度和性能传统可以采用如下方法。

(1) 提高星敏感器的静态精度。星敏感器的精度与星敏感器焦距 f、像素尺寸 l_{pix}、像素数目 N 及视场角 θ_{FOV} 的约束关系如图 2-2 所示。在星敏感器的光学设计和装调过程中,需要光学成像点的弥散斑信号占据 3×3 个像元,以保证星敏感器的星点提取精度 δ_{pix} 达到亚像素的精度(0.1 个像素)。像素尺寸 l_{pix} 通常在 $10\mu m$ 左右,即星点的定位精度为 $1\mu m$ 左右,因此系统指向精度 α 的提高需要增加焦距 f,致使视场角 θ_{FOV} 相应减小。为保证星图识别性能,探测器像素的阵列数目需要增加,摄星能力需要提高,曝光时间需要增加,孔径需要增加,进而导致整个星敏感器的体积、质量等显著增加,由此可以认为星敏感器静态精度的提高基本上是以增加星敏感器的体积、质量为代价的。同时,选用增加像素数目 N 的大面阵传感器,导致系统读出时间变长、更新率降低。通常星敏感器的焦距 f 设计为 50mm 左右,曝光时间为 100ms 左右,感光探测器阵列数为 1000 × 1000,精度为 10″左右,更新率为 5Hz 左右。

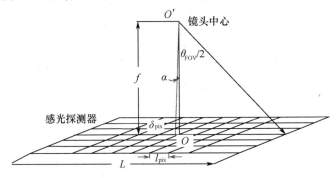

图 2 – 2　星敏感器精度约束关系

(2) 提高星敏感器的动态性能。动态性能一直是星敏感器的重要技术瓶颈,而星敏感器在轨运行时基本上是在动态过程中进行姿态确定的,因此提高星敏感器的动态性能显得尤为重要。目前星敏感器在角速度超过 0.1(°)/s 时,精度就很难保证,超过 0.5(°)/s 时基本上就不能工作。同时,在星敏感器曝光时间内的星点运动也会造成系统的精度等指标大幅度下降。因此,卫星系统设计现在几乎都采用惯性敏感器和星敏感器相结合的工作模式。

(3) 提高星敏感器的更新率。星敏感器所敏感的恒星能量都比较弱,故曝光时间都比较长,同时敏感器探测器本身的面阵比较大,读出时间比较长,故星敏感器的更新率一般比较低。提高星敏感器更新率,降低系统对惯性敏感器的依赖,是当前星敏感器最需要迫切解决的一个技术难题。

2.2.1　APS CMOS 感光探测器的选择

APS CMOS 感光探测器是整个星敏感器的核心器件,直接决定着后续星敏感器的光学和电子学设计。现在工业用感光探测器的像素尺寸一般比较小 (5μm 左右),填充系数一般比较低,而星敏感器的光学系统相对孔径和视场都较大,系统的能量集中度较差,像素的光学响应度和星点的信噪比无法满足星敏感器星点提取的要求。因此,必须采用专用的像素尺寸较大的感光探测器。同时,星敏感器在轨应用还需要考虑器件耐受高低温和空间辐照等参数。

Star1000[39]感光探测器是欧洲微电子研究院 20 世纪末研制出的一款针对

宇航任务使用的图像传感器,在星敏感器等航天领域获得了广泛的应用。Star1000 感光探测器像素尺寸为 $15\mu m \times 15\mu m$,整个像面包含 1024×1024 有效像素。相比于现代的商用 APS CMOS 感光探测器,如 CMV 系列等,Star1000 在灵敏度方面的劣势已经相当明显,但是凭借它在空间应用领域的独特性和可靠性,使其成为这一领域广泛应用的标志性产品。

Star1000 的主要技术参数和实物图如表 2 – 1 所列和图 2 – 3 所示。

表 2 – 1　APS CMOS Star1000 主要技术参数

功耗/mW	小于 400
最大像素输出率/MHz	10
AD 精度/bit	10
像素尺寸	$15\mu m \times 15\mu m$
像素阵列	1024×1024
光谱范围/nm	$500 \sim 800$
量子效率×填充系数/%	25
抗辐照总剂量(工作中)	270krad(硅)
单粒子锁定阈值/$(MeV \cdot cm^3 \cdot mg^{-1})$	127

图 2 – 3　Star1000 感光探测器实物图

2.2.2　视场和焦距的确定

感光探测器确定以后,需要对视场和焦距等参数进行确定和分析。以 0.1 像素尺寸和星敏感器的精度指标为主要约束来设计星敏感器的焦距参数,即

$$f \times \tan\alpha = \delta_{pix} \tag{2-4}$$

式中:f 为星敏感器的焦距;α 为星敏感器的 3σ 设计精度;δ_{pix} 为感光探测器的 0.1 像素尺寸。故焦距参数的设计值可以表示为

$$f = \frac{\delta_{\text{pix}}}{\tan\alpha} \qquad (2-5)$$

以 APS CMOS 图像传感器 Star1000 为例,0.1 像素尺寸为 1.5 μm。当设计星敏感器的 3σ 精度为 6″时,焦距约为 50.7mm;而当设计星敏感器的 3σ 精度为 3″时,焦距约为 103mm。

根据星敏感器视场、焦距和探测器的尺寸关系为

$$f \times \tan\left(\frac{\theta_{\text{FOV}}}{2}\right) = \frac{L}{2} \qquad (2-6)$$

式中:f,θ_{FOV} 分别为星敏感器的焦距和视场角;L 为感光探测器的感光区域像面尺寸。以 APS CMOS 图像传感器 Star1000 为例,像面尺寸 $L = 15\,\mu m \times 1024 = 15.36$mm。当焦距为 50.7mm 时,视场角为 17.2° × 17.2°;当焦距为 103mm 时,视场角为 8.5° × 8.5°。

从上述分析可以看出,星敏感器的精度主要取决于敏感器的像素尺寸和焦距。理论上,像素尺寸越小、焦距越长,星敏感器的精度就越高,对应的视场角就越小。

特别指出的是,上述分析是以单颗星来说明的。在实际设计和分析过程中,视场内的平均星数目会达到 15 颗,理论上精度会有所提高,但是系统除了考虑到的图像处理误差,还存在加工、装调和标定过程中的多种误差源,通过实验和测试,最终得到的精度结果基本上与单颗星的理论精度相当,或略优于单颗星的理论精度,这主要决定于系统参数的标定精度。

课题组针对微纳卫星的小型化需求,采用了焦距为 50mm 的设计方案,视场角为 17.46° × 17.46°。

2.2.3　敏感星等的确定

星敏感器星图识别需要视场内具有一定的星数目。要实现可靠的星图识别,采用角距法时单个视场内至少包含 4 颗星,而采用网格法时视场内星的数目还要多。为了保证在星敏感器指向任意天区都可以实现星图识别,星敏感器需要尽量多地敏感到导航星,即敏感的星等要足够高,星等越高,导航星的数目就越多。

星敏感器的实际敏感星等与光学镜头和感光探测器的光谱响应函数有关,称为仪器星等。在设计初期,仍然以视星等作为参考,其在一定意义上能够代表仪器星等。根据 SKY2000 星表提供的函数[40],星的平均数目与视星等对应关系为

$$N(M_v) = 6.5e^{1.107M_v} \qquad (2-7)$$

式中:$N(M_v)$ 为星等小于或等于 M_v 的导航星数目;M_v 为视星等。

假定星在天球上均匀分布,根据星敏感器视场所对应的球面度,可以计算出

视场中的平均星数目为

$$N_{\mathrm{FOV}} = N(M_{\mathrm{v}}) \frac{2\pi - 4\arccos\left[\sin^2\left(\dfrac{\theta_{\mathrm{FOV}}}{2}\right)\right]}{4\pi} \qquad (2-8)$$

式中：N_{FOV} 为视场中星的数目；θ_{FOV} 为视场角。

进行数值仿真，如图 2-4 所示。

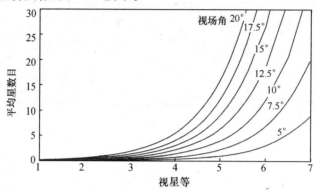

图 2-4　星敏感器视场角、视星等和星数目关系

对于课题组设计的 APS CMOS 星敏感器，视场角、视星等和星数目对应表如表 2-2 所列。

表 2-2　视场角、视星等和星数目对应表

星数目/颗　视星等　视场角	3.0	3.5	4.0	4.5	5.0	5.5	6.0	6.5	7.0
7.5°×7.5°	0.2	0.4	0.7	1.3	2.2	3.8	6.7	11.6	20.1
10.0°×10.0°	0.4	0.8	1.3	2.3	3.9	6.8	11.9	20.6	35.8
12.5°×12.5°	0.7	1.2	2.0	3.5	6.1	10.6	18.5	32.2	55.9
15.0°×15.0°	1.0	1.7	3.0	5.1	8.9	15.3	26.6	46.2	80.3
17.5°×17.5°	1.3	2.3	4.0	6.9	12.0	20.8	36.2	62.8	109.1

视场内的星数目太多，需要星敏感器具有较高的视星等，这些都给星敏感器的光学系统及曝光时间的设计带来很大困难；而星数目过少又无法满足星图识别等要求，对星敏感器的功能等造成影响。在以角距法进行星图识别时要求在星敏感器视场中至少含有 4 颗星，而在以栅格法进行星图识别时通常要求视场内最好包含 7 颗导航星。经过大量研究发现，任一个视场中的星数目都服从泊松分布[41]，即

$$P(X = k) = \mathrm{e}^{-\lambda}\frac{\lambda^k}{k!} \qquad (2-9)$$

式中：$P(X = k)$ 为视场中出现 k 颗星的概率；λ 为视场中星的平均数目。假定

$\lambda = 15$,则可以计算出视场中出现星的数目大于或等于 4 颗的概率为

$$P(X \geqslant 4) = 1 - \sum_{k=0}^{3} P(X = k) = 99.98\% \qquad (2-10)$$

式(2-10)说明在进行全天初始捕获时,有 99.98% 的概率视场内出现星数大于或等于 4 颗,并且能够进行初始姿态获取。这一结果对于星敏感器来说是完全可以接受的。

而采用栅格法进行星图识别时,通常需要视场内包含 7 颗导航星。采用同样的方法计算视场内导航星数目大于或等于 7 颗的概率为

$$P(X \geqslant 7) = 1 - \sum_{k=0}^{6} P(X = k) = 99.2\% \qquad (2-11)$$

即存在 0.8% 的概率视场内的星数目少于 7 颗。

对于星敏感器的敏感星等设计考虑,在采用星敏感器视场内的平均星数目方法时,只要视场内的平均星数目达到 15 颗,星敏感器的初始捕获成功概率都优于 99%。

当然,若减少星敏感器视场内的平均星数目,星敏感器的初始捕获概率会有所降低。表 2-3 分别列出视场内的平均星数目与视场内星数目分别小于 4 颗和 7 颗的概率。

表 2-3 视场内平均星数目与视场内星数目小于 4 颗或者 7 颗的概率

视场内平均星数/颗	9	10	11	12	13	14	15
小于 4 颗星的概率 $P(X<4)$	0.02100	0.01000	0.00490	0.00230	0.00110	0.00047	0.00021
小于 7 颗星的概率 $P(X<7)$	0.21000	0.13000	0.07800	0.04600	0.02600	0.01400	0.00760

同时,星敏感器在俯仰和偏航方向的精度与星数的关系可表示为

$$\sigma_{\text{pitch,yaw}} = \frac{\sigma_{\text{star}}}{\sqrt{N}} \qquad (2-12)$$

式中:σ_{star} 为单颗星的处理精度;N 为星的数目;$\sigma_{\text{pitch,yaw}}$ 为星敏感器在俯仰和偏航方向的精度。

由式(2-12)可知,星的数目越多,星敏感器的精度越高。但是随着星数目的增加,系统跟踪所有导航星所需要的计算量也相应增加。当星的数目大于 15 颗时,星敏感器精度增加已经不是特别明显。当星敏感器内的平均星数目达到 13 颗以上时,视场内星数目小于 3 颗的概率已经达到了 1‰ 的水平,星的数目增加对于捕获率的增加意义不是很大。

依据上述原则,以课题组研制的星敏感器为例,设计视场内的平均星数目在 15 颗左右,敏感器星等为 5.2 等,全天球的星数目约为 2000 颗。

2.2.4 初始捕获时间和更新率

APS CMOS 星敏感器和 CCD 不同,量子效率一般较低,故需要增大曝光时

间,并且尽可能减少处理时间,以保证整体的更新率。一般来讲,在星敏感器领域中,整体的姿态更新率与曝光时间成反比关系。典型的 CCD 星敏感器的姿态更新率受限于传感器像素的读出时间与曝光时间的和,由于采用大面阵的图像传感器作为感光探测器,因此读出时间较长,更新率一般在 5Hz 左右。而 APS CMOS 感光探测器可以实现读出与曝光同时进行,因此影响更新率的主要因素是曝光时间。

星敏感器的曝光时间与感光探测器的灵敏度以及镜头的入瞳直径和透过率等有直接关系。关于 APS CMOS 曝光时间和光学系统设计的相关内容将在第 3 章中详细讲述。在采取快速全天星图处理方法和快速全天自主星图识别算法后,星敏感器的初始捕获时间大大降低,可以在上电开始 1s 内实现姿态输出,捕获姿态捕获时间小于 0.5s。第 4 章和第 5 章将对这方面内容进行详细讲述。

2.3　微小型 APS CMOS 星敏感器总体设计

微小卫星特别是微纳卫星对星敏感器的质量和功耗要求苛刻,如课题组在 2004 年发射的我国第一颗微纳卫星,整星质量为 25kg,功耗仅为 10W,而国外大部分 CCD 星敏感器的功耗都在此之上,基本无法使用。本书在提高传统星敏感器精度的同时,也将重点放在降低星敏感器的功耗、质量等方面,以满足微纳卫星的使用。

2.3.1　星敏感器的总体构型

在国际上星敏感器的总体构型基本上可以分为一体式星敏感器构型和分体式星敏感器构型。

1. 一体式星敏感器构型

一体式星敏感器结构紧凑、体积小巧,安装和使用方便;但信号处理、计算与成像部分结合在一起,功耗较高,体积也会相对较大,对于热控等也要求相对较高。Astro15、Astro APS、Soldern26 等都采用这种设计。图 2-5 为课题组研制的一体式星敏感器内部结构图,从上至下依次包括遮光罩、镜头、图像传感部分、信号处理部分等。

2. 分体式星敏感器构型

分体式星敏感器一般包括光学敏感头部(Optical Head,OH)和电子处理单元(Electronic Unit,EU),二者通过低压差分信号(LVDS)等数据传输线连接。一个电子处理单元可以同时连接两三个光学敏感头部。光学敏感

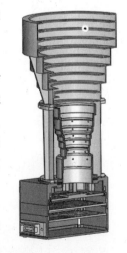

图 2-5　一体式星敏感器内部结构图

头部通常安装在舱外,便于敏感星光;同时,光学敏感头部本身的功耗较低,也有利于对其进行热控。而电子处理单元通常安装在舱内,这样温度和空间环境等对电子处理单元的影响将大大降低。图 2-6 为 Soldern 公司的光学敏感头部和电子处理单元结构图[42]。

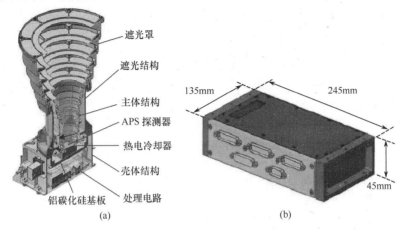

图 2-6　分体式星敏感器结构图
(a)光学敏感头部;(b)电子处理单元。

2.3.2　质量总体分析

一体式 APS CMOS 星敏感器主要包括遮光罩、镜头和电子学系统部分。

镜头等光学系统的质量与系统的焦距长度、孔径大小密切相关,焦距长、孔径大的系统质量必然要有所提高。如果镜头焦距 $f=50\text{mm}$,孔径 $D=37\text{mm}$ 时,质量在 500g 左右;如果镜头选择非球面结构,质量降低得更加明显,可以控制在 300g 左右。

遮光罩的遮光效果、消光级数直接决定了其外形尺寸和质量,遮光罩的设计与镜头设计密切相关。APS CMOS 星敏感器的敏感星等相对于 CCD 来说一般较低,遮光罩的消光等级也可以略有降低。遮光罩的小型化设计也是星敏感器设计中非常重要的一环,在设计中需要重点考虑三个参数:消光次数、遮光罩材料和吸光漆。以二次消光计算,遮光罩的材料选择碳纤维材料,吸光漆选择 97% 吸光系数,遮光罩及其支撑结构的质量可以控制在 300g 左右。

电子学系统的质量与电子学系统的设计和安装形式有关,采用层叠式抽屉结构系统,结构采用铝合金材料,厚度满足空间要求,外形尺寸小于 100mm × 100mm × 60mm,质量在 400g 左右。

因此,如果采用非球面工艺的镜头,星敏感器的总质量在 1kg 左右;如果采用球面工艺的镜头,总质量将达到 1.3kg。

图 2 - 7 为一体式星敏感器的结构装配图。

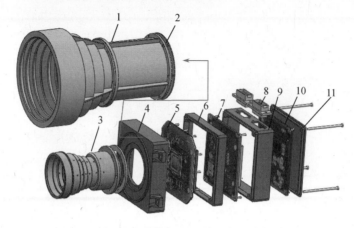

图 2 - 7　一体式星敏感器结构装配图

1—遮光罩；2—隔热圈；3—镜头；4—APS 盒体；5—APS 电路板；
6—FPGA 盒体；7—FPGA 电路板；8—接插件；9—DSP 盒体；10—DSP 电路板；11—后盖。

2.3.3　功耗总体分析

低功耗设计是 APS CMOS 星敏感器设计必须考虑的一个问题。APS CMOS 图像传感器 Star1000 为单 5V 供电，其他处理器都采用低内核电压的供电模式，电压在 1.5～2.5V 之间，整个系统设计不需要更高的电源。因此，在设计过程中，采用了二次电源的供电方案，供电电压为 5.25V。在降低一次电源到二次电源变换过程中，大量的功率消耗和热损耗对整个系统的低功耗设计具有重要作用。

同时，系统的核心处理器件等选择高等级低功耗产品。为了适应航天技术发展的需要，FPGA 最好采用反熔丝型产品，内部一次性烧写，不需要外部配置随机存取存储器（RAM）等，功耗比较低。DSP 选择定点产品，并采用降频率的设计方法，既保证了工作的可靠性，又可以实现功耗的降低。

本书介绍的星敏感器采用了低功耗的 APS CMOS 感光探测器，在全速工作时功耗小于 300mW；在总体设计时采用了大视场和低星等的设计方案，星库数量较小，对 RAM 容量等要求降低。加之系统采用降额设计、低功耗器件电子学器件，因此系统功耗应该在 1.3W 左右，峰值功耗小于 1.5W。

2.3.4　总体技术指标和实现框图

根据上述分析，确定微小型 APS CMOS 星敏感器主要技术指标如表 2 - 4 所列。

表 2-4　微小型 APS CMOS 星敏感器的主要技术指标

视场角	17.5° × 17.5°
敏感星等/M_v	大于 5
精度(3σ)	优于 7″(俯仰和偏航),35″(滚转)
数据更新率/Hz	大于 5
全天自主姿态捕获时间/s	小于或等于 1
质量/kg	小于 1.1
功耗/W	小于 1.5

综合考虑微小型 APS CMOS 星敏感器技术指标,星敏感器的总体实现方案将围绕提高姿态测量精度、提高数据处理实时性,以及减小体积、质量和功耗来制定,总体实现框图如图 2-8 所示。

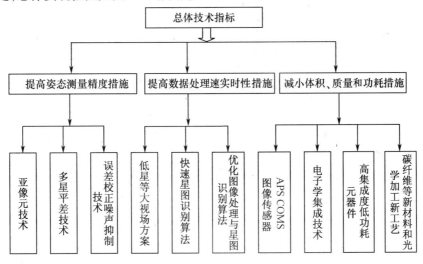

图 2-8　微小型 APS CMOS 星敏感器总体实现框图

2.4　本章小结

本章在充分调研和分析现有 APS CMOS 星敏感器的基础上,归纳总结了基于 APS CMOS 技术的微小型星敏感器的总体原理和基本设计方法,分析了各关键参数对星敏感器的指标影响;着重分析了感光探测器、系统指向精度、光学系统焦距、视场角、视场内平均星数目、敏感星等之间的对应关系;以 APS CMOS 图像传感器 Star1000 为例,进行了一体式 APS CMOS 星敏感器的构型设计,开展了构型设计、质量、功耗、捕获时间、更新率等关键参数分析,给出了微型一体式

APS CMOS 星敏感器可实现的主要技术指标和可采用的技术途径。

近年来,随着探测器技术的飞速发展,CMOSIS 的 CMV2000 和 CMV4000 以及 ON Semiconductor 的 AR0130 等芯片性能尤其是弱信号探测等方面,较 Star1000 都有了大幅改进,使得星敏感器在更新率、动态性能和小型化等方面有了质的提升,但是在基本的工作原理和实现方法上仍如出一辙。

第3章

APS CMOS 星敏感器成像系统原理与方法

3.1 引　言

　　星敏感器在暗背景下,对亮度范围的较大目标成像[43]。星敏感器工作的前提是探测到有效导航星,并将其从背景中提取出来。其中主要的难点和关键点是提取较暗的导航星,这属于暗目标探测和提取问题。在信号处理中,暗目标提取主要取决于信号特征和信噪比[44]。本章首先分析星敏感器的目标星点特征和在 APS CMOS 感光探测器 Star1000 上的成像结果,然后分析 Star1000 的噪声特点和星点目标的信噪比情况,再以此为依据对光学镜头进行设计,给出光学镜头设计中的关键技术参数,并对关键参数进行分析、测试与验证。

3.2 目标星在探测器上的成像特征

　　无穷远处星点发出的光,经过光学系统成像,在探测器上形成具有一定能量分布的光斑,感光探测器对此能量积分,形成星点。

3.2.1 光斑的形状和大小

　　为了提高星敏感器的测量精度,APS CMOS 星敏感器的光学系统设计采用了基于点扩散函数的方法,具体过程如下:

　　不考虑像差的影响,假设光学设计满足星像光斑能量正态分布,点扩散函数可以表示为二维高斯函数[45],即

$$I(x,y) = \frac{I_0}{2\pi\sigma_{PSF}^2}\exp\left[-\frac{(x-x_0)^2}{2\sigma_{PSF}^2}\right]\exp\left[-\frac{(y-y_0)^2}{2\sigma_{PSF}^2}\right] \qquad (3-1)$$

式中:(x_0,y_0)为真实的星像中心位置;σ_{PSF}为高斯半径,表示点扩散函数的能量集中度。

在焦平面探测器上,距离的测量以像素为单位。假设 1 像素的光敏面为$h \times h$的正方形,由于 APS CMOS 图像传感器的像元填充系数小于 1,因此$h < 1$。在包围星像光斑的一个$m \times m$的窗口内,采用质量矩法,即目前性价比最高的亚像元算法,计算得到点扩散函数的质心位置(x_0,y_0)的估计值$(\hat{x},\hat{y})$为

$$\hat{x} = \frac{\sum_{i,j}^{m} x_{ij}I_{ij}}{\sum_{i,j}^{m} I_{ij}} \qquad \hat{y} = \frac{\sum_{i,j}^{m} y_{ij}I_{ij}}{\sum_{i,j}^{m} I_{ij}} \qquad (3-2)$$

式中:$x_{ij}=i,y_{ij}=j$为焦平面探测器上的采样位置像素(i,j);I_{ij}为像素(i,j)的能量测量值。显然质心位置估计值的偏差与两个因素有关:一是由噪声引起的采样点能量测量误差;二是由于探测器像元对光斑能量分布的采样导致点扩散函数变形,即使在没有噪声的情况下也会引起计算误差。

由探测器像元的采样引起的点扩散函数变形与星像光斑的能量分布及质心计算的窗口大小有关。图 3-1(a)是当像元填充率为 1,窗口分别为 3×3 像素,5×5 像素和 7×7 像素时 σ_{PSF} 与质心估计偏差的均方根(RMS)的关系[45]。可见:$\sigma_{PSF} < 0.4$ 时,能量绝大部分集中在 1 像素内,RMS 的大小与窗口基本无关;随着 σ_{PSF} 的增大,RMS 减小到最小值后又开始增大,这是因为单位像素的信噪比较低,边缘像素内的噪声对测量误差的贡献会比信号对质心估计的贡献大。因此,在整体设计时选择窗口为 5×5 像素。图 3-1(b)是 5×5 像素窗口不同像元填充率下 σ_{PSF} 与 RMS 的关系。当 $\sigma_{PSF} = 0.7$ 时,RMS 与像元填充率无关。

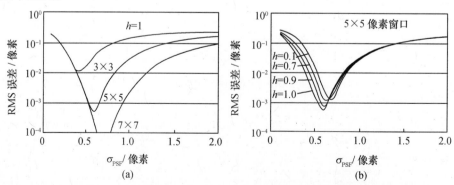

图 3-1 光斑大小、计算窗口及像元填充率与质心偏差的关系

图 3 - 2 所示为 5×5 像素窗口内 σ_{PSF} 分别为 0.2、0.7 和 1.2 时的光斑能量分布。表 3 - 1 所列为 5×5 像素窗口内的光斑能量集中度与 σ_{PSF} 的关系。

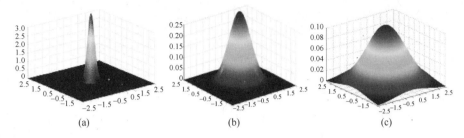

图 3 - 2　σ_{PSF} 分别为 0.2、0.7 和 1.2 时光斑在 5×5 像素窗口

表 3 - 1　5×5 像素窗口内的能量集中度与高斯半径的关系

能量集中度　　　σ_{PSF} 像素数/像素	0.2	0.7	1.2
1×1	0.9753	0.2756	0.1044
3×3	1.0000	0.9368	0.6221
5×5	1.0000	0.9993	0.9269

当 σ_{PSF} 值过大时,同样的星点能量分散在 APS 感光探测器上的像素数目就过多,单个像素上的能量值就会相应降低,整体噪声增加明显,信噪比显著下降,当 σ_{PSF} 值再增大时信号不能正确提取;当 σ_{PSF} 值过小时,所有的星点能量通过光学系统在 1 像素上成像,能量中心计算精度会有所降低。合理的 σ_{PSF} 是保证单星点提取精度的关键。

在 3×3 像素内集中 90% 的能量是感光探测器设计的一个重要参考。对于小视场、小口径光学系统设计,当设计结果达到甚至优于衍射极限时,在实际使用中需要采用离焦的方法,使得 3×3 像素内尽量集中 90% 的能量,且能量分布近似高斯分布。在设计过程中,如果直接采用 3×3 像素内包含 90% 能量的设计方式,则在装调过程中需要严格地将感光探测器安装在星敏感器的焦平面上。

从上述分析可以看出,星敏感器光学系统的一个重要设计原则就是在 3×3 像素内至少集中 90% 的能量,如果能量集中度过高,再进行离焦装配等。在 3×3 像素上实现 90% 时的能量集中度时,$\sigma_{PSF} = 0.8$(像素)左右。

3.2.2　恒星的特性分析

星敏感器所敏感的星点是距离地球很远的多颗恒星,天文学家经过长期的观测,根据恒星的温度以及谱线特征,把恒星按照温度由高到低分成了 O、B、A、F、G、K、M 7 大光谱类型,每个大的光谱类型又按照从热端的 0 到冷端的 9 细分为 10 个小类:B0,B1,…,B9;A0,A1,…,A9 等。O 型星为蓝星;B 型星为蓝白星;A 型星为白星,织女星和天狼星属于 A 型星;F 型星为黄白星,北极星属于 F 型星;G 型星为黄星,太阳属于 G 型星,准确地说是 G2 型星;K 型星为橙红星;M 型星为红星。APS CMOS 感光探测器以硅(Si)材料进行光/电转换,最大的亮度敏感器区域属于黄偏红型。

3.2.3 恒星的辐射能量分析

通常把恒星当作黑体辐射来计算各波长对应的能量密度,黑体辐射的能量主要取决于星体本身的温度。当温度为 T 时,在波长 λ 处黑体辐射的能量密度函数为

$$I(\lambda, T) = \frac{2 \cdot \pi \cdot h \cdot c^2}{\lambda^5 \cdot (e^{h \cdot c/(\lambda \cdot k_B \cdot T)} - 1)} \tag{3-3}$$

式中:$h = 6.626 \times 10^{-34}$ J·s;c 为光速,$c = 2.997 \times 10^8$ m/s;k_B 为玻耳兹曼常数,$k_B = 1.38 \times 10^{-23}$ J/K;T 为温度。

式(3-3)给出的是恒星本身的辐射能量密度,是恒星的客观亮度,主要取决于星体本身特性。但是,星体离地球非常远,光线在到达地球前经过了星际尘埃等会产生星际消光等现象。为了方便在地面或大气层外部采用探测器进行测量,受大气环境或者探测气体相应的影响,观测的绝对值精度很难一直得到保证。因此,人们通过相对量的比较,提出了星等的概念。

视星等(Magnitude visual,M_v)最早是由古希腊天文学家喜帕恰斯制定的,他把自己编制的星表中的 1022 颗恒星按照亮度划分为 6 个等级,即 1 等星到 6 等星。1850 年英国天文学家普森发现 1 等星要比 6 等星亮 100 倍。根据这个关系,星等被量化。重新定义后的星等之间亮度则相差 2.512 倍,1lx(亮度单位)的视星等为 -13.98。

但是,星等并不能描述当时发现的所有天体的亮度,天文学家延展本来的等级——引入负星等概念。这样,整个视星等体系一直沿用至今,例如:牛郎星为 0.77 等;织女星为 0.03 等;最亮的恒星天狼星为 -1.45 等;太阳为 -26.7 等;满月为 -12.8 等;金星最亮时为 -4.6 等[46]。常见辐射源的亮度与星等如表 3-2 所列。

在星敏感器的设计中,以星等为概念对星敏感器的探测能力等参数进行预测和估算[47,48]。

表 3 - 2　常见辐射源的亮度与星等

辐射源	亮度/lx	视星等 M_v
太阳	1.30×10^5	-26.73
满月	2.67×10^{-1}	-12.50
金星	1.39×10^{-4}	4.30
天狼星	9.80×10^{-6}	-1.42
0 等星	2.65×10^{-6}	0
1 等星	1.05×10^{-6}	1.00
6 等星	1.05×10^{-8}	6.00

3.2.4　星敏感器感光性能分析与预测

星敏感器所能敏感到的许多光谱属于光谱 G,与太阳的光谱 G2 很接近,因此在分析和计算时以太阳为参考作为整个系统的依据。太阳视星等为 -26.7,表面温度为 5800K,在地球上测试其能量流[49]约为 1.4kW/m^2,因此在地球上测试太阳的能量大概是 0 等星能量的 $2.512^{26.7} = 4.79 \times 10^{10}$ 倍,这样 0 等星的能量流为 2.9228×10^{-8} W/m^2。

在黑体辐射的情况下,$M_v = 0$ 等星的总能量和为 2.9228×10^{-8} W/m^2,即所辐射的所有波长的能量和。对于 $M_v = 0$ 等星的所有能量按上述黑体辐射进行分布,可以得到对应于不同波长上的能量密度如图 3 - 3 所示。

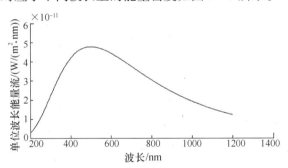

图 3 - 3　$M_v = 0$, $T = 5800$K 对应于各波长的能量密度

星敏感器的光学系统设计要尽量减少反射和色散,光谱的通过范围在 400 ~ 1000nm 谱段,能量流在星敏感器平面上分布结果为图 3 - 3 所示的 400 ~ 1000nm 谱段波长范围。

光子的能量公式为

$$E = \frac{hc}{\lambda} \tag{3-4}$$

式中:E 为光子能量(J);λ 为光子的波长(m);h 为普朗克常量(J·s),

$h = 6.626 \times 10^{-34} \mathrm{J \cdot s}$。这样就可以用每秒中的光子数来表示系统的能量流,如图 3-4 所示。

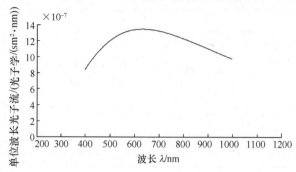

图 3-4 $M_v = 0$, $T = 5800\mathrm{K}$ 对应于 $400 \sim 1000\mathrm{nm}$ 波长的光子流

在感光探测器上有一部分光子转化为电子,称为量子效率(Quantum Efficiency,QE)。Star1000 对应不同波长的电流/功率关系曲线如图 3-5 所示。

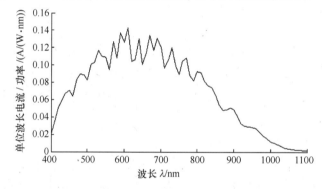

图 3-5   APS CMOS Star1000 光谱响应图

根据图 3-3 和图 3-5 可以计算得到在波长 $400 \sim 1000\mathrm{nm}$, $M_v = 0$,温度 $T = 5800\mathrm{K}$ 的黑体辐射能量流下星敏感器实际产生的电流。同时,根据电子的电量为 $1.6 \times 10^{-19}\mathrm{C}$, $1\mathrm{A} = 1\mathrm{C/s}$,可以得到星敏感器电子流和波长的关系 $I_e(\lambda)$ 如图 3-6 所示。

比较图 3-4 与图 3-6 可知,在不同波长下,Star1000 的量子效率如图 3-7 所示。

对图 3-6 进行积分,有

$$E_{\mathrm{sum}} = \int_{400}^{1000} I_e(\lambda) \, \mathrm{d}\lambda = 1.192 \times 10^{10} \left(e^- / (\mathrm{sm}^2) \right) \tag{3-5}$$

这个结果说明,对于 G2 光谱的 $M_v = 0$ 星,面积 $1\mathrm{m}^2$ 的镜头孔径在 $1\mathrm{s}$ 时间内能够产生 $1.192 \times 10^{10} e^-$。

第 2 章详细介绍了星敏感器的的视场、视场内平均星数目及与敏感星等的

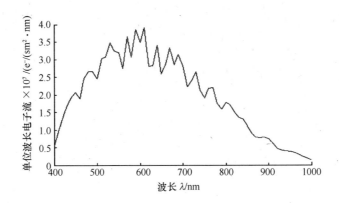

图 3-6　$I_e(\lambda) - \lambda$ 的关系曲线（$M_v = 0, T = 5800\text{K}, 1\text{m}^2$ 的面积上）

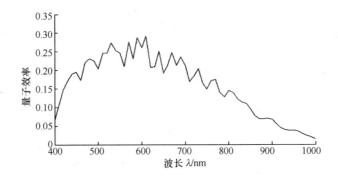

图 3-7　Star1000 量子效率与波长关系

关系。以课题组研制的某 APS CMOS 星敏感器为例，为满足视场内的平均星数目，所需要的敏感星等为 $M_v = 5.2$，采用 180ms 的曝光时间和有效通光口径为 37mm 的镜头，以平均 72% 的光学透过率作为参考，则在每次成像时间内星敏感器的感光探测器 Star1000 能够产生的电子数为

$$1.192 \times 10^{10} \times (\pi/4 \times 0.04^2) \times 0.75 \times 2.512^{0-5.2} \times 0.18 = 13813(\text{e}^-) \quad (3-6)$$

上述算法分析和估算的星敏感器的星点能量，忽略了光学镜头的对于不同谱段的透过率不同等参数，忽略了不同光谱类型的星，统一以 G2 光谱的类黑体辐射作为参考。因此，上述过程只是对 APS CMOS 星敏感器敏感星等获得的电子数的初步估计，为光学镜头的设计提供一个参考。

3.2.5　分布到像素上的能量

由 3.2.4 节的分析可知，在星敏感器的光学设计和装调过程中，需要将 90% 的能量集中在 3×3 像素上，而像素信号还存在一定的串扰。因此，上述分析的星点能量在感光探测器上的分布并不是所有能量（电子数）集中在 1 像素上，而是根据星点特征和光学系统的能量分布函数，在多个像素上同时探测到星点能量。对单个像素来说,像素上的能量值是区分有效星点信号和背景噪声的最简单方法。

假定星点能量按照高斯分布(见式(3-1)),按照 90% 的能量分布在 3×3 像素上时,则需要镜头的 RMS 半径约为 0.8 像素,即 $\sigma_{PSF} = 0.8$。假定星点能量中心在某像素的中心,则采用数值积分的形式可以计算每个像素上的能量值。

第一高像素点的能量值为

$$I_1 = \int_{y_0+0.5}^{y_0-0.5} \int_{x_0+0.5}^{x_0-0.5} \frac{I_0}{2\pi\sigma_{PSF}^2} \exp\left[-\frac{(x-x_0)^2}{2\sigma_{PSF}^2} \right] \exp\left[-\frac{(y-y_0)^2}{2\sigma_{PSF}^2} \right] \mathrm{d}x\mathrm{d}y \quad (3-7)$$

第二高像素点的能量值为

$$I_2 = \int_{y_0-1.5}^{y_0-0.5} \int_{x_0+0.5}^{x_0-0.5} \frac{I_0}{2\pi\sigma_{PSF}^2} \exp\left[-\frac{(x-x_0)^2}{2\sigma_{PSF}^2} \right] \exp\left[-\frac{(y-y_0)^2}{2\sigma_{PSF}^2} \right] \mathrm{d}x\mathrm{d}y \quad (3-8)$$

第三高像素点的能量值为

$$I_3 = \int_{y_0-1.5}^{y_0-0.5} \int_{x_0-1.5}^{x_0-0.5} \frac{I_0}{2\pi\sigma_{PSF}^2} \exp\left[-\frac{(x-x_0)^2}{2\sigma_{PSF}^2} \right] \exp\left[-\frac{(y-y_0)^2}{2\sigma_{PSF}^2} \right] \mathrm{d}x\mathrm{d}y \quad (3-9)$$

式中:I_0 为最亮星点的总能量值。

能量值第一高的像素点只有中间 1 个,能量值第二高的像素点有 4 个,能量值第三高的像素点也有 4 个,分布在 3×3 像素的 4 个角上。各像素能量值在像面上的分布如图 3-8 所示。

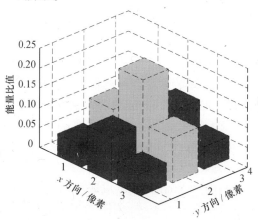

图 3-8 3×3 像素上的能量分布图

从 3×3 像素上的能量分析可以得出,图 3-8 中第一高能量占总能量的 22.3%,第二高能量占总能量的 11.2%,第三高能量占总能量的 5.67%。从星敏感器的像素响应信号值分析,3 个能量值的比例为

$$I_1 : I_2 : I_3 = 3.93 : 1.98 : 1 \approx 4 : 2 : 1 \quad (3-10)$$

为保证有效提取出 3×3 像素的图像,则需要系统能够分辨出能量最小像素点上的有效信号,且保证整个星点的提取精度优于 0.1 像素;同时,需要星敏感

器上每个像素上的噪声低于最低像素上能够获取的能量值的一半,即星敏感器每个像素上的噪声低于信号强度的 2.83% ,才能保证信号的有效提取。以 3×3 像素平均来简要分析,整个信号的信噪比为

$$SNR = \frac{100}{2.8 \times 9} = 3.93$$

如果假设 3×3 像素上的总噪声按照正态分布来计算,则可以估计信噪比为

$$SNR = \frac{100}{2.8 \times \sqrt{9}} = 11.9$$

星敏感器所能敏感的导航星包含不同亮度等级的星,如果最暗的星能够保证信噪比,实现有效提取,则可以保证所敏感的导航星都可以实现敏感。

课题组研制的星敏感器采用敏感星等为 5.2 等、光谱型为 G2 的星,以 180ms 的曝光时间计算分析,在感光探测器上产生的总能量为 13813e$^-$,则在第三高像素点上的能量为

$$13813 \times 5.67\% = 783 \ (e^-) \tag{3-11}$$

第二高像素点的能量为

$$13813 \times 11.2\% = 1547 \ (e^-) \tag{3-12}$$

第一高像素点的能量为

$$13813 \times 17.765 = 3080 \ (e^-) \tag{3-13}$$

为了准确提取出信号及中心坐标,在实际设计中更关心的是系统的信噪比,噪声的水平在很大程度上决定了所能观测到的极限星等。

3.3 APS CMOS 星敏感器感光探测器噪声分析

APS CMOS 星敏感器的感光探测器本身集成了 AD 采样等信号,并将外部起控制作用的信号与其分离。这样几乎所有的噪声都来自 APS CMOS 传感器本身。

3.3.1 APS CMOS 感光探测器响应特性

星敏感器的感光探测器 Star1000 采用了 APS CMOS 工艺,填充系数和量子效率都比较低,暗电流噪声、固定模式噪声等比较大[50],这是 Star1000 相对于 CCD 星敏感器的一个主要不足之处。对于星敏感器这种高精度的测量设备来说,噪声对于星点提取和系统精度[51]来说都是非常重要的。因此,分析 APS CMOS 感光探测器的噪声情况,采取合理的噪声抑制和滤波方法,对提高 APS CMOS 星敏感器的整体水平有重要作用。

典型 APS CMOS 的电子响应特性曲线如图 3-9 所示。

从图 3-9 可以看出,要从 APS CMOS 星敏感器上准确提出星点,不但需要

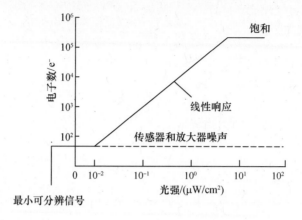

图 3 - 9　APS CMOS 传感器电子响应特性曲线

保证灵敏度,而且需要保证 APS CMOS 传感器上的本底噪声(Floor Noise)也足够低。

对于像 Star1000 这种大面阵的传感器,固定模式噪声(Fixed Pattern Noise, FPN)对星点的提取影响很大。星点在不同像素上成像时,灵敏度和本底噪声都有差别,要保证星点的有效提取,必须克服这些固定模式噪声的影响。

由于光子流和电子流的离散性,同一颗星点在感光探测器上的同一个像素上的成像会产生随机波动,产生量子波动噪声-散粒噪声(Shot Noise)。

综上所述,系统噪声为上述三种情况的共同影响,数学表达式为

$$\langle n_{sys} \rangle = \sqrt{\langle n_{shot}^2 \rangle + \langle n_{floor}^2 \rangle + \langle n_{pattern}^2 \rangle}$$

式中:$\langle n_{shot}^2 \rangle$、$\langle n_{floor}^2 \rangle$、$\langle n_{pattern}^2 \rangle$ 分别为散粒噪声、本底噪声以及固定模式噪声的均方差值(e^{-2});$\langle n_{sys} \rangle$ 为系统噪声均方根值(e^-)。

3.3.2　APS CMOS 各种噪声分析

根据 Star1000 的像素特点以及阵列特征,分析 Star1000 作为图像传感器的噪声情况[52-54]。其中,Star1000 内部结构图如图 3 - 10 所示。

1. 本底噪声

本底噪声包括温度噪声、复位噪声(Reset Noise)、跟随器噪声、读出噪声、V_{bias} 三级管噪声、放大器噪声,以及 A/D 噪声。

根据元器件和图像的生成环节来进行噪声分析,但在每个元器件和环节上所产生的噪声形式是不一样的。下面对几种重要噪声进行分析。

1) 温度噪声

温度噪声是一种高斯白噪声,在所有频率上都存在,均方根电压为

$$\langle v_{th} \rangle = \sqrt{4KTBR} \tag{3-14}$$

式中:T 为温度;B 为等效带宽;R 为阻抗。

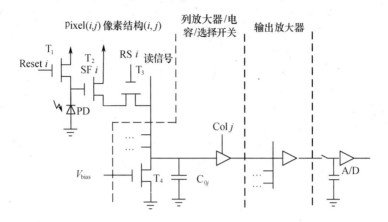

图 3-10　APS CMOS 感光探测器 Star1000 内部结构图

根据电压和阻抗关系,温度噪声的电流值为

$$\langle i_{\text{th}} \rangle = \sqrt{\frac{4KTB}{R}} \tag{3-15}$$

因为受到带宽和电阻的影响,温度噪声主要集中在系统的放大电路上,在开关性质的电路上较小。通常情况下,温度越高,温度噪声就越大。

不同的 APS CMOS 传感器的温度噪声有所区别。以课题组研制的 APS CMOS 星敏感器为例,设计过程中所采用的 Star1000 的温度噪声值为

$$\langle n_{\text{th}} \rangle = 53\text{e}^{-} \tag{3-16}$$

2）复位噪声

复位噪声是 APS CMOS 传感器成像前复位至指定复位电压,产生过程是通过一个金属氧化物半导体场效应管（MOSFET）开关 T_1 给像素感光二极管充电。在实际中,为方便计算,复位噪声电路可简化为一个充电电压源 V_{reset},一个理想开关,一个 MOSFET 等效电阻 R 和一个像素二极管的等效电容 C,等效电路如图 3-11 所示。

图 3-11　复位噪声等效电路
（a）复位等效电路；（b）噪声等效电路。

根据等效带宽 $B = \dfrac{\pi}{2}f_0 = \dfrac{1}{4RC}$,代入 $\langle V_{\text{out}} \rangle = \sqrt{4KTBR}$,得到复位噪声电压的

均方根值为

$$\langle V_{\text{out}} \rangle = \sqrt{\frac{KT}{C}} \qquad (3-17)$$

通常情况下,为了直接和感光像素中的势阱电荷比较,噪声值使用电子数来表示。根据电子数(电量为 q)、电压 V_{out}、感光二极管等效电容 C 的关系为 $Q = nq = CV_{\text{out}}$,复位噪声可使用电子数表示,即

$$\langle n_{\text{e}} \rangle = \frac{C}{q} \sqrt{\frac{KT}{C}} = \frac{\sqrt{KTC}}{q} \qquad (3-18)$$

复位噪声亦称为"KTC 噪声",这样得到室温下的复位噪声为

$$\langle n_{\text{KTC}} \rangle = 400 \sqrt{C} \qquad (3-19)$$

对于 Star1000,等效电容 $C \approx 60\text{fF}$,故 $n_{\text{KTC}} = 100\text{e}^{-}$。

3)计算结果

对于 APS CMOS 传感器来说,本底噪声主要是温度噪声和复位噪声的叠加结果,即

$$\langle n_{\text{floor}} \rangle = \sqrt{\langle n_{\text{KTC}} \rangle^{2} + \langle n_{\text{th}} \rangle^{2}} \qquad (3-20)$$

对于 Star1000 来说,总的本底噪声值为

$$\langle n_{\text{floor}} \rangle = 113\text{e}^{-} \qquad (3-21)$$

2. 散粒噪声

散粒噪声是一种由于电子本身的离散性而引起的随机白噪声。在 APS CMOS 感光探测器上,散粒噪声基本由两部分组成:

(1)CMOS 感光探测器的暗电流所引起的固有散粒噪声;

(2)光子本身的离散性和光子到达感光探测器上的随机性所引起的光电子散粒噪声。

由于暗电流而产生的噪声电流 i 的均方根值表示为

$$\langle i \rangle = \sqrt{2qI_{\text{dc}}B} \qquad (3-22)$$

式中: I_{dc} 为 CMOS 传感器的暗电流; B 为等效带宽; q 为电子电量。

假定散弹噪声的统计特性为泊松分布(Poisson Distribution),噪声电流的方差等于均值,即

$$\langle i^{2} \rangle = i \qquad (3-23)$$

暗电流电子数取决于电流密度 J_{dark}、传感器面积 A 和积分时间 t_{int},故散粒噪声的方差为

$$\langle n_{\text{dark}}^{2} \rangle = n_{\text{dark}} = \frac{J_{\text{dark}} A t_{\text{int}}}{q} \qquad (3-24)$$

同理,光电子产生的散粒噪声方差为

$$\langle n_{pe}^2 \rangle = n_{pe} = \eta I_0 A t_{int}$$

式中：η 为量子效率；I_0 为光子流密度（photons/$cm^2 \cdot s$）；A 为传感器面积；t_{int} 为积分时间。

综上，散粒噪声对传感器的贡献为

$$\langle n_{shot} \rangle = \sqrt{\langle n_{dark}^2 \rangle + \langle n_{pe}^2 \rangle} = \sqrt{n_{dark} + n_{pe}} = \sqrt{\frac{J_{dark} A t_{int}}{q} + \eta I_0 A t_{int}} \quad (3-25)$$

可见，散粒噪声与积分时间的平方根值成正比关系，并且散粒噪声是光子和电子本身的特性，很难消除。

根据 Star1000 手册所提供的暗电流 $n_{dark} = 1000e^-/s$ 以及 $M_v = 5.2$ 等星在星敏感器探测器上所产生的电子数 $n_{dark} = 200e^-/180ms$，计算得

$$\langle n_{shot} \rangle = 20e^- \quad (3-26)$$

3. 模式噪声(Pattern Noise)

和上述两种噪声不同，模式噪声不是随机噪声，具有一定的规律。模式噪声表现出一种很强的空间噪声性质，不随时间变化，在不同的图像帧之间基本不变，这样就无法通过图像帧间的平均来消除模式噪声。目前的模式噪声主要包括：像素固定模式噪声(Pixel Fixed Pattern Noise, PFPN)，列固定模式噪声(Column Fixed Pattern Noise, CFPN)，像素响应不均匀性噪声(Photo-Response Non-Uniformity, PRNU)，暗信号不均匀性噪声(Dark Signal Non-Uniformity Noise, DSNU)。基于感光二极管型的 APS CMOS 传感器 Star1000 采用双相关采样，可以减小模式噪声。本书所提到的 Star1000 模式噪声，均是通过了双相关采样后的噪声。

1）像素固定模式噪声

像素固定模式噪声主要是在没有光照的情况下，在不同像素上表现出来的噪声。它主要是由探测器的尺寸、半导体的掺杂、MOSFET 沟道特性及加工时的污染等造成的。根据图 3-10，感光二极管 D、复位晶体管 T_1、跟随器 T_2、读出晶体管 T_3 以及列放大器内部的所有晶体管都会产生固定模式噪声(FPN)。同时，在积分时间内不规则的时钟变化也会引起 FPN 的增大。FPN 也具有上述的温度噪声特性，温度改变依然会影响 FPN 噪声，并以电子数的形式表示。在 Star1000 手册上，固定模式噪声专指像素的固定模式噪声。

在大面阵的CMOS 图像传感器上，固定模式噪声又分为区域的和整个像面的。例如在 Star1000 CMOS 图像传感器上，在 5MHz 的时钟下，20×20 像素区域的固定模式噪声为 $121e^-$，整个像面的固定模式噪声为 $364e^-$。在进行星图处理时，为了提高处理精度，一般采用区域星点提取方法，故在此计算只考虑区域形式，即

$$\langle n_{PFPN} \rangle = 121e^- \quad (3-27)$$

2）像素响应不均匀性噪声

像素响应不均匀性噪声和像素固定模式噪声一样是与时间无关的，但是与信号有直接关系，主要是由感光二极管产生的。由于材料、工艺、加工等原因，不同的感光二极管在对光子的响应上有所区别。由于像素响应不均匀性与信号有直接关系，在表达式上通常会采用标准差或峰峰值与平均信号比值的形式，如 $PRNU_{rms} = rms/average\ value$ 或 $PRNU_{P-P} = Peak-Peak/average\ value$。

有些场合可以表示为 $\langle n_{PRNU} \rangle = Un_{pe}$。在 Star1000 的手册中，$U = 0.95\%$。对于 $M_v = 5.2$，G2 光谱星，高斯半径为 $\sigma = 0.8$ 像素分布星点，以分辨出 3×3 像素为标准，则星点能量为 $783e^-$，故有下列结构。

第三高能量点的像素响应不均匀性噪声为

$$\langle n_{PRNU} \rangle = 7.4e^- \tag{3-28}$$

第二高能量点的像素响应不均匀性噪声为

$$\langle n_{PRNU} \rangle = 14.7e^- \tag{3-29}$$

3）暗信号不均匀性噪声

暗信号不均匀性噪声和像素响应不均匀性噪声相似，主要受工艺和暗电流的影响。暗信号的大小，主要取决于积分时间，故在很多场合都将暗信号不均匀性表示为时间量的形式。某些文档将暗信号不均匀性噪声也归为固定模式噪声的内容。在 Star1000 CMOS 探测器上，$\langle n_{DSNU} \rangle = 763e^-/s$。

对于 180ms 的积分时间，则有

$$\langle n_{DSNU} \rangle = 152e^- \tag{3-30}$$

4）列固定模式噪声

在 APS CMOS 图像传感器上，一般都会存在列放大器，列放大器的不均匀性必然带来固定模式噪声。列固定模式噪声一般比区域像素固定模式噪声大。在 Star1000 的手册中，列固定模式噪声值表示为

$$\langle n_{CFPN} \rangle = 360e^- \tag{3-31}$$

5）计算结果

将 4 种模式噪声进行统一规划，得到总的模式噪声为

$$\langle n_{pattern} \rangle = \sqrt{\langle n_{PFPN} \rangle^2 + \langle n_{PRNU} \rangle^2 + \langle n_{DSNU} \rangle^2 + \langle n_{CFPN} \rangle^2} \tag{3-32}$$

对于 Star1000 来说，在 $M_v = 5.2$，G2 光谱星，180ms 曝光（积分）时间下，模式噪声总共为

$$\langle n_{pattern} \rangle = 409e^- \tag{3-33}$$

在星敏感器上使用时，工作频率比较高（5MHz），一般不考虑 $1/f$ 噪声。

4. 噪声分析结论

Star1000 传感器的整体噪声图链如图 3-12 所示。

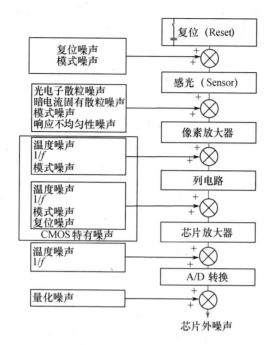

图 3 - 12　Star1000 APS CMOS 传感器的整体噪声图链

将所有的星敏感器噪声按照式(3 - 1)进行合并,得到一个图像传感器的系统噪声结果为

$$\langle n_{\mathrm{sys}} \rangle = 422\mathrm{e}^{-} \tag{3 - 34}$$

噪声分析结论如下:

(1) 从系统的噪声分析上来看,星敏感器噪声的主要来源仍然是模式噪声,主要包括列放大器的模式噪声和暗电流响应不均匀性噪声以及像素本身的固定模式噪声。增大积分时间,信号和暗电流的不均匀性都会线性增加,而列固定模式噪声、像素固定模式噪声以及本底噪声都不会发生变化,在一定程度上能够提高信噪比。但是,当信号很弱(和暗电流不均匀性噪声相差不多)时,增大积分时间并不能提高系统的信噪比,这时就只能通过增加镜头孔径和提高信号能量来提高信噪比。

(2) 对于 $M_{\mathrm{v}} = 5.2$ 等星,在 180ms 的积分时间下,直接使用以 Star1000 为 APS CMOS 探测器的星敏感器,基本上不能够识别出第三高能量像素,只能识别出第二高能量像素和第一高能量像素。

(3) 光靠单个像素的信噪比来区别信号和噪声比较困难。从 $M_{\mathrm{v}} = 5.2$ 等星点能量分步情况来看,信号能量的信噪比只有 1 ~ 3,单独使用很难实现星点有效像素与噪声分离。

3.4 星点有效信号的滤波和提取

根据 3.3 节分析,APS CMOS 传感器的主要噪声来源于传感器的固定模式噪声,这主要由于 CMOS 工艺的不一致性以及在 CMOS 传感器上集成了放大器等电路造成的。单独依靠信噪比来进行星点有效像素提取,不仅损失了系统的灵敏度,也会丢失很多弱信号,这在很大程度上不能满足星敏感器的系统要求。

在 Astro 系列星敏感器中,使用 CCD 作为感光探测器,镜头口径都很大。在对星点处理时,一般将 SNR 设置为 10 左右,这项指标对于 APS CMOS 传感器和微小型星敏感器的设计来说是不适合的,因为在增加系统灵敏度的同时,增大了系统的体积、质量和功耗,降低了系统的更新率。

本书设计的星敏感器,在提取信号时分别采用 SNR = 2 ~ 5 的情形作为判别标准,同时对信号进行滤波处理,以剔除由于信号的噪声引起的杂乱干扰信号。为了分析图像的滤波算法,对星点成像和图像噪声提出如下假设:

(1) 星点成像的分布基本按照式(3 - 1)所示的高斯分布;

(2) 噪声分布基本按二维的高斯分布,均值为 M_{noise},均方根值为 σ_{noise}。

根据上面的计算,假定 $\sigma_{noise} = 422e^-$,且 $M_{noise} = 5\sigma_{noise}$。

3.4.1 直接能量和滤波

在 $M_v = 5.2$,光谱型为 G2 的星点成像,在 3×3 像素上所得到的的能量总和为

$$s_{sum} = 13813e^- \tag{3 - 35}$$

而在 3×3 像素的图像上的噪声均值和均方根值为

$$\begin{cases} M_{sum} = 9M_{noise} \\ \sigma_{sum} = \sqrt{9\sigma_{noise}^2} = 3\sigma_{noise} \end{cases} \tag{3 - 36}$$

对于像点能量分布在 n 个像素这样的结果来说,采用叠加的方法,信号的能量增加到原来的 n 倍,而噪声的均方根只增加到原来的 $\sqrt{n}$ 倍,相当于信噪比提高到了原来的 $\sqrt{n}$ 倍。

这种方法实际效果不是特别好,虽然理论上信噪比确实提高到原来的 $\sqrt{n}$ 倍,但实际上 3×3 像素的样本还是太小,统计值随机性比较大。例如,如果在统计 3×3 像素中有一个值达到了 $6\sigma_{noise}$,其他几个元素还在比较小的附近,这样的加和值会很大,并不能真正地滤除噪声。在实际中,这种情况相对来说还是比较多的,例如:图像在某些点出现坏像素;电子学系统在某瞬间受到电磁干扰,其

042

至空间的某些杂散光进入等。如果以 SNR = 2 ~ 5 进行滤波,这种算法很可能会出现星点错误判别现象。此外,采用直接相加能量和滤波,使得系统的分辨率降为原来的 1/3,星敏感器整体精度下降。

3.4.2　能量相关滤波

为了消除这种不必要的干扰,在实际中,可以采用单点信噪比和整个星点分布面积联合的方法。根据星点信号的能量分布,星点的能量本身不是孤立存在某个像素上,而是由边缘向内部逐渐加强,故可以采用多点联合判断的方法。

假设星点能量分布中心的 3 × 3 矩阵,表示为

$$\boldsymbol{I}_{\mathrm{distr}} = \begin{bmatrix} I_{11} & I_{12} & I_{13} \\ I_{21} & I_{22} & I_{23} \\ I_{31} & I_{32} & I_{33} \end{bmatrix} \tag{3-37}$$

根据式(3 - 1)和图 3 - 2,假定星点的能量中心在像素中心,可将式(3 - 37)转化为

$$\boldsymbol{I}_{\mathrm{dist}} = \begin{bmatrix} I_1 & I_2 & I_1 \\ I_2 & I_3 & I_2 \\ I_1 & I_2 & I_1 \end{bmatrix} \tag{3-38}$$

$$\begin{cases} I_1 = \displaystyle\int_{y_0-1.5}^{y_0-0.5}\int_{x_0-1.5}^{x_0-0.5} \frac{I_0}{2\pi\sigma_{\mathrm{PSF}}^2}\exp\left[-\frac{(x-x_0)^2}{2\sigma_{\mathrm{PSF}}^2}\right]\exp\left[-\frac{(y-y_0)^2}{2\sigma_{\mathrm{PSF}}^2}\right]\mathrm{d}x\mathrm{d}y \\[3mm] I_2 = \displaystyle\int_{y_0-0.5}^{y_0+0.5}\int_{x_0-1.5}^{x_0-0.5} \frac{I_0}{2\pi\sigma_{\mathrm{PSF}}^2}\exp\left[-\frac{(x-x_0)^2}{2\sigma_{\mathrm{PSF}}^2}\right]\exp\left[-\frac{(y-y_0)^2}{2\sigma_{\mathrm{PSF}}^2}\right]\mathrm{d}x\mathrm{d}y \\[3mm] I_3 = \displaystyle\int_{y_0-0.5}^{y_0+0.5}\int_{x_0-0.5}^{x_0+0.5} \frac{I_0}{2\pi\sigma_{\mathrm{PSF}}^2}\exp\left[-\frac{(x-x_0)^2}{2\sigma_{\mathrm{PSF}}^2}\right]\exp\left[-\frac{(y-y_0)^2}{2\sigma_{\mathrm{PSF}}^2}\right]\mathrm{d}x\mathrm{d}y \end{cases}$$

$$\tag{3-39}$$

这个模型基本上是星点的成像,I_1,I_2,I_3 的值与星点的能量 I_0 成正比,即

$$I_1 = k_1 I_0 \quad I_2 = k_2 I_0 \quad I_3 = k_3 I_0 \tag{3-40}$$

式中:k_1,k_2,k_3 为 3 个比例系数,与星点能量无关,只与 σ_{PSF} 有关。根据星敏感器的成像特点,σ_{PSF} 可以认为是常值,因此可以得到 k_1,k_2,k_3 这 3 个常数值。这样建立系统的 3 × 3 滤波矩阵为

$$M_{\text{Filter}} = \begin{bmatrix} k_1 & k_2 & k_1 \\ k_2 & k_3 & k_2 \\ k_1 & k_2 & k_1 \end{bmatrix} \qquad (3-41)$$

由于 M_{Filter} 矩阵与星点分布 I_{dist} 只差一个比例系数,可以认为是相关的,故称为能量相关滤波。假定得到一幅原始星图为 I_{Org},其中包括几个星点和大量的噪声,则对星点信号进行图像卷积运算得到新的图像为

$$I_{\text{Filter}} = I_{\text{Org}} * * M_{\text{Filter}} \qquad (3-42)$$

式中:$* *$ 为二维卷积运算。

模拟 $M_v = 5$,G2 光谱的星在 APS CMOS 星敏感器上成像,噪声模型按照 3.4.1 节的分析方法与信号叠加,则可以得到星点附近 10×10 像素的信号,如图 3 – 13 和图 3 – 14 所示。

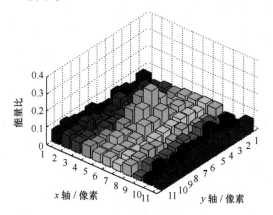

图 3 – 13　10×10 像素上滤波前星点能量分布图

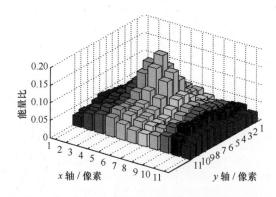

图 3 – 14　在 10×10 像素上滤波后星点能量分布图

从模拟星图上可以看出:在滤波前,星点在能量分布中心的 3×3 像素上的第三高能量像素点基本上已经淹没到噪声中,第二高能量像素点只能勉强分辨,

而且背景噪声起伏比较大;在滤波后,不但是 3×3 像素的能量分布清晰,而且第四高能量像素点甚至是第五高能量像素点都清晰可见,同时噪声起伏变小,分辨起来更加容易,3×3 像素的星点分布像素上能量加强突出。这样,在将原来不能分辨的 3×3 像素星点很好地恢复出来。

星点能量为 I_{star},噪声模型为 M,则在图像传感器上的模型为

$$I_{Org} = I_{star}(x,y) + M$$

采用式(3-42)进行滤波,有

$$I_{Filter} = I_{star} * * M_{Filter} + M_{Noise} * * M_{Filter} \qquad (3-43)$$

在进行星点提取时,会将所有的数据点减去一个阈值,这样在进行能量分析时,可以考虑去除噪声的均值。M_{noise} 属于一个均值为 0、均方根值为 σ_{noise} 的白噪声信号,则 $M_{Filter\ noise} = M_{noise} * * M_{Filter}$ 的方差为

$$\sigma_{Filter} = \sqrt{4(k_1^2 + k_2^2) + k_3^2}\,\sigma \qquad (3-44)$$

3×3 像素上的星点能量分布在滤波后与滤波前具有较大差异,最高点滤波后的能量值为

$$I_{Filter\_Star1} = 4(k_1^2 + k_2^2) + k_3^2 I_0 \qquad (3-45)$$

则滤波后的信噪比为

$$SNR_{Filter\_1} = \frac{I_{Filter\_star1}}{\sigma_{Filter}} = \sqrt{4(k_1^2 + k_2^2) + k_3^2}\,\frac{I_0}{\sigma} \qquad (3-46)$$

而滤波前,信号的信噪比为

$$SNR_{Org\_1} = k_3 \frac{I_0}{\sigma} \qquad (3-47)$$

因此可以计算出,信噪比的提高比例为

$$S = \frac{\sqrt{4(k_1^2 + k_2^2) + k_3^2}}{k_3} \qquad (3-48)$$

当 $\sigma_{PSF} = 0.9$ 时,可以计算出 3×3 像素上信号信噪比的提高如表 3-3 所列。

表 3-3　星点信号信噪比的提高

第一高能量点	第二高能量点	第三高能量点
1.6564	2.1068	2.6798

采用相关法滤波,星点信号的变化趋势和滤波器一致,此滤波器边界变化明显,有利于提高星点中心的位置(亚像元中心)精度,这也是在实际中采取这种算法的一个主要原因。虽然采用均值滤波器也可以提高信噪比,会扩大

信号范围,但是在信号附近的噪声会受到信号的加强作用,牺牲星点的坐标精度。一旦系统出现一个坏像素,对周围的噪声影响比较大,就会被误认为是信号。同时,星点像素数目增加较大,不利于进一步采取星点数目作为判别依据。

在实际中,由于噪声分布并不能完全按照高斯规律,在部分区域会比预计值稍大些。同时,由于星敏感器在星图获取过程中存在一定的运动,实际能量分布也不会完全和滤波器一致。因此,实际的第三高能量像素点的信噪比提高值比理论稍低些,实验测试结果在 2.5 左右。

3.4.3 星点判别和 DN 确定原则

在进行能量相关滤波后,仍然会出现一些受坏像素影响大的点。这些点不在上述的噪声范围内,属于突发性噪声,往往存在于单个像素。为此,采用剔除干扰坏点的方法对星点进行二次提取,主要的规则是保证星点所占据的像素数目大于某一值,一般取大于 4 作为标准。在连续行的方向上,必须存在连续两个像素的星点能量同时大于某一噪声和背景阈值 DN(Dark Number),这样就能够剔除单个像素而引起的干扰。

在空间中使用时,星敏感器处于不同位置,进入视场内部的杂散光不同,背景噪声也相应不同,为此需要对 DN 进行不断更新,以得到最佳值。在进行 DN 运算时,主要的依据是噪声的均值 M_{noise} 和均方根值 σ_{noise},因为还没有进行星点提取,故 M_{noise} 和 σ_{noise} 的值都会比实际稍大一些。在实际上,星敏感器属于大面阵成像,星点一般不超过 20 个,相对于整个面阵所带来的影响比较小,基本上可以忽略。对于 $N \times N$ 的图像传感器来说,M_{noise} 和 σ_{noise} 计算公式为

$$M_{\text{noise}} = \frac{\sum\limits_{i,j}^{N} I_{ij}}{\sum\limits_{i,j}^{N} 1} \qquad \sigma_{\text{noise}} = \sqrt{\frac{\sum\limits_{i,j}^{N} \left(I_{ij} - M_{\text{noise}} \right)^2}{\sum\limits_{i,j}^{N} 1}} \qquad (3-49)$$

在实际中,一般取 $\text{DN} = M_{\text{noise}} + (2 \sim 5) \times \sigma_{\text{noise}}$。在 APS CMOS 星敏感器样机的设计和实验中,由于采用了 $\text{DN} = M_{\text{noise}} + 2\sigma_{\text{noise}}$ 的原则,最大限度地提高了星的提取能力。DN 的详细算法将在第 4 章介绍。

3.5 APS CMOS 星敏感器图像的实验验证

上述仿真和分析只是说明了星敏感器在理论上的成像、噪声和滤波情况,但实际结果如何、理论分析是否正确,最主要的检验手段就是通过星敏感器的实际图像来测试。本节主要测试星敏感器的成像噪声和滤波效果。

3.5.1　利用小波进行图像分析的基本理论和方法

在一幅实际的星图上,必然存在着星点和噪声背景。虽然星点数比较少,但是相对于噪声本身来说,方差还是比较大的,对噪声分析有一些影响。同时,星敏感器可能存在严重的坏像素以及图像瑕疵点,对星敏感器的噪声模型分析产生一定的影响。就整幅星图来说,这属于一种非平稳的信号。传统傅里叶变换等分析方法是建立在平稳的随机过程上,直接在此使用会存在一些信号上的偏差。为了解决和处理这种非平稳随机信号,这里采用了小波变换方法。

小波变换是一种信号的时间—尺度(时间—频率)的分析方法,不仅具有多分辨率分析的特点,而且在时频两域都具有表征信号局部特征的能力。它是一种窗口大小固定不变但形状可改变、时间窗和频率窗都可以改变的时域局部分析方法,在低频部分具有较高的频率分辨率和较低的时间分辨率,在高频部分具有较高的时间分辨率和较低的频率分辨率,很适合探测信号中夹带的瞬间反正现象,并展示其成分,也称为信号的显微镜。

多分辨率分析(Multi-Resolution Analysis)也称多尺度分析,是 Mallat 在 20 世纪 80 年代后期提出的[55],使离散小波变换以数字正交镜像滤波器(Quadrature Mirror Filters,QMF)[56]滤波器组的形式出现。将小波变换由一维推广到二维,就可应用于图像处理。通过水平和垂直滤波,根据 Mallat 小波算法将原始图像分为 4 个子带:低频子带、水平的高频子带、垂直方向的高频子带和斜方向的高频子带。对于低频子带进一步分解,可得到更低分辨率的 4 个子带。

离散小波变换(Discrete Wavelet Transtorm,DWT)是实现多分辨率的最简单方法,对信号每进行一层小波分解就对生成的低频和高频分量进行一次隔数抽取,这样进行 N 层变换后,所得到图像分辨率为原来的 $1/2^N$。在进行滤波合成时,这种 DWT 方法得到的图像会出现马赛克现象。为此本书采用稳态小波变换(Stationary Wavelet Transform,SWT),在进行每层小波变换后不进行抽取,而是对滤波系数进行插值,这样就可以减少上述的马赛克现象。离散小波变换和稳态小波变换的结构示意图如图 3 - 15 所示。

对于实际获取的真实星图,利用 Matlab 小波分析工具箱中的 SWT De-Noise 工具,采取 sym6 的小波基信号,以 4 层分解形式进行处理。在分解计算时采用了 Lo_D 和 Hi_D 两个滤波器,每进行一层分解时,都对滤波器进行一次过采样,可以获得更低分辨率的成分。在进行 De-Noise 时,为了保留信号高频中幅度变化比较大的信号,在对信号进行一定的阈值分割滤波后,还需要对信号进行重构,即需要两个重构滤波器 Lo_R 和 Hi_R。利用小波进行 De-Noise 示意图如图 3 - 16 所示,这实际上是一维的去噪声方法,而星敏感器成像图片是二维的。二维分解包含低频分量 $S(x,y)$ 和高频分量,其中高频分量可表示为水平方向

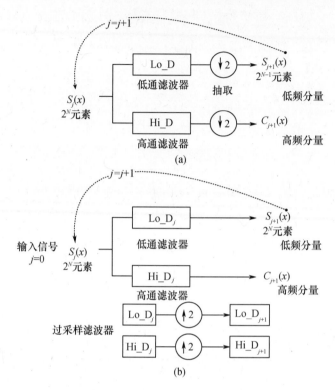

图 3 – 15　小波变换的结构示意图

（a）DWT；（b）SWT。

（行方向）CH(x,y)、垂直方向（列方向）CV(x,y)和对角线方向 CD(x,y)。sym6
分解和重构小波函数图形如图 3 – 17 和图 3 – 18 所示,滤波后再进行重构,重构
过程与之相反。

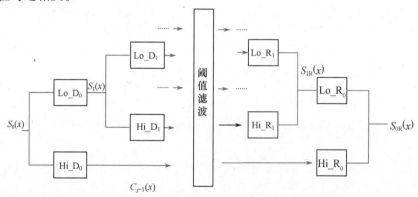

图 3 – 16　利用小波进行 De-Noise 示意图

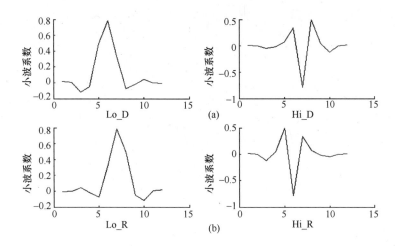

图 3 - 17　sym6 信号分解和重构小波函数图形

（a）信号分解；（b）信号重构。

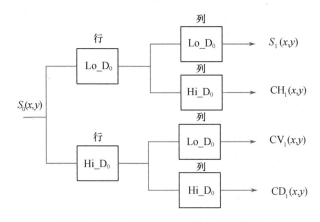

图 3 - 18　二维图像的 SWT 分解示意图

3.5.2　小波分析的噪声和理论计算噪声比较

利用 Matlab 小波工具箱中的 SWT De-Noising 2-D 工具对实际拍摄的星图进行处理。星图是采用课题组研制的 APS CMOS 星敏感器样机拍摄的，曝光时间为 0.2s，如图 3 - 19 所示。

对星图进行稳态小波去噪声处理，采用的小波滤波器的函数如图 3 - 17 所示。采用 4 层结构分析，同时在滤除噪声时采用固定阈值的方法，得到原始图像和去噪声的图片以及噪声统计情况结果，如图 3 - 20 所示。而噪声残差统计如图 3 - 21 所示。

小波分析所得到图像噪声的统计结果，基本上是均值为 0、噪声的方差

图 3 - 19　星敏感器拍摄得到的星图(见彩色插页)

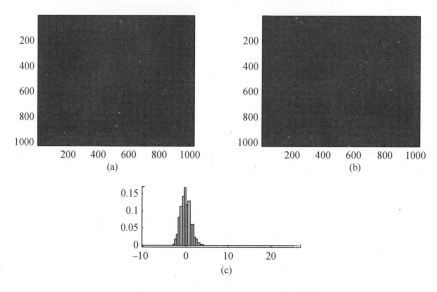

图 3 - 20　对原始星图进行去噪声的小波分析结果图像(见彩色插页)

(a)原始星图；(b)去噪声星图；(c)噪声残差统计直方图。

$\sigma_w = 1.264$(图像灰度单位,总共灰度范围为 0 ~ 255)。不进行小波分析,而是直接将信号忽略进行计算,所得的噪声方差为 $\sigma_d = 1.586$(图像灰度单位)。

根据式(3 - 17),理论计算的噪声值为 $422e^-$。根据 APS CMOS 的电荷到电压的响应曲线,整体的线性水平在 0 ~ 1.1V 对应于 0 ~ $90000e^-$,即对应于图像 0 ~ 255 灰度范围。这样将式(3 - 34)折算到图像的灰度值,得

$$\sigma_{\text{noise}} = \frac{422 \times 255}{90000} = 1.196 \qquad (3 - 50)$$

在计算式(3 - 34)时,并没有考虑采样的量化误差及外围电路误差,故实际

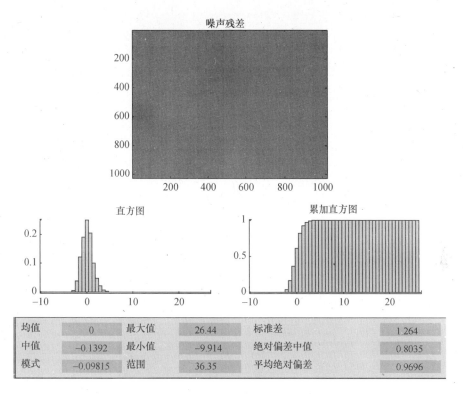

均值	0	最大值	26.44	标准差	1.264
中值	−0.1392	最小值	−9.914	绝对偏差中值	0.8035
模式	−0.09815	范围	36.35	平均绝对偏差	0.9696

图 3-21　小波 De-Noise 后的噪声残差统计

的误差应该比计算的略大些。相比较而言,通过小波分析得到的 σ_w 已经很接近理论计算值,同时也证明了理论计算的可行性和准确性。

3.5.3　小波去噪声算法和能量相关法滤波算法的比较

　　小波去噪声算法是一种通用的图像处理算法,在 APS CMOS 星敏感器上使用时具有一定的局限性。它没有考虑信号的能量分布特性,小波变换的去噪声算法在实际中的实现困难也很大,需要大量的乘法运算和大量存储器空间。在当前卫星的电子学系统条件下,很难在星敏感器内部实现,也不能进行实时的星图滤波处理。为此,采用了 3.5.2 节所述的能量相关的滤波方法,而小波方法只是作为一个比较的依据。

　　选取同样的星图信号分割阈值 DN,分别对原始星图、小波变换后的星图以及能量相关变换法所得到的星图进行分割(这里为了显示清晰,进行二值化处理),得到的结果如图 3-22 ~ 图 3-24 所示。

　　3 种算法对于提取星点结果的比较如表 3-4 所列。

图 3 - 22　原始星图直接阈值分割结果

图 3 - 23　能量相关法滤波星图阈值分割结果

表 3 - 4　3 种算法对于提取星点结果的比较

星点包含有效像素数目/个	大于或等于1	大于或等于2	大于或等于3	大于或等于4	大于或等于5	大于或等于6	大于或等于7	大于或等于8	大于或等于9
直接阈值分割星点数目/个	1160	18	12	12	9	8	7	7	7
能量相关后阈值分割星点数目/个	15	13	13	12	11	9	9	7	7
小波去噪声后阈值分割星点数目/个	80	8	7	7	7	7	7	7	7

　　在直接阈值分割进行星点提取时,总共得到 1160 个星点,其中大部分是由于噪声信号所造成的干扰星,只有 7 颗是正确星,虽然理论上可以根据能量分布进行剔除,但这将对后续信号处理等造成很大麻烦。在进行能量相关后进行阈

图 3-24　小波去噪声后的阈值星图分割结果

值分割,得到的星点数目为 15 颗,相当于只有 8 颗干扰星,可以简单地从后续的能量分布来将其剔除。进行小波去噪声后,再进行阈值分割,具有 80 颗星点,也具有 70 多颗干扰星,但是同样可以简单地根据能量分布剔除干扰星。在图像处理领域引起这种干扰星的噪声称为椒盐噪声。从干扰星的数目上看,APS CMOS星敏感器采用能量相关滤波算法,比小波方法在滤除椒盐噪声上更具有优势。

　　将能量相关滤波后的星图与 Skymap 中的星图进一步对照比较发现,在能量相关滤波法后得到星图,表面上好像出现了 8 颗干扰星,但是在实际中只有 4 颗干扰星。其中,大于 5 个像素的并不是干扰星,而是因为滤波算法提高了信噪比后探测到的 3 颗新星。这也说明在暗星点的提取方面,能量相关滤波算法相比小波方法更具有优势。

3.6　本章小结

　　本章主要进行了 APS CMOS 星敏感器的成像特性分析和星图处理算法研究,其主要内容如下。

　　(1) 根据 APS CMOS 感光探测器 Star1000 的成像特性以及导航星的光谱和能量特性,计算了探测器上所能接收和转换的能量,并根据星点的能量分布函数,计算出每个像素上获得的有效信号。

　　(2) 分析了 APS CMOS 星敏感器的响应特性和噪声特性,分析了 Star1000 的内部结构以及每部分的噪声来源、噪声大小、噪声分布和传递情况,并定量计算了在 180ms 曝光时间下产生的噪声。

（3）根据星敏感器样机的成像特性和噪声情况，分析了系统的信噪比和星点提取条件。结合星点的能量分布函数，提出了基于能量相关的星图滤波算法。通过仿真和计算，在不改变星点成像中心位置精度的同时，星图的信噪比提高了2.5 倍。

（4）通过星敏感器样机获得的星图，分别采用直接阈值分割星点提取、能量相关滤波后阈值分割星点提取以及稳态小波滤波处理后阈值分割星点提取三种方法对星图进行处理，得到的结果显示：能量相关滤波法在滤除大的图像噪声、剔除干扰星以及提高星图的信噪比方面都比其他两种方法具有优势。

在对 APS CMOS 成像和噪声进行定量计算的基础上，本章提出了能量相关的滤波方法，通过理论计算、仿真分析以及真实星图实验证明这种滤波方法非常适合在 APS CMOS 星敏感器中使用。

第4章

APS CMOS 星敏感器光学系统
设计与装调

第 2 章和第 3 章详细讲述了星敏感器的总体设计及技术指标。在选定感光探测器后,根据感光探测器的灵敏度和系统的总体精度指标要求,确定星敏感器的光学系统焦距,进而可以确定星敏感器的视场,并根据星图识别以及姿态运算等条件约束,在给定的焦距、视场下确定星敏感器的敏感星等,进而确定星敏感器的镜头等技术指标要求,完成星敏感器光学系统详细设计。

4.1 星敏感器光学镜头指标参数

星敏感器的光学系统设计包括焦距、有效孔径、弥散斑、畸变、场曲、色散等技术指标,具有谱段宽、畸变小、能量集中度高、相对孔径大等特点。

4.1.1 光学系统焦距和有效孔径

镜头有效孔径在很大程度上决定了星敏感器的探测能力。星敏感器对弱目标成像,而 APS CMOS 感光探测器本身的灵敏度和填充系数又较低,故星敏感器一般要求光学系统镜头的相对孔径较大,在 1∶1 ~ 1∶1.4 之间。第 2 章已经明确,当星敏感器镜头的焦距变小时,视场会增加,对敏感星等的要求会有所降低。

假定星在天球上均匀分布,根据星敏感器视场所对应的球面度,可以计算出视场中的平均星数目,即

$$N_{FOV} = N(M_v) \frac{2\pi - 4\arccos\left[\sin^2\left(\frac{\theta_{FOV}}{2}\right)\right]}{4\pi} \tag{4-1}$$

式中：N_{FOV} 为视场中星的数目；θ_{FOV} 为视场角。

为保证星敏感器的星图识别和系统的精度，N_{FOV} 是一个星敏感器的重要技术指标，见式（4-2）。如前所述，$N_{FOV}=15$ 是一个比较合适的值，既保证了星图识别的可靠性，也能通过多星平差来保证星敏感器的精度。

$$N(M_v) = 6.5e^{1.107M_v} \qquad (4-2)$$

式中：$N(M_v)$ 为视星等亮于 M_v 的星数目。

从第 2 章分析可知，星敏感器的视场可以认为是由星敏感器的焦距决定的，即

$$\tan\left(\frac{\theta_{FOV}}{2}\right) = \frac{L}{2f} \qquad (4-3)$$

式中：L 为探测器的横向尺寸；f 为光学系统焦距。对于像素尺寸 $15\mu m \times 15\mu m$，面元阵列 1024×1024 的感光探测器 Star1000 来说，$L = 15.36mm$。这样，以视场内包含 15 颗星为设计目标，以 Star1000 为感光探测器，星敏感器焦距与敏感星等的关系如图 4-1 所示和表 4-1 所列。

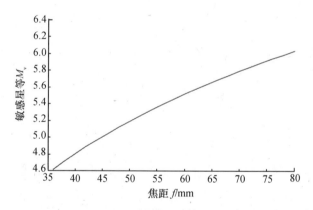

图 4-1　星敏感器焦距与敏感星等的关系

表 4-1　星敏感器焦距与敏感星等的关系

焦距 f/mm	35	40	45	50	55	60	65	70	75	80
敏感星等 M_v	4.6	4.8	5.0	5.2	5.4	5.5	5.7	5.8	5.9	6.0

星敏感器的敏感星等与星敏感器的曝光时间、光学系统透过率、感光探测器灵敏度以及镜头孔径大小相关。在选定 APS CMOS 感光探测器后，感光探测器的灵敏度即已确定；而在星敏感器的设计中，光学透光率变化很小，曝光时间受到系统更新率的制约，精度在 $100 \sim 200ms$ 之间，不会有太大的变化。因此，在星敏感器的光学系统设计上，最关键的两个技术指标是焦距和孔径。可以认为，星敏感器的焦距决定视场，孔径决定敏感星等。

根据星敏感器所探测到的星点能量与镜头孔径的平方成正比,星点能量本身与星等的关系是,每增加一个星等,能量增加 2.512 倍。假设两个星点的能量分别为 E_1 和 E_2,对应星等分别为 M_{v1} 和 M_{v2},为了敏感到此星等,星敏感器的镜头最小孔径分别为 D_1 和 D_2,则有

$$\frac{E_1}{E_2} = \frac{2.512^{M_{v1}}}{2.512^{M_{v2}}} = \frac{D_1^2}{D_2^2}$$

以课题组研制的 APS CMOS 星敏感器为例,感光探测器选择 Star1000,曝光时间选择 180ms,光学透过率为 75%,视场内平均星数目为 $N_{FOV} = 15$,光学系统焦距 $f = 50\text{mm}$,孔径 $D = 37\text{mm}$ 时,系统的敏感星等为 $M_v = 5.2$。

联合图 4 - 1 和式(4 - 1)、式(4 - 2),假定 $D_1 = 37\text{mm}$,$M_{v1} = 5.2$,则对应不同视场的镜头孔径为

$$D_2 = \sqrt{2.512^{M_{v2} - M_{v1}} D_1^2} \qquad (4 - 4)$$

根据表 4 - 1 可以得出,在不同的星敏感器焦距下,所需的光学镜头孔径与 F#(F# = D/f)的关系如表 4 - 2 所列。

表 4 - 2　星敏感器光学镜头孔径与 F#的关系

视场角 θ_{FOV}/(°)	24.8	21.7	19.4	17.5	15.9	14.6	13.5	12.5	11.7	11.0
敏感星等 M_v	4.6	4.8	5.0	5.2	5.4	5.5	5.7	5.8	5.9	6.0
镜头孔径 D/mm	27.7	30.8	33.9	37.0	39.9	42.8	45.7	48.6	51.5	54.3
焦距 f/mm	35	40	45	50	55	60	65	70	75	80
F#	0.79	0.77	0.75	0.74	0.73	0.71	0.70	0.69	0.69	0.68

从上述的分析来看,视场角从 24.8° 变化到 11° 的过程中,镜头的相对孔径从 1:1.26 变化到 1:1.47。视场角越小、焦距越长的星敏感器的敏感星等越高,相对孔径越小,对于光学系统的设计来说反而越简单。但是,敏感星等过高,抗杂光干扰等指标效果会变差,星图识别等困难增加。一般来说,星敏感器的敏感器星等在 4.5~6 之间,导航星的数目在 1600~6000 颗之间。

4.1.2 光学系统畸变

虽然星敏感器的畸变不影响成像的清晰度,但在一定程度上决定着星敏感器的成像位置精度,这也是高精度星敏感器非常关心的一个环节。目前星敏感器的单星点图像处理精度在 0.1 像素以内,可以达到 0.05 像素,甚至更高。畸变通常是一个非线性的曲线,分为径向畸变和切向畸变,通常径向畸变比切向畸变大很多。在整个视场范围内,由于畸变的变化使得导致的成像点位置偏差不超过 0.1 像素,最好在 0.05 像素内。因此,对于 1024 × 1024 像素的图像传感器来说,畸变值最大为 0.01%~0.02%。

如果畸变量过大,如达到 0.5‰ 甚至更大时,需要对畸变进行严格的校正,以提高单星点的位置确定精度。例如课题组设计的星敏感器,由于镜头小型化等要求,对镜头设计的畸变参数有了一定的放松,畸变值小于 0.1%,如图 4 – 2 所示。因此,在后续的测试和标定过程中,必须对此进行修正。

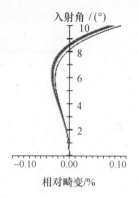

图 4 – 2　相对畸变

4.1.3　能量集中度和场曲

星敏感器的能量集中度和提取精度有一定的关联。在星敏感器的设计过程中,保证在 3×3 像素的窗口范围内集中 90% 以上的能量,以实现高的信噪比,并保证系统能够正常提取。如果能量集中度不好,将分散到更多的像素上,导致信噪比降低;如果能量集中度过于集中,星点的提取精度降低,此时需要在星敏感器安装时进行一定的离焦处理,尽量保证 3×3 像素窗口内集中 90% 的信号能量。图 4 – 3 所示为课题组设计的以能量中心为原点、以横坐标为半径的能量占总能量比。在半径为 $25\mu m$ 的圆内几乎包含了全视场范围内谱段 95% 的能量。

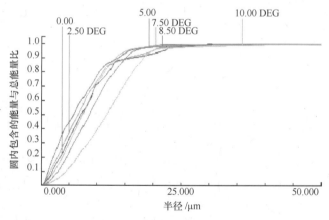

图 4 – 3　能量集中度

场曲又称像场弯曲。当星敏感器的光学透镜存在场曲时,整个星光的交点不与理想像点重合,有些靠前,有些靠后,但整个像平面则是一个曲面。由于采用的感光探测器都是平面的,在星点像平面上不同位置的能量集中度不同,因此在进行能量集中度评价时,一定要将场曲计算在内。

4.1.4　谱段和垂轴色差

星敏感器的敏感目标为恒星,星点的发光谱段很宽,有些星偏蓝色,有些星偏红色。同时,感光探测器在不同谱段的灵敏度也有所区别,相应光谱多为红外加宽谱段,如 e2v 公司的近红外 APS CMOS 探测器系列产品,在红外谱段的灵敏度相对于传统产品显著提高。因此,在设计过程中要尽量实现宽的光谱范围,以实现对更多导航星的探测。APS CMOS 量子效率如图 4 - 4 所示。

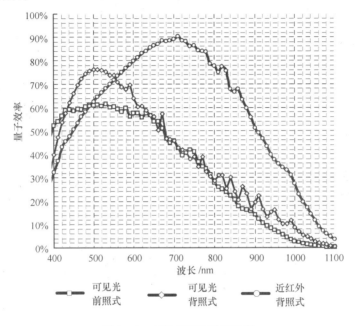

图 4 - 4　APS CMOS 量子效率

导航星一般偏红星较多,在设计时谱段采用 500 ~ 850nm 区间,以保证尽可能高的光学透过率,且对畸变、能量集中度、场曲等都具有严格的要求。

垂轴色差和畸变相似,表示不同谱段的星点光在感光探测器上的成像位置会有所变化,对垂轴色差的要求和畸变要求相似,即在全视场、全谱段范围内总的像点变化不能超过 0.1 像素水平。对于课题组设计的星敏感器来说,采用 Star1000 作为感光探测器,在全视场内的垂轴色差不超过 1.5μm,如图 4 - 5 所示。

4.1.5　镜头技术指标

除上述关键技术指标外,星敏感器镜头部分的其他技术指标包括点扩散函数。星敏感器的质心算法一般采用二阶距法,因此点扩散函数一般需要设置为正态对称分布;同时,要求光学系统无渐晕,透过率大于 75% 等。课题组研制的 APS CMOS 星敏感器的光学系统主要技术指标如表 4 - 3 所列。

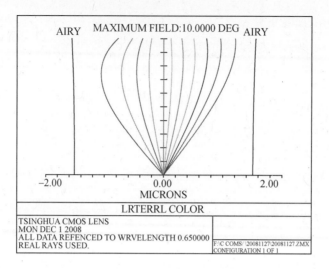

图 4 - 5　垂轴色差

表 4 - 3　光学镜头的技术指标

参数	要求
焦距/mm	50 ± 0.5
相对孔径	1/1.35
谱段/nm	500～850
视场角/(°)	17.5
相对畸变/%	0.1
透过率/%	大于 75
能量集中度	在半径 $25\mu m$ 圆内集中 90% 以上能量
弥散圆	接近正态分布,对称
质量/g	小于 600
工作温度/℃	$-40 \sim +40$

4.2　光学系统的温度特性分析

　　星敏感器要对恒星成像,光学系统基本上都置于场外使用,温度变化范围相对较大。星敏感器在卫星上安装时,要尽量避开太阳光,工作温度一般较低;而感光探测器噪声水平都与温度密切相关,温度升高,噪声水平明显增加。国际上大部分星敏感器在设计中采用了冷却等温度控制方案,以保证星敏感器的工作性能。而课题组设计的 APS CMOS 星敏感器采用小型化、低功耗的设计方案,在设计中不采用温度控制等措施,因此系统的研制过程中需要对镜头等参数提出宽温度范围的工作要求。

4.2.1　温度变化影响

　　根据多颗卫星的应用情况分析,星敏感器的在轨温度一般在 0℃ 左右。课题组研制的基于 APS CMOS 星敏感器选择 0℃ 作为工作的中心温度,选择 ±20℃ 和 ±40℃ 作为星敏感器的两个重要性能分析条件。分析的参数包括能量集中度的变化(弥散斑半径)、能量中心的位置变化(类似畸变)和焦距的变化。分析的原则是以星点提取功能和精度等为目标。下面以课题组研制的 APS CMOS 星敏感器为例,介绍光学镜头在 -40℃ ~ +40℃ 下主要性能的变化,如表 4 - 4 所列。

表 4 - 4　温度变化对 APS CMOS 星敏感器成像的影响分析

温度变化 /℃	视场角 /(°)	弥散斑均方根 (RMS)半径/μm	能量质心高 /mm	焦距变化量 /μm
-40	0	9.893	0	-9
	2.5	9.152	2.1780	
	5	7.623	4.3632	
	7.5	7.888	6.5648	
	10	13.063	8.7972	
-20	0	9.892	0	-4.5
	2.5	9.202	2.1783	
	5	7.823	4.3639	
	7.5	8.167	6.5658	
	10	13.173	8.7984	
0	0	9.943	0	0
	2.5	9.307	2.1787	
	5	8.084	4.3645	
	7.5	8.504	6.5668	
	10	13.327	8.7998	
+20	0	10.044	0	+4.5
	2.5	9.466	2.1790	
	5	8.400	4.3652	
	7.5	8.892	6.5678	
	10	13.477	8.8011	
+40	0	10.193	0	+9
	2.5	9.674	2.1793	
	5	8.765	4.3658	
	7.5	9.324	6.5688	
	10	13.696	8.8024	

弥散斑的变化大小直接决定了星敏感器的信噪比和提取能力的变化,质心高度变化直接决定星敏感器的精度。弥散斑 RMS 半径和各视场能量质心高度随温度变化的曲线分别如图 4 - 6 和图 4 - 7 所示。在 ±20℃ 范围内,全视场的星点的能量质心变化不超过 1.5μm,约 0.1 像素;在 ±40℃ 温度范围内,能量质心高度变化小于 3μm,约 0.2 像素,对系统的精度造成一定影响,但是下降不大。

弥散斑的孔径在全温度范围内变化在 $1\mu m$ 之内,对星点的提取几乎无影响。焦距的变化基本上与温度成正比,即:在 0℃时,系统的焦距为标准值,则在 $\pm20℃$ 范围内焦距变化不超过 $4.5\mu m$;在 $\pm40℃$ 时,焦距变化不超过 $9\mu m$,远小于系统精度指标对于焦距的影响。

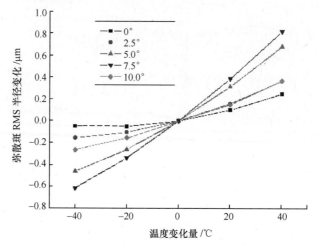

图 4 - 6　各视场弥散斑 RMS 半径随温度变化

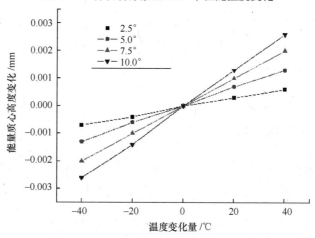

图 4 - 7　各视场能量质心高度随温度变化

4.2.2　温度梯度影响分析

APS CMOS 星敏感器的镜头长度较长,且在轴向方向的温度变化因素相对于径向方向要大的多。因此,下面主要分析轴向变化对星敏感器性能等方面的影响。以课题组研制的 APS CMOS 星敏感器为例,光学镜头存在轴向温度梯度时的温度分布工况如图 4 - 8 所示。镜头前端和后端温差达到 10°,在此情况下的光学系统点列图如图 4 - 9 所示。

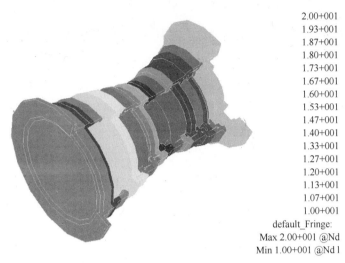

2.00+001
1.93+001
1.87+001
1.80+001
1.73+001
1.67+001
1.60+001
1.53+001
1.47+001
1.40+001
1.33+001
1.27+001
1.20+001
1.13+001
1.07+001
1.00+001
default_Fringe:
Max 2.00+001 @Nd
Min 1.00+001 @Nd l

图 4-8　存在温度梯度时的温度分布工况

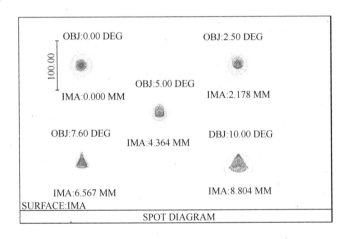

图 4-9　轴向温度梯度 10℃情况下的系统点列图

　　温度梯度对镜片半径、镜间距和玻璃厚度、镜片倾斜和偏心造成的影响较小，因此不会对弥散斑的大小和形状造成太大影响，即在温度梯度影响下可正常工作。温度梯度 10℃下各视场弥散斑 RMS 半径变化如表 4-5 所列。

表 4-5　温度梯度 10℃下各视场弥散斑 RMS 半径变化

视场角/(°)	0	2.5	5	7.5	10
原始弥散斑 RMS 半径/μm	9.943	9.316	8.094	8.525	14.106
温度梯度影响下弥散斑 RMS 半径/μm	9.958	9.183	7.678	8.182	13.415
弥散斑 RMS 半径变化/μm	0.015	-0.133	-0.416	-0.343	-0.691

4.3　系统离焦范围分析

4.3.1　星敏感器光学系统的焦深

星敏感器光学系统采用短焦距、大孔径、大视场等设计条件,在视场内可获取更多的导航星。相对孔径的提高,意味着星敏感器系统具有较小的焦深(焦点深度)等参数[57]。对于无限远的目标成像,星点像处于在星敏感器焦平面位置上,系统成像示意图如图 4 – 10 所示。

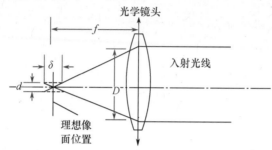

图 4 – 10　理想星敏感器光学系统成像示意图

图 4 – 10 中,d 表示星敏感器成像点所允许的最大弥散斑直径,δ 表示星敏感器所允许的最大焦深,f 表示星敏感器的焦距,D 表示星敏感器的有效孔径。不难看出,焦深 δ 可以简单理解为

$$\delta = 2 \times \frac{f}{D} \times d \qquad (4-5)$$

其中,$\dfrac{f}{D}$ 越大,星敏感器的焦深就越大。而在星敏感器的设计中,为了能敏感到更高的星等,通常要求相对孔径较大,即 $\dfrac{D}{f}$ 值较大。因此,星敏感器的焦深一般都比较小。同时,由于星敏感器的光学系统本身具有一定尺寸的弥散斑,导致系统装调过程中可用的焦深范围会更小。

以课题组研制的星敏感器光学系统为例,采用双高斯型的光学系统设计,能量集中度与离焦量的关系曲线如图 4 – 11 所示。当离焦量超过 $20\mu m$ 时,能量集中度下降明显变快;当离焦量超过 $30\mu m$ 时,能量集中度已经低于 95%,对弱星的灵敏度将有所下降。因此,系统装调的一个约束条件就是保证整个视场内和整个星敏感器的生命周期内系统的离焦误差不超过 $30\mu m$。

虽然在地面系统安装时尽量保证系统的精度,但安装到准确的焦平面位置仍然很难,总会存在一定的误差,尤其是系统存在场曲较大等条件下,这一条件就更难保证,如图 4 – 12 所示,这就对星敏感器的场曲提出了极限限制,即场曲的最近点和最远点不能超过 60μm。

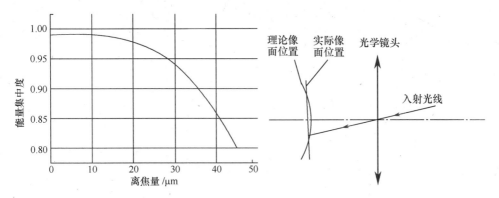

图 4 - 11　能量集中度与离焦量的关系曲线　　　图 4 - 12　离焦系统分析

即使安装位置比较准确,真空环境、温度变化和振动等条件仍然会造成像平面位置偏离准确位置。为了保证星敏感器系统能够经历环境实验、卫星发射等条件后在轨高精度、高稳定度的运行,星敏感器系统需要具有足够的离焦数据适应量,并且需要将焦距安装在合适的位置上。

4.3.2　对离焦的分析与处理

为了满足星敏感器在多种工况下自适应应用,课题组对光学系统的离焦量等参数进行定量分析,离焦状态下的点列图如图 4 - 13 所示。在靶面 ±60μm 移动过程中,弥散圆变大,能量扩散。

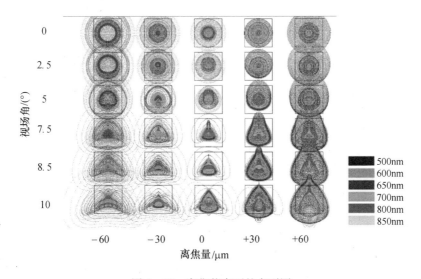

图 4 - 13　离焦状态下的点列图

对具体的变化情况进行探测器采样仿真分析,如表 4 - 6 所列。对弥散斑采

表 4-6 不同焦平面位置的能量集中度及星点图像

样的 1 像素为 $15\mu m \times 15\mu m$，对应 CMOS 器件的一个像元。实际图像仿真考虑了 CMOS 器件的串扰效应(按器件手册,串扰按 16% 考虑)和无串扰效应两种情形,并给出了各位置处包围圆的能量集中度情况。分析结果显示,焦平面 $-30 \sim 0\mu m$ 位置比较有利于 3×3 像素算法的实现,且能量集中度较好,因此焦平面位置在 $-30\mu m$ 和光学设计焦面处之间是比较合适的,而温度范围对系统的焦平面变化较小(微米量级),对系统的能量集中度几乎不构成影响。

4.4　APS CMOS 星敏感器的镜头结构

星敏感器光学镜头在轨使用,需要满足航天应用规范,包括镜头不能使用胶合工艺、不能使用镧系玻璃等。课题组设计的 CMOS 星敏感器镜头结构采用了双高斯型结构,由 1 个平板保护石英玻璃和 9 个单片球面透镜组成。为了在安装过程中互不影响,每组透镜都具有独立的镜座、压圈和径向调整螺钉。调整螺钉既能对透镜置中,以保证光轴的同心,又能对镜座进行可靠的固定。每组透镜均安装在一个大的镜筒中,形成星敏感器镜头组件。镜筒前端为螺纹结构,用于装调镜组和镜头保护盖的安装;后端设计有一个圆盘形法兰,用于星敏感器焦面组件进行连接。光学镜头内部安装结构如图 4 - 14 所示。

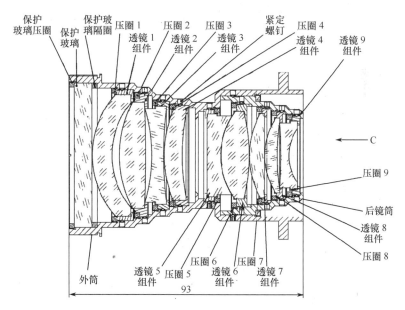

图 4 - 14　星敏感器的光学镜头内部安装结构

同时,在星敏感器的内部采用填充透明胶的方式,对空隙部位进行填充,通过放气孔将空气挤出,保证系统的力学性能。在完成光学系统装调后,进行半量级的振动实验及真空实验,以验证系统的安装结构的可靠性和真空释放等指标。

镜头加工后实物图如图 4 – 15 所示。

图 4 – 15　星敏感器镜头加工后实物图

4.5　APS CMOS 星敏感器焦平面的安装技术

星敏感器光学系统的焦深本身就比较小,且为了小型化等参数限制,星敏感器几乎不可能采用调焦机构。在透镜半径公差和厚度公差的共同作用下,星敏感器光学系统后截距的实际值与设计值将有较大范围的偏离;同时,APS CMOS感光探测器一般直接焊接在电路板上,以电路板作为支撑结构,本身的刚度和定位没有传统的 CCD 固定式感光探测器准确,焦平面的倾斜也是在所难免的。因此,焦平面的安装、固定是微型化 APS CMOS 星敏感器系统中的关键工艺,直接决定了星敏感器在轨运行的可靠性和性能。

4.5.1　焦平面安装参数和要求

焦平面装配的目的本质上是保证探测器感光面的空间位置。因此,在直角坐标系下,误差包括三个方向的平移和绕三个轴的旋转。对于星敏感器光学系统,焦平面绕光轴的旋转和在垂直光轴平面内的平移属于系统误差,经过基准标定后不影响工作性能。因此,星敏感器焦平面的装配,首先应保证轴向位置,其次应保证与光学系统光轴的垂直度。焦平面装配不佳导致的能量集中度变弱,是星敏感器工作性能的主要因素。对于本书研究的星敏感器,正常工作要求 3×3 像素范围内能量集中度在 95% 以上[58]。从上述的分析可以看出,APS CMOS 星敏感器的焦深只有 30μm 左右,考虑到场曲等影响,装调应该控制全视场成像点在 20μm 以内。

在微型星敏感器等光学系统的设计方法和加工工艺中,感光探测器和镜头安装的所有累计误差最终都采用后截距调整的方式进行,即在光学镜头采用法兰盘的安装模式,在法兰盘与镜头安装位置之间增加修切圈,通过对修切圈的厚度和倾斜面的研磨来保证探测器安装在最合适的成像位置上,如图 4 – 16 所示。

为了保证感光探测器准确安装在焦深范围内,修切圈最终确定的几何形状尺寸是厚度、倾斜角和方位角三个参数。

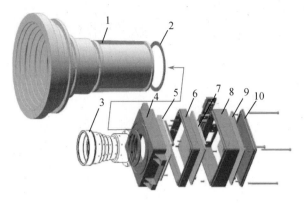

图 4 - 16　星敏感器镜头与结构装配方法

1—遮光罩；2—隔热圈；3—镜头；4—APS 盒体；5— APS 电路板；6—FPGA 盒体；

7—FPGA 电路板；8—DSP 盒体；9—DSP 电路板；10—后盖。

4.5.2　焦平面精密安装系统平台

星敏感器是对无穷远目标成像,为了模拟无穷远的星光,在实验室装调过程中需要采用平行度较好的平行光管,且平行光管的焦距要大于 10 倍的星敏感器焦距。在实验中,采用了 1.8m 的平行光管,采用亮度可调的单色光 LED 作为光源,可以避免普通灯泡所带来的频闪对成像的影响;采用 0.1mm 星点板来模拟恒星;平行光管像面位置需要前后可调,且调整位置可以精确测量,为修切圈的研磨和加工提供参考。同时,将星敏感器安装在转台上,通过转台转动记录不同视场下的成像最优位置,由计算机时刻监视 APS 星敏感器的星点成像结果,对 3×3 像素的能量集中度进行定量分析,以确定系统的结构参数。装调系统如图 4 -17所示。

图 4 - 17　星敏感器焦平面装调系统

069

4.5.3 焦平面的测量原理

在星敏感器装调过程中,根据标称尺寸将加工好的修切圈安装在星敏感器的镜头和焦平面结构中,利用图 4 - 17 所示的系统,对视场中的每个点进行测试,调整平行光管的焦面位置,使安装在上面的星点板与之一起前后移动,直到在像面上实现清晰的成像点为止,记录下此时平行光管像面位置与原始无穷远焦面位置的差值 σ_1。由高斯光学原理,对应于星敏感器光学成像点的焦平面离焦量 σ_2 计算方法[59]为

$$\sigma_2 = f - \cfrac{1}{\cfrac{1}{f} + \cfrac{1}{f_p} - \cfrac{1}{f_p + \sigma_1}} \qquad (4-6)$$

式中:f 为星敏感器焦距;f_p 为平行光管焦距。

根据 σ_2 值,规划出修切圈的最优平面,进行研磨或超高精度加工,以保证在整个视场内获取最优的成像效果,如图 4 - 18 所示。

(a)   (b)

图 4 - 18　装调好的星敏感器系统(a)及星点成像图(b)

4.6　本章小结

本章首先介绍了 APS CMOS 星敏感器的光学镜头的设计参数指标及相互关系,并以能量集中度和精度为目标约束,详细分析了温度变化、温度变化梯度等系统的影响。以课题组研制的星敏感器为例,详细分析了星敏感器的焦深、场曲以及星敏感器的核心装调工艺,给出了微型 APS CMOS 星敏感器光机电结构的一体化高精度装调方法,为星敏感器的研制奠定了基础。

第 5 章

星敏感器的精度分析与标定技术

　　星敏感器是高精度的姿态测量设备,精度一般在10″以内。装调过程基本上实现了星敏感器的稳定成像,保证了信噪比和星点提取能力,这是精度测量的重要前提条件。但是,只依靠装调无法达到星敏感器的预期精度指标。即使再精确的装调,总会存在焦距、主点偏移、像面倾斜、畸变等误差,必须通过标定方法来对影响星敏感器精度的关键参数进行最优估计,并建立相应的补偿模型,将星敏感器的精度提高到预计指标水平。为了更好地对星敏感器的参数进行标定,首先,必须定量分析出各个参数对星敏感器精度的贡献,给出在指定精度下星敏感器各个参数的量化约束;其次,采用解耦等方法,将星敏感器的相关参数进行剥离,对每个参数进行标定,给出标定结果和置信区间;最后,根据成像模型对各个参数精度进行合成,构成最终的精度指标。

5.1　星敏感器标定方法概述

　　星敏感器的标定方法主要分为地面标定和在轨标定[60]。考虑到航天应用的特殊性,在轨标定通常只标定星敏感器的安装信息以及在轨应用等相关参数,而这些参数与星敏感器的应用等密切相关。而直接决定星敏感器精度水平的是内方位元素,多采用地面标定的方法进行,本章所介绍的精度分析和标定技术的内容也主要基于地面标定方法。

5.1.1　非设备性标定

　　根据实施方法的不同,地面标定分为利用星敏感器成像点的非设备式标定和利用地面标定设备的标定。文献[61-66]对非设备式标定进行了研究和探讨,建立了带有星敏感器畸变、焦距误差、主点误差及像面倾斜误差的参数模型,并利用星敏感器星角距相等的原理,采用非线性最小二乘进行参数估计。这种方法比较简单,几乎不需要特别制定标定设备,课题组也采用此方法进行了标定实验[67],但实验效果并不理想。分析原因主要是在非设备式标定方法中,建立的模型参数相互耦合,难以解耦和分析,系统对部分参数不敏感,且最小二乘估计方法无法得到全局最优解,受初始值影响较大,得到的估计参数难以控制。非设备式标定系统成本较低,直接通过观星实验就可以完成系统的定标,原理简单,实现方便,应用广泛,但是精度不高。

5.1.2 设备性标定

设备性标定一般包括两种方法:一种是采用单星点模拟器和高精度转台的标定方法;另一种是采用多星点模拟器的标定方法。这两种方法都可以对星敏感器的精度进行标定。第一种标定方法所需的设备属于普通设备,但对设备精度要求高,尤其是转台精度,且由于在标定过程中需要逐点测量,测量时间较长。第二种方法需要研制一台精度比星敏感器精度更高的多星模拟器,一次性模拟出覆盖全视场的星图,设备研制难度较大,但是测量过程较简单,不需要额外转台等测量设备。目前,两种方法的使用都比较广泛,也是最为通用和可靠的标定方法。

此外,类似问题的研究也可以采用相机标定,给定相机的一系列标定参数,再采用最优化算法,对参数进行优化计算。如德国 Jena-Optronik 公司的 Astro10 星敏感器产品,采用此方法确定了 40 个标定参数。

5.2 星敏感器的标定参数及误差分析

如第 1 章和第 2 章所述,星敏感器的精度主要取决于导航星在星敏感器成像坐标系中的矢量精度 w_i,即

$$w_i = \frac{1}{\sqrt{(x_i - x_0)^2 + (y_i - y_0)^2 + f^2}} \begin{bmatrix} -(x_i - x_0) \\ -(y_i - y_0) \\ f \end{bmatrix}$$

对矢量精度进行分解,标定误差分为星点成像位置 (x_i, y_i) 提取误差、焦距 f 误差以及主点 (x_0, y_0) 误差。其中:星点成像位置 (x_i, y_i) 提取误差又包含噪声等效角、像面倾斜和系统畸变等信息,是精度分析系统中较为复杂的;焦距 f 误差主要是指系统装调后,实际的后截距不等于理论焦距或测量的焦距值,二者之间存在着一定的误差,在计算过程中若以理论焦距值作为参考,精度会显著降低;主点 (x_0, y_0) 误差主要是 0 点位置和外部参考棱镜的标准之间的误差,对星敏感器本身的精度影响较小。

在实际过程中,光学系统成像模型参数近似误差、星表误差、星敏感器内部算法误差、星点运动造成的动态性能误差等,都会对星敏感器的精度造成一定的影响。

5.2.1　噪声等效角

星敏感器对恒星的感知过程由恒星目标、背景辐射、光学系统、光电探测器及信号处理和提取等多环节组成,每一环节都将影响到系统对目标信号的提取质量。因此,决定星点位置提取精度的因素有:恒星的星等和光谱,大气透过率,背景辐射,光学系统的入瞳、光谱,传感器的量子效率、积分时间、噪声、串扰和光谱响应等,同时星点提取电路和星点提取算法也会影响星敏感器的星点提取精度。这些信号在星敏感器的成像系统中统一认为是噪声等效角(Noise Equivalent Angle,NEA),理论上噪声等效角是表明星敏感器精度性能的一个关键性指标,也是星敏感器标定的一个重要参考基准。

为了提高星敏感器的星点提取精度,在星敏感器成像过程中,使得星点分布在 3×3 像素上,从而使星点提取精度达到亚像素级别,即星点提取误差为 0.1 像素,噪声等效的位置误差 $\Delta l = 0.1$ 像素,对应的角度是星敏感器的噪声等效角,如图 5 - 1 所示。假设坐标轴 e_1 方向沿噪声幅值最大方向,β 是入射光线与主光轴的夹角,初始值为 0°,最大值与视场角相等,由于图像噪声等影响,由实际的像面点坐标计算出对应光线的入射角为 β_1。相应地,$\Delta\beta = \beta_1 - \beta$ 为计算光线入射角与理论入射角之间的差。

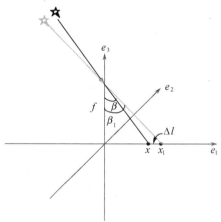

图 5 - 1　噪声等效角示意图

当星点入射角为 β 时,经过光学系统在像平面上的成像点为 x,由于噪声等影响,提取的成像点为 x_1,x_1 点与 x 点的误差为 Δl,则有

$$\tan\beta_1 = \frac{f \times \tan\beta + \Delta l}{f} \qquad (5-1)$$

对式(5-1)进行变换,得

$$\Delta\beta = \arctan\left(\frac{f \times \tan\beta + \Delta l}{f}\right) - \beta \qquad (5-2)$$

随着入射角度的增加,噪声等效角略有减小。当焦距 f 为 50mm 时,星点提取误差为 0.02~0.18 像素,入射角的误差曲线如图 5-2 所示。

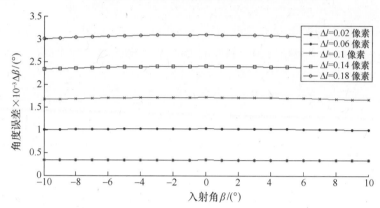

图 5-2   不同入射角情况下星点提取误差对应的角度误差曲线

通常情况下,当星点的提取误差为 0.1 像素时,星点提取误差造成的噪声等效角为 6.2″。噪声等效角是星敏感器的一个重要精度特征,一般认为是星敏感器的精度上限,作为星敏感器设计的一个约束和参考,其他的精度指标设计等基本上都是以此作为依据。

5.2.2   焦距误差对系统精度的影响分析

为了分离出各个误差的干扰项,本节所讨论的焦距误差主要是指星敏感器后截距进行精密测量后的误差,不考虑畸变和像面倾斜等影响。焦距误差对星敏感器的精度影响较大,必须对此项参数进行严格的标定与测试,以减小它对系统的影响。如图 5-3 所示,星点在感光探测器上成像点为 P,实际入射光线与主光轴的夹角为 β,星敏感器的焦距为 f,而在实际标定后得到的焦距为 f_1,两者之间的差为 Δf。

在星敏感器进行角度计算时使用参数 f_1,得到的角度值为 β_1,两者之差为 $\Delta\beta = \beta_1 - \beta$,则 Δf 与 $\Delta\beta$ 的关系为

$$\Delta\beta = \arctan\left(\frac{f \cdot \tan\beta}{f + \Delta f}\right) - \beta \qquad (5-3)$$

从式(5-3)可以看出,当给定焦距误差 Δf 时,$\Delta\beta$ 是关于 β 的中心对称曲线。以焦距 50mm 星敏感器为例,入射角 β 为 -10°~10°,根据不同的焦距误差 Δf 计算得到单星点的误差曲线,如图 5-4 所示。

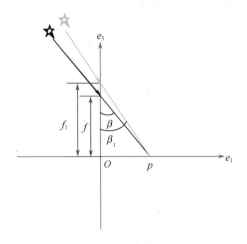

图 5 - 3　焦距参数的影响

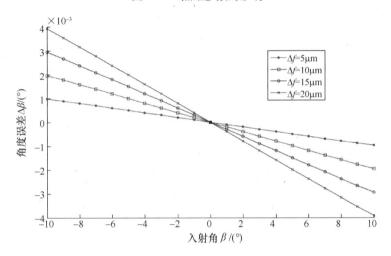

图 5 - 4　不同入射角下焦距误差给系统精度带来的误差

在满足 7″ 精度的情况下，焦距误差的最大值不超过 10μm，即标定后星敏感器的焦距（实为后截距）与实际值的误差不得超过 0.7 像素。

5.2.3　主点误差对系统精度的影响分析

在星敏感器成像模型中，当星点入射角为 0° 时，星点在探测器上的成像点是主点，用 O 表示。假设星敏感器的实际光轴为 e_3，对应于探测器上的主点为 O，主点偏差最大方向为 e_1。O_1 为标定后的主点，e_3' 为标定后的主光轴方向，OO_1 之间的距离为最大的主点误差。假定 β 是入射光线与实际主光轴的夹角，初始值为 0°，最大值与视场角相等。当 $\beta = 0$ 时，由于主点误差，计算的初始值为 β_0，主点误差造成的系统偏差如图 5 - 5 所示。

通常情况下，在星敏感器应用过程中，都是以相对变化为基础的，即主点标

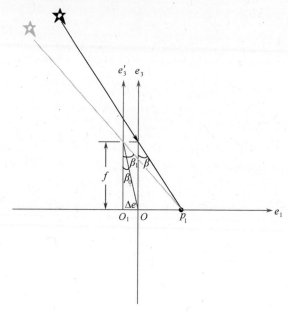

图 5 - 5　主点误差示意图

定后得到了 β_0,之后所有的计算都是以 β_0 为 O 点,则当入射角为 β 时,由于主点误差造成的系统偏差为 $\Delta\beta = \beta_1 - \beta_0 - \beta$,此值表示不同入射角下的系统精度。$\Delta\beta$ 与 Δe 及入射角 β 的关系为

$$\Delta\beta = \arctan\left(\tan\beta + \frac{\Delta e}{f}\right) - \arctan\frac{\Delta e}{f} - \beta \qquad (5-4)$$

假定入射角 β 为 $-10° \sim 10°$,焦距为 $f = 50\mathrm{mm}$,则主点的标定误差 Δe 对单星点精度 $\Delta\beta$ 的影响,如图 5 - 6 所示。

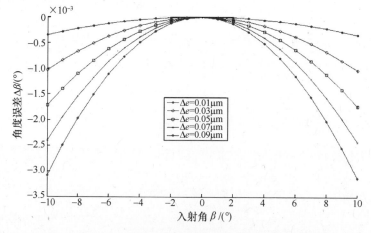

图 5 - 6　不同入射角下主点误差给系统精度带来的影响

因此,在保证全视场范围内,当主点误差对单星点的精度影响小于 7″ 时,所

允许的最大主点误差为 $60\mu m$。

5.2.4　像平面倾斜对系统精度的影响分析

在星敏感器安装过程中,通过对修切圈的调整以及精密的机械加工等,尽量使像平面与光学系统的主光轴垂直,实现整个像面的成像稳定、清晰。但无论如何,系统总会发生一定的倾斜,本节主要讨论倾斜角度的大小对系统精度的影响。为了使问题简化,仍然以单星点的成像模型为基础,像平面倾斜对系统精度影响示意图如图 5 – 7 所示。

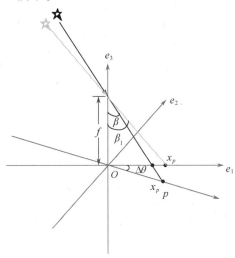

图 5 – 7　像平面倾斜对系统精度影响示意图

理论上,星敏感器光轴 e_3 与像平面 Oe_1e_2 相互垂直。在实际中,假定星敏感的像平面绕 Oe_2 轴转动了一个角度 $\Delta\theta$,β 表示星点入射角。当 $\beta = 0$ 时,无论是否倾斜,成像点都在主点 O 位置;当入射角 $\beta > 0$ 时,通过光学系统在探测器上的成像点为 P。在计算过程中假定无倾斜,故计算过程中得到的入射角为 β_1,假定 P 点坐标为 x_p,根据几何关系有

$$\begin{cases} x_p = f \cdot \tan\beta_1 \\ \dfrac{\sin\beta}{x_p} = \dfrac{\sin(90 - \beta - \Delta\theta)}{f} \end{cases} \tag{5-5}$$

对式(5 – 5)进行变换,有

$$\tan\beta_1 = \frac{\sin\beta}{\cos(\beta + \Delta\theta)} \tag{5-6}$$

通过 x_p 计算出的星点入射光线角度 β_1 与实际的星点光线入射角为 β 的差值,可以认为是像平面倾斜造成的星敏感器测量单点的精度误差,即 $\Delta\beta = \beta_1 - \beta$。不同的倾斜角度 $\Delta\theta$ 与精度 $\Delta\beta$ 的关系为

$$\Delta\beta = \arctan\left(\frac{\sin\beta}{\cos(\beta + \Delta\theta)}\right) - \beta \qquad (5-7)$$

以入射角 β 从 $-10° \sim 10°$ 的视场为例,在倾斜角 $\Delta\theta$ 从 $0.01° \sim 0.1°$ 范围内, $\Delta\beta$ 的变化曲线如图 $5-8$ 所示。

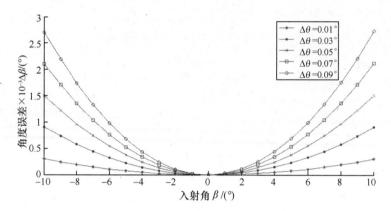

图 $5-8$ 不同入射角下像面倾斜给系统带来角度计算误差

由图 $5-8$ 分析可知,当倾斜角度 $\Delta\theta > 0.07°$ 时,计算出的角度误差为 $7''$ 与噪声等效角精度相当,因此在标定过程中需保证倾斜角度 $\theta < 0.07°$。

5.2.5 光学畸变对系统精度的影响

星敏感器的畸变主要来自光学镜头的设计。在星敏感器的光学系统设计中,畸变主要是径向畸变。仍然以简化的成像模型为例, β 为入射光线与主光轴的夹角,初始值为 $0°$,最大值与视场角相等。理论上在探测器上的成像点为 P_1,而在实际中由于光学镜头的畸变,实际成像点为 P_2,如图 $5-9$ 所示。

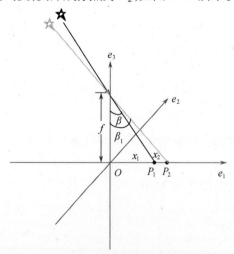

图 $5-9$ 畸变对系统精度的影响示意图

畸变模型通常是非线性的,在中心点位置的畸变一般为 0,而随着入射角的增加,畸变会有所增加。假定 P_1 的坐标为 x_1,P_2 的坐标为 x_2,位置变化值 $\Delta x = x_1 - x_2$,与噪声等效角的概念相似,如果标定后的全视场内的绝对畸变小于 0.1 像素,即 1.5μm,则对于具有 1024×1024 像素的感光探测器来说,标定后的相对畸变小于 0.2‰。星敏感器镜头的主要光学畸变是径向畸变,相对于中心点成对称分布形式,与焦距对系统影响的分布相似。

5.2.6　单星点矢量精度传播模型

在静态环境下,不考虑温度参数等对系统的影响,星敏感器系统的精度主要取决于噪声等效位置误差 Δl、焦距标定误差 Δf、主点标定误差 Δe、像面倾斜标定误差 $\Delta \theta$、光学畸变标定误差 Δx。星敏感器的精度标定过程就是要将这些参数标定到最小,以实现星敏感器的最高精度。以单星点的最大误差为 7″ 为例,这些参数的约束值如表 5 - 1 所列。

表 5 - 1　星敏感器标定参数的约束值

参数	允许的最大值
噪声等效位置误差 Δl/μm	1.5
焦距标定误差 Δf/μm	10
主点标定误差 Δe/μm	60
像面倾斜标定误差 $\Delta \theta$/(°)	0.07
光学畸变标定误差 Δx/μm	1.5

噪声等效位置误差主要由信噪比决定,在标定过程中尽量提高信噪比,以减少对后续误差干扰的影响;焦距标定误差小于 10μm,近似等于焦距 50mm 的 0.2‰,标定难度较大;主点标定误差为 60μm,约为 4 像素,很容易保证;像面倾斜标定误差极限为 0.07°,像面尺寸为 40mm × 40mm,高程差约为 0.05mm。课题组采用的图像传感器有效的像面尺寸为 15.36mm × 15.36mm,两端的高程差约为 0.02mm(20μm)。星敏感器光学系统在调整过程中主要是满足像面的清晰成像,即:如果焦深较小,则装调过程即可以满足;如果焦深较大,还需要精确标定和测量。光学畸变的参数最大值需小于 0.2‰,即在星光入射角在 10° 时,畸变值小于 1.5μm。光学系统的畸变值基本上是由设计决定的,在设计结果的基础上通过进一步标定来实现。综合上述多参数,构成星敏感器总的误差模型,如图 5 - 10 所示。

星敏感器实际的成像坐标系为 Oe_1e_3,在实际光学系统中的成像点为 P,坐

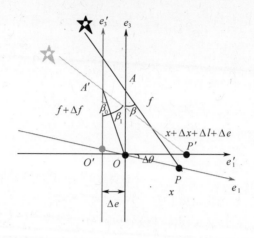

图 5 - 10　多参数误差综合

标为 x；而计算所采用的坐标系为 $O'e_1'e_3'$，综合上述所有参数误差，得到的星点坐标为 $x + \Delta l + \Delta x + \Delta e$。根据前述推导，得到的单星点的精度误差公式为

$$\Delta\beta = \beta_1 - \beta_0 - \beta \tag{5-8}$$

$$\beta_1 = \arctan\left(\frac{x + \Delta x + \Delta l + \Delta e}{f + \Delta f}\right) \tag{5-9}$$

$$\beta_0 = \arctan\left(\frac{\Delta e}{f + \Delta f}\right) \tag{5-10}$$

$$\frac{x}{\sin\beta} = \frac{f}{\sin(90 - \Delta\theta - \beta)} \tag{5-11}$$

综上，可推导出 $\Delta\beta$ 与入射角 β、焦距 f 以及标定参数误差 $\Delta l, \Delta f, \Delta e, \Delta\theta, \Delta x$ 的关系为

$$\Delta\beta = \arctan\left(\frac{\dfrac{f\sin\beta}{\cos(\Delta\theta + \beta)} + \Delta x + \Delta l + \Delta e}{f + \Delta f}\right) - \arctan\left(\frac{\Delta e}{f + \Delta f}\right) - \beta \tag{5-12}$$

5.2.7　单星点精度的蒙特卡洛仿真

式(5-12)为星敏感器的单星点精度传播模型函数，这是星敏感器精度仿真的基本依据。为了全面验证单星点的精度指标是否满足系统要求，需对上述参数分布的基础上，采用蒙特卡洛仿真方法进行综合分析。

在采用蒙特卡洛随机模拟的方法中，星点提取误差、倾斜角误差、焦距误差、主点误差等误差分量经过标定以后都是随机误差。概率和统计的研究结果表明，这些误差符合正态分布，是期望值为 0、方差未知的随机误差。另外，由于在星空中能被捕获到的星点有 2 万多个,数量大且照射方向未知,所以可以认为星点入射角大小是在视场内的均匀分布。基于这两个统计假设,结合星敏感器的几何模型和蒙特卡洛随机模型,可以给出系统的随机误差影响分析的结果。

分析的对象为课题组研制的星敏感器,设计精度为 $7''(3\sigma)$,采用 APS CMOS 图像传感器,传感器像素为 1024×1024 像素,像素尺寸为 0.015mm,视场为 17°圆视场。

5.2.8　蒙特卡洛方法误差影响分析

蒙特卡洛方法(M-C)[68]是利用随机数的统计规律进行计算和模拟的方法。下面利用蒙特卡洛方法对单一因素和综合因素进行分析,通过 1×10^5 次模拟,得到星敏感器各误差对系统精度的统计影响结果。

1. 蒙特卡洛方法单一因素影响分析

表 5-2 所列的数据采用蒙特卡洛随机模拟方法,仿真分析亚像元提取、主点、焦距、像面倾斜、畸变等各因素对星敏感器测量角度误差的影响。

表 5-2　蒙特卡洛随机模拟方法单一误差因素影响分析

误差因素	误差分布 (高斯分布)		测量角度误差分布	
	μ	1σ	$\mu/('')$	$1\sigma/('')$
星点提取误差	0 像素	0.1/3 像素	0.01	2.04
主点偏移误差	0 像素	4.5/3 像素	0.00	2.04
焦距误差	0 像素	0.6/3 像素	0.00	1.82
像面倾斜误差	0°	0.075/3(°)	0.00	1.97
(经标定后的畸变残余量)	0 像素	0.1/3 像素	0.01	2.03

2. 蒙特卡洛方法综合因素影响分析

在各误差影响因素满足表 5-2 时,测量角度误差的综合因素的影响分析如下。

测量角度误差符合 $\mu = -0.02''$, $\sigma = 4.41''$ 分布规律,即 $\mu - 3\sigma \sim \mu + 3\sigma = -13.23'' \sim 13.20''$(单星)。星敏感器工作状态下像面内至少有 4 颗星,则星敏感器测量精度符合 $\left(-\dfrac{13.23}{\sqrt{4}} \sim \dfrac{13.20}{\sqrt{4}} \right)$,即 $(-6.62'' \sim 6.60'')$,如图 5-11 所示,满足 $7''(3\sigma)$ 星敏感器要求。

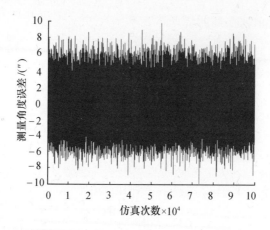

图 5 – 11　蒙特卡洛综合影响分析结果

5.3　星敏感器系统的标定方法

星敏感器的精度分析主要是对影响星敏感器精度的参数进行分析,并给出不同参数对系统的影响及约束的误差值。将上述参数标定到约束值范围内是本节要阐述的主要内容。星敏感器的噪声等效距离 Δl 由信噪比及图像噪声等决定,与标定关系不大,其他的参数都需要通过光学系统测量的方法进行标定。由于参数 $\Delta x, \Delta f, \Delta \theta, \Delta e$ 等都会对系统产生影响,且参数之间的关系是相互耦合的,测量出上述每个参数将是一个重点。

5.3.1　主点的标定方法

星敏感器主点即光线入射角等于 0°时,光线点与感光探测器的交点用 O 表示。在所有参数的标定过程中,星敏感器镜头为光轴线 0°方向。

1. 基于转台的标定方法

在主点的标定过程中,大多采用转台加平行光管的方案(见图 5 – 12),即:将星敏感器安装在转台上,平行光管固定,使平行光管的光轴方向与星敏感器的镜头光轴方向基本一致;转动转台,使星敏感器绕光轴方向转动;每转动一个角度成一次像,转动 360°后,在探测器上得到了一圈的像;计算所有像点的中心,即星敏感器的主点。

这种方法需要的设备比较多,标定过程较长,如果初始安装不准确,还需要多次调整测量。

2. 基于经纬仪的标定方法

经纬仪可以认为是平行光管与转台的结合体。目前高精度的经纬仪自身具有 1″级的精度,且调整和使用方便。使用经纬仪的自准直功能,是实现系统对

图 5 - 12　基于转台的主点标定方法

准测量的一个通用方法。

　　在星敏感器镜头设计过程中,最外面的一片镜片为平面镜。在镜头的装调过程中,采用定心仪严格控制装调过程,保证系统的光轴与第一片镜片的光轴误差不超过 30″,这在装调过程中是可以保证的。图 5 - 13 所示为星敏感器镜头设计。

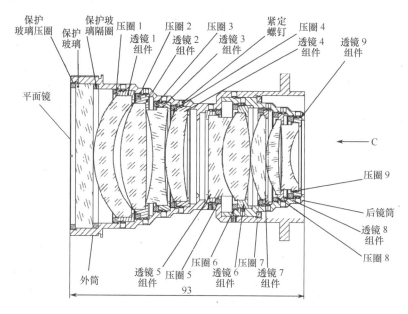

图 5 - 13　星敏感器镜头设计

　　在标定实验中,实验装置主要包括徕卡(Leica)6100A 自准直经纬仪、待标定星敏感器、光学平台以及其他辅助固定装置。其中,自准直经纬仪产品型号为精度 0.5″的 Leica TM_6100,如图 5 - 14 所示。

　　该经纬仪具有内置自准直目镜。具体操作是从瞄准一个垂直镜面开始,注

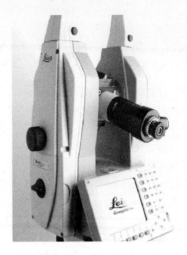

图 5 – 14   经纬仪外观图

入一束平行光,将目镜十字丝刻线的图像投射到对面的平面反射镜,从镜面反射回的十字丝与物镜中的十字丝重合。如果反射回来的十字丝有偏差,可以由经纬仪准确读出,并进行调整。原理图如图 5 – 15 和图 5 – 16 所示。

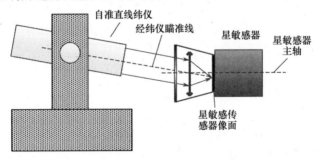

图 5 – 15   经纬仪标定实验

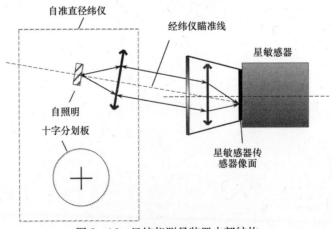

图 5 – 16   经纬仪测量装置内部结构

　　当像十字与物十字线重合时,星敏感器的镜头光轴和经纬仪光轴重合,在感光探测器上获得的十字线像的中心就是主点位置。

　　经纬仪的精度在 1″左右,光学轴的安装精度优于 30″,测量过程中的视觉判断十字线的重合误差在 20″之内,因此基于此方法的主点标定误差优于 50″(3σ)。

　　对于 50mm 焦距的星敏感器来说,对应的主点位置误差为

$$\Delta e = f \cdot \tan\beta_0 = 13\mu m \tag{5-13}$$

即可满足系统的标定需求。

5.3.2　标定模型的建立

　　星敏感器主点的标定所依据的是镜头的装调精度、经纬仪的测量精度以及测量过程中的视觉判断误差,可以认为是一个独立的标定参数。下面要标定的焦距(后截距)、畸变(径向畸变)和倾斜等参数与星敏感器成像模型密切相关。

　　理论上,焦距和畸变带来的成像点误差是关于主点的圆周对称,即距离主点位置相同,变化的值相同。而倾斜带来的误差是关于中心点的反对称,即在像平面上通过中心点的直线上距离中心点相等的两个点上,变化值一边变大、一边变小,变化的绝对值基本相同。从图 5 - 4、图 5 - 6 和图 5 - 8 可以看出,在正负角度相等的对称位置上,像面倾斜和主点误差对系统精度的变化值近似相等,而焦距误差对精度的变化影响值近似相等,但是符号相反。根据上述的对称关系,重新建立星敏感器的标定模型,以分离星敏感器的各参数误差项。

　　当标定好主点参数后,可以建立完整的标定系统模型,采用一维的线性标定方法,如图 5 - 17 所示。

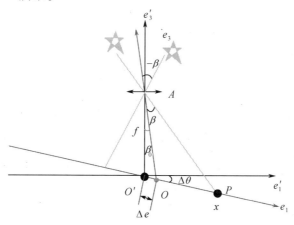

图 5 - 17　以主点为基础的标定模型

　　在图 5 - 17 中,O' 表示星敏感器实际的主点位置,O 表示星敏感器的标定后确定的主点位置,e_1 表示星敏感器像平面在测量方向上的坐标轴,$\Delta\theta$ 表示实际

坐标轴相对于理论坐标轴 $O'e'_1$ 的倾斜角。确定了星敏感器像面上的主点后,即可确定外部星模拟器的主轴光线对准方向(OA 方向)。外部的星模拟器运动测量和星点入射角度测量的参考皆是以 OA 为基础的,如 β 和 $-\beta$ 等。

假设星点入射光线相对于 OA 的入射角度为 β,光线在感光探测器上的成像点为 P,星敏感器的焦距为 f,标定后的主点误差为 Δe,则不考虑畸变条件下,P 点相对于 O 点的坐标 x 满足如下关系,即

$$\frac{x + \Delta e}{\sin(\beta + \beta_0)} = \frac{f}{\sin(90 - \beta - \beta_0 - \Delta\theta)} \tag{5-14}$$

除上述因素外,从感光探测器上读取的测量值 x' 还包括星点提取误差 Δx 以及畸变 Δl。在光学系统标定过程中,调整模拟星点的能量,使得星点成像的信噪比足够高,这时 Δx 的误差基本上可以控制在 $0.01 \sim 0.02$ 像素以内,对系统的影响在标定过程中基本可以忽略。星敏感器在设计过程中,光学系统畸变本身就很小,最大值在 1‰ 左右。星敏感器的畸变主要是径向畸变,展现出来的是左右对称的形式,可以简化为多项式的形式,即

$$\Delta l = k_1 x + k_3 x^3 + k_5 x^5 + \cdots \tag{5-15}$$

理论上 x 表示成像点距离理想主点 O' 的距离,即式(5-14)中的 $x + \Delta e$,实际上畸变系数 $k_1 = 0.001$,k_3、k_5 更小,而 Δe 最大值不超过 $13\mu m$,因此 $k_1 \Delta e$ 等误差对系统的精度影响在 10^{-3} 像素量级,完全可以忽略。因此,提取出的坐标点 x' 与星点入射光线相对于 OA 的夹角 β(以下简称入射角 β)的关系有

$$x'(\beta) = -\Delta e + \frac{f \cdot \sin(\beta + \beta_0)}{\cos(\beta + \beta_0 + \Delta\theta)} + k_1 \cdot \left(\frac{f \cdot \sin(\beta + \beta_0)}{\cos(\beta + \beta_0 + \Delta\theta)} \right) +$$

$$k_3 \cdot \left(\frac{f \cdot \sin(\beta + \beta_0)}{\cos(\beta + \beta_0 + \Delta\theta)} \right)^3 + \cdots \tag{5-16}$$

式(5-16)就是星敏感器的标定模型,在标定过程中可以设定 β 为 $-10° \sim +10°$ 的一系列值,在图像传感器上读出一系列的 $x'(\beta)$。通过对应关系,可以对焦距 f、畸变系数 k_1,k_3,$\cdots$ 和倾斜角度 $\Delta\theta$ 进行标定。

5.3.3 焦距和畸变的标定方法

在测量过程中,若以对称形式对系统进行测量,即在标定的测量数据过程中,光线入射角度为 β 和 $-\beta$ 的星点成像位置数据为 $x'(\beta)$ 和 $x'(-\beta)$,根据式(5-16),则有

$$f_-(\beta, \beta_0, \Delta\theta, f) = \frac{x'(\beta) - x'(-\beta)}{2}$$

$$= \frac{f}{2} \left(\frac{\sin(\beta_0 + \beta)}{\cos(\beta_0 + \Delta\theta + \beta)} - \frac{\sin(\beta_0 - \beta)}{\cos(\beta_0 + \Delta\theta - \beta)} \right) +$$

$$\frac{k_1 f}{2} \left(\frac{\sin(\beta_0 + \beta)}{\cos(\beta_0 + \Delta\theta + \beta)} - \frac{\sin(\beta_0 - \beta)}{\cos(\beta_0 + \Delta\theta - \beta)} \right) +$$

$$\frac{k_3 f^3}{2}\left(\frac{\sin^3(\beta_0+\beta)}{\cos^3(\beta_0+\Delta\theta+\beta)}-\frac{\sin^3(\beta_0-\beta)}{\cos^3(\beta_0+\Delta\theta-\beta)}\right)+\cdots$$

$$(5-17)$$

若不考虑畸变对系统的影响,即 $k_1,k_3,\cdots$ 都为 0 时,有

$$f_-(\beta,\beta_0,\Delta\theta,f)=\frac{f}{2}\left(\frac{\sin(\beta_0+\beta)}{\cos(\beta_0+\Delta\theta+\beta)}-\frac{\sin(\beta_0-\beta)}{\cos(\beta_0+\Delta\theta-\beta)}\right)\quad(5-18)$$

通过主点标定后,主点的最大位置误差不超过 $13\mu m$,等效于 β_0 的最大误差不超过 $50''$;通常 $\Delta\theta$ 的最大值不超过 $0.5°$,当 $\beta_0=\Delta\theta=0$ 时,式 $(5-18)$ 等于 $f\cdot\tan\beta$。因此,采用数值仿真的方法分析式 $(5-18)$ 与 $f\cdot\tan\beta$ 的差值,定义计算残差 $\Delta f_-(\beta,\Delta\theta,\Delta\beta_0)$ 为

$$\Delta f_-(\beta,\beta_0,\Delta\theta,f)=\frac{f_-(\beta,\beta_0,\Delta\theta,f)}{2}-f\cdot\tan\beta\qquad(5-19)$$

在星敏感器的视场范围内,入射角 β 在 $0\sim10°$ 时,得到的计算残差与入射角及倾斜角关系如图 $5-18$ 所示。

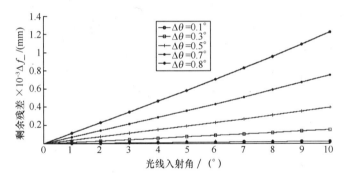

图 5-18　采用对称角度角度相减法得到计算残差与入射角及倾斜角关系

从图 $5-18$ 分析可知:在 $\Delta\theta<1°$ 时,计算的残差均小于 $1.5\mu m$,即 0.1 像素;当 $\Delta\theta<0.5°$ 时,其计算残差小于等于 $0.4\mu m$,约为 0.027 像素,对系统的影响基本可以忽略。而在实际的装调后,在保证成像清晰的条件下,$\Delta\theta<0.5°$ 的条件是可以保证的,故可以认为 $f_-(\beta,\beta_0,\Delta\theta,f)=f\tan\beta$,即

$$f=\frac{f_-(\beta,\beta_0,\Delta\theta,f)}{\tan\beta}=\frac{x'(\beta)-x'(-\beta)}{2\times\tan\beta}\qquad(5-20)$$

星敏感器的畸变和焦距是一组耦合关系,将成像模型拆分成焦距和畸变的表达形式。在进行焦距计算时实际上是计算整个像平面的平均焦距,因此计算过程中可以假设系统没有畸变。因此,式 $(5-20)$ 是焦距标定的基本原理。在标定过程中,通过测量一系列的 β_i 值,得到星敏感器的一系列焦距 f_i。取所有焦距 f_i 的平均值,可得星敏感器的焦距 f,即

$$\bar{f} = \frac{1}{n} \sum_{i=1}^{n} \frac{f_-(\beta_i, \beta_0, \Delta\theta, f)}{\tan\beta_i} \qquad (5-21)$$

标定计算的焦距实际上是含有畸变的平均值,不同视场角下的畸变不同,导致焦距也是变化值。如果仍以传统的统一焦距来代替,就只能采用上述的平均值的形式。在有些标定过程中,将焦距拟合成与视场相关的一个函数,即

$$f_i = \frac{f_-(\beta_i, \beta_0, \Delta\theta, f)}{\tan\beta_i} \qquad (5-22)$$

其中,$\beta_i > 0$,因此可以将 f_i 拟合成视场角 β_i 或者距离 x_i 的函数,即

$$f_i = \bar{f} + k_1 x_i + k_3 x_i^3 + k_5 x_i^5 + \cdots \qquad (5-23)$$

对比式(5-23)和式(5-17)可以看出,$\bar{f}$ 是焦距 f,而 $k_1, k_3, k_5, \cdots$ 是畸变系数。

综上,采用以入射角对称相减的方法,可以消除像面倾斜角度对标定的影响,实现了焦距和畸变的标定,且标定误差远远满足要求。

5.3.4 倾斜角的标定方法

根据星敏感器标定的测量方程式(5-16),采取 $x'(\beta) - x'(-\beta)$ 的方法基本消除了像面倾斜对系统的影响。同理,如果采用 $x'(\beta) + x'(-\beta)$ 的方法,是否可以消除焦距和畸变的影响,直接标定出倾斜角度方程,将是本节要讨论的内容。

建立函数关系,即

$$f_+(\beta, \beta_0, \Delta\theta, f) = \frac{x'(\beta) + x'(-\beta)}{2}$$

$$= -\Delta e + \frac{f}{2}\left(\frac{\sin(\beta_0+\beta)}{\cos(\beta_0+\Delta\theta+\beta)} + \frac{\sin(\beta_0-\beta)}{\cos(\beta_0+\Delta\theta-\beta)}\right) +$$

$$\frac{k_1 f}{2}\left(\frac{\sin(\beta_0+\beta)}{\cos(\beta_0+\Delta\theta+\beta)} + \frac{\sin(\beta_0-\beta)}{\cos(\beta_0+\Delta\theta-\beta)}\right) +$$

$$\frac{k_3 f^3}{2}\left(\frac{\sin^3(\beta_0+\beta)}{\cos^3(\beta_0+\Delta\theta+\beta)} + \frac{\sin^3(\beta_0-\beta)}{\cos^3(\beta_0+\Delta\theta-\beta)}\right) + \cdots$$

同样,$k_1 \Delta e$ 等高次小项对系统的影响可以忽略,即畸变部分的 β_0 和 $\Delta\theta$ 都等于 0,因此可以简化为

$$f_+(\beta, \beta_0, \Delta\theta, f) = -\Delta e + \frac{f}{2}\left(\frac{\sin(\beta_0+\beta)}{\cos(\beta_0+\Delta\theta+\beta)} + \frac{\sin(\beta_0-\beta)}{\cos(\beta_0+\Delta\theta-\beta)}\right)$$

根据图 5-18,依据正弦定理可知

$$\Delta e = f\frac{\sin\beta_0}{\cos(\beta_0+\Delta\theta)}$$

则有

$$f_+(\beta,\beta_0,\Delta\theta,f) = -f\frac{\sin\beta_0}{\cos(\beta_0+\Delta\theta)} + \frac{f}{2}\left(\frac{\sin(\beta_0+\beta)}{\cos(\beta_0+\Delta\theta+\beta)} + \frac{\sin(\beta_0-\beta)}{\cos(\beta_0+\Delta\theta-\beta)}\right)$$

$$(5-24)$$

当 $\beta_0 = 0$ 时,式$(5-24)$可以简化为

$$f_+(\beta,\beta_0=0,\Delta\theta,f) = \frac{f}{2}\left(\frac{\sin\beta}{\cos(\Delta\theta+\beta)} + \frac{\sin(-\beta)}{\cos(\Delta\theta-\beta)}\right) = \frac{f\cdot\sin^2\beta\cdot\sin\Delta\theta}{\cos^2\beta-\sin^2\Delta\theta}$$

如果 $\sin^2\Delta\theta \ll \cos^2\beta$,则有

$$f_+(\beta,\beta_0=0,\Delta\theta,f) = \frac{f}{2}\left(\frac{\sin\beta}{\cos(\Delta\theta+\beta)} + \frac{\sin(-\beta)}{\cos(\Delta\theta-\beta)}\right) = f\cdot\tan^2\beta\cdot\sin\Delta\theta$$

$$(5-25)$$

当 $\beta_0 > 0$ 时,直接采用公式推导的方法对式$(5-24)$分析很难,故采用数值的方法分析式$(5-24)$和式$(5-25)$的误差,建立函数 $\Delta f_+(\beta,\beta_0,\Delta\theta,f)$,即

$$\Delta f_+(\beta,\beta_0,\Delta\theta,f) = f_+(\beta,\beta_0,\Delta\theta,f) - f\cdot\tan^2\beta\cdot\sin\Delta\theta \qquad (5-26)$$

显然,像面倾斜角度的测量主要是在入射角 β 较大的情况下更加准确,因此测量过程中主要测量入射角相对较大时的值。计算残差与入射角及主点偏差角关系如图 $5-19$ 所示。

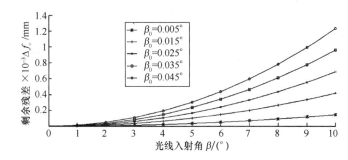

图 $5-19$　采用对称角度角度相加法得到计算残差与
入射角及主点偏差角关系$(\Delta\theta=1°)$

在主点标定过程中可以保证 $\beta_0 < 0.015° = 54''$,在入射角 $\beta < 10°$ 时 Δf_+ 的最大误差不超过 0.03 像素,可以满足像面倾斜角度的设计要求。因此,可以简单计算倾斜角度,即

$$\Delta\theta = \arcsin\left(\frac{x'(\beta)+x'(-\beta)}{2f\cdot\tan^2\beta}\right) \qquad (5-27)$$

式中:β 为星模拟器模拟星光相对于标定主点的入射角;$x'(\beta)$,$x'(-\beta)$分别为在图像传感器上读出的相对于标定主点的坐标值。

式$(5-27)$是星敏感器倾斜角的标定公式,这种标定方法只是标定出一个方向上的倾斜角,而星敏感器的感光探测器是面阵结构,因此至少需要测量两个

方向才能实现整个像平面的标定。按照上述方法确定了两个方向的夹角分别为 $\Delta\theta_x, \Delta\theta_y$,如图 5 – 20 所示。

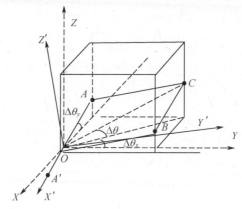

图 5 – 20   两轴倾斜角示意图

如图 5 – 20 所示,$OXYZ$ 表示理论的坐标系,OAB 表示星敏感器的真实像平面,在标定过程中,OA 在 ZOX 平面内,与理论坐标系的 X 轴的夹角为 $\Delta\theta_y$(绕 Y 轴);OB 在 YOZ 平面内,与理论坐标系 Y 轴的夹角为 $\Delta\theta_x$。假定 A、B 两点分别为理论坐标系单位正方体上的两个焦点,则像平面与理论坐标系 XOY 平面内的夹角(两面角)$\Delta\theta$ 为

$$\Delta\theta = \arctan\frac{\sin\Delta\theta_x + \sin\Delta\theta_y}{\sqrt{2}} \tag{5 – 28}$$

5.3.5 标定数据的综合利用方法

根据几何光学系统建立的星敏感器成像模型,标定的参数包括主点、焦距、畸变和倾斜角度。按照本节所述的标定方法,通过经纬仪的自准直原理确定星敏感器的主点 (x_0, y_0),然后以此为基础,通过单星模拟器及二维转台(或直接使用经纬仪)等设备,进行相互垂直的两轴数据标定,并通过对称角度数据相加和相减的方法标定出星敏感器的焦距平均值 f、畸变系数 $k_1, k_2, k_3\cdots$ 及两轴倾斜角 $(\Delta\theta_x, \Delta\theta_y)$。利用星敏感器标定的几何参数,对测量的星点坐标及矢量进行修正,以获取高精度的姿态数据。

如图 5 – 20 所示,可以计算出 A、B 两点相对于 O 点的单位矢量分别为 $\boldsymbol{OA} = [-\cos\Delta\theta_y \cdot \boldsymbol{i}, 0, \sin\Delta\theta_y \cdot \boldsymbol{k}]$,$\boldsymbol{OB} = [0, \cos\Delta\theta_x \cdot \boldsymbol{j}, \sin\Delta\theta_x \cdot \boldsymbol{k}]$,其中 $\boldsymbol{i}, \boldsymbol{j}, \boldsymbol{k}$ 分别表示 $OXYZ$ 坐标系的三轴单位矢量。为了保证坐标轴的方向一致,设 A' 点与 A 点关于坐标原点 O 对称,$\boldsymbol{OA'} = [\cos\Delta\theta_y \cdot \boldsymbol{i}, 0, -\sin\Delta\theta_y \cdot \boldsymbol{k}]$,则以 $\boldsymbol{OA'}$ 为 x' 轴,真实像平面 $A'OB$ 为 $x'oy'$ 平面,建立正交直角坐标系,y' 轴在像平面内垂直于 $\boldsymbol{OA'}$,z' 轴垂直于像平面,则三个轴的单位矢量 $[\boldsymbol{i'}, \boldsymbol{j'}, \boldsymbol{k'}]$ 可以表示为

$$i' = [\cos\Delta\theta_y \cdot i, 0, -\sin\Delta\theta_y \cdot k]$$

$$k' = \frac{OA' \times OB}{\| OA' \times OB \|} = \frac{1}{1 - \sin^2\Delta\theta_x\sin^2\Delta\theta_y}[\sin\Delta\theta_y\cos\Delta\theta_x \cdot i, -\sin\Delta\theta_x\cos\Delta\theta_y \cdot j, \cos\Delta\theta_x\cos\Delta\theta_y \cdot k]$$

$$j' = \frac{k' \times i'}{\| k' \times i' \|} = \frac{1}{1 - \sin^2\Delta\theta_x\sin^2\Delta\theta_y}[\sin\Delta\theta_x\cos\Delta\theta_y\sin\Delta\theta_y \cdot i, \cos\Delta\theta_x \cdot j, \sin\Delta\theta_x\cos^2\Delta\theta_y \cdot k]$$

则有

$$\begin{bmatrix} i' \\ j' \\ k' \end{bmatrix} = \begin{bmatrix} c_y & 0 & s_y \\ k_\theta s_x c_y s_y & k_\theta c_x & k_\theta s_x c_y^2 \\ k_\theta s_y c_x & -k_\theta s_x c_y & k_\theta c_x c_y \end{bmatrix} \begin{bmatrix} i \\ j \\ k \end{bmatrix}$$

式中：$c_y = \cos\Delta\theta_y$；$s_y = \sin\Delta\theta_y$；$c_x = \cos\Delta\theta_x$；$s_x = \sin\Delta\theta_x$；$k_\theta = \dfrac{1}{1 - \sin^2\Delta\theta_x\sin^2\Delta\theta_y}$。令

$$\boldsymbol{A}_\theta = \begin{bmatrix} c_y & 0 & s_y \\ k_\theta s_x c_y s_y & k_\theta c_x & k_\theta s_x c_y^2 \\ k_\theta s_y c_x & -k_\theta s_x c_y & k_\theta c_x c_y \end{bmatrix}，由于 \boldsymbol{A} 是单位正交矩阵，故有$$

$$\boldsymbol{A}_\theta^{-1} = \boldsymbol{A}_\theta^{\mathrm{T}} = \begin{bmatrix} c_y & k_\theta s_x c_y s_y & k_\theta s_y c_x \\ 0 & k_\theta c_x & -k_\theta s_x c_y \\ s_y & k_\theta s_x c_y^2 & k_\theta c_x c_y \end{bmatrix}$$

在星敏感器的测量过程中，得到了像平面坐标系 $OX'Y'$ 下的二维坐标 (x', y')，则在星敏感器的真实坐标系下的三维坐标 (x, y, z) 为

$$\begin{bmatrix} x \\ y \\ z \end{bmatrix} = \boldsymbol{A}_\theta^{\mathrm{T}} \begin{bmatrix} x' \\ y' \\ 0 \end{bmatrix} = \begin{bmatrix} c_y & k_\theta s_x c_y s_y & k_\theta s_y c_x \\ 0 & k_\theta c_x & -k_\theta s_x c_y \\ s_y & k_\theta s_x c_y^2 & k_\theta c_x c_y \end{bmatrix} \begin{bmatrix} x' \\ y' \\ 0 \end{bmatrix} \tag{5-29}$$

同时，根据理想星敏感器的成像模型，星点的矢量在星敏感器坐标系下为

$$\boldsymbol{w}_i = \frac{1}{\sqrt{(x_i - x_0)^2 + (y_i - y_0)^2 + f^2}} \begin{bmatrix} -(x_i - x_0) \\ -(y_i - y_0) \\ f \end{bmatrix} \tag{5-30}$$

将标定的数据结果带入上述关系式，在星敏感器测量过程中，直接得到的是 (x_i', y_i')，将畸变和焦距统一为焦距参数，则得到此时的焦距为 f_i。根据式 (5-23)，可得

$$f_i = \bar{f} + k_1(x_i^2 + y_i^2)^{1/2} + k_3(x_i^2 + y_i^2)^{3/2} + k_5(x_i^2 + y_i^2)^{5/2} + \cdots \tag{5-31}$$

$$\begin{bmatrix} x_i \\ y_i \\ z_i \end{bmatrix} = \boldsymbol{A}_\theta^{\mathrm{T}} \begin{bmatrix} x_i' \\ y_i' \\ 0 \end{bmatrix} = \begin{bmatrix} c_y & k_\theta s_x c_y s_y & k_\theta s_y c_x \\ 0 & k_\theta c_x & -k_\theta s_x c_y \\ s_y & k_\theta s_x c_y^2 & k_\theta c_x c_y \end{bmatrix} \begin{bmatrix} x_i' \\ y_i' \\ 0 \end{bmatrix} \tag{5-32}$$

$$w_i = \frac{1}{\sqrt{(x_i - x_0)^2 + (y_i - y_0)^2 + (f_i - z_i)^2}} \begin{bmatrix} -(x_i - x_0) \\ -(y_i - y_0) \\ f_i - z_i \end{bmatrix} \quad (5-33)$$

式(5-31)、式(5-32)和式(5-33)是利用标定后参数进行星敏感器星点测量矢量的修正公式。利用此方法可以在一定程度上消除星敏感器在加工和装调等环节的测量误差,有效提高星敏感器的姿态测量精度,以满足设计要求。

5.4 实验数据分析

5.4.1 误差分析与标定精度预估计

在镜头安装、制造精度以及在经纬仪使用中,由于人为目镜对准的限制,不可避免地产生主轴的偏离误差 β_0,即5.3.1节中得到的镜头主轴与真实的镜头主轴之间可能存在最大 $50''$ 的夹角偏差,包括 $30''$ 的镜头安装偏差和 $20''$ 人眼对准偏差。在这个模型中,夹角偏差会使主点位置、焦距、畸变系数以及像面倾斜角与真实值产生偏差,如图5-21所示。

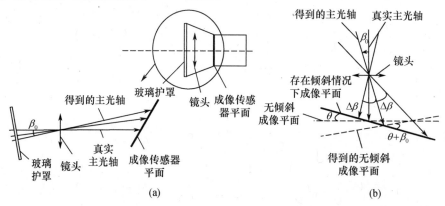

图5-21 主光轴偏差对标定结果的影响

如图5-21(b)所示,假设光轴偏差为 $50''$,所带来的主点位置误差约为 $f \cdot \tan(50'')$(约为 0.80 像素),像面倾斜角约 $0.01°$。焦距和畸变的残余误差的耦合影响按 $0.2‰$ 计算在 0.1 像素以内。由于实验中光线比在实际使用中的星点光线更亮,因此星点的信噪比更高,入射光线对应星点的提取误差可以达 0.05 像素。根据5.2.8节中的M-C误差分析方法,可以确定 $\Delta\beta$ 和对应的位置误差分布 ξ_P。

$\Delta\beta$ 需满足 $\mu = 0''$,$\sigma = 2.30''$ 的正态分布。对应的位置误差分布 ξ_P 需满足 $\mu = 0$ 像素,$\sigma = 0.038$ 像素的正态分布。在对应的标定条件下,采用 ξ_P 作为标定目标,系统标定残余误差约为 ξ_P 的 $\mu \pm 3\sigma$ 倍。

5.4.2 标定结果及讨论

标定实验在实验室中进行。由上述分析可以得到与经纬仪入射光线对应的经度 α_i 及纬度 δ_i，从而进一步得到经图像处理得到的关于主点对称的像点位置 P_{Ri+} 及 P_{Ri-}。根据 5.3.5 节计算得到理想像点位置 G_{Ii+}，理论理想像点位置 P_{Ii+} 可以通过经纬仪参数得到。比较二者的位置，如果对于任意角度入射光线，二者的位置误差在 ξ_p 范围内，则标定模型被证明是有效的。在实验中，选择两个正交方向进行参数的标定，然后选择与第一次测量方向 L_1 成 45°或 135°来进行标定模型的验证。

（1）使用线性拟合方法获得外参 φ，φ 为经纬仪水平轴移动方向与星敏感器坐标系 X 轴之间的夹角。测量点及线性拟合曲线如图 5-22 所示。

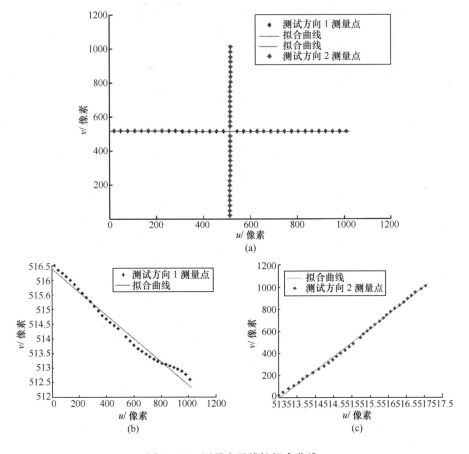

图 5-22 测量点及线性拟合曲线

求解直线的斜率即可确定 φ 值。在实验中，两条直线的斜率分别是 -0.003968 和 0.003949，拟合后均方误差（RMSE）为 0.16 像素和 0.06 像素。

φ 值可以确定为 $0.227°(3\sigma = 0.022°)$ 以及 $0.226°(3\sigma = 0.008°)$。选择 $0.227°$ 作为 φ 像素点 $3\sigma = 0.023°$,得到 φ 值的误差对像点坐标的影响在 10^{-4} 像素量级,可以忽略。

(2)如 5.3.1 节所述,可以获得主点位置为(515.19 像素,514.21 像素)。

(3)如 5.3.3 节所述,可以利用一系列不同方向入射光线所对应的像点位置得到焦距值 f,如图 5 – 23 所示。

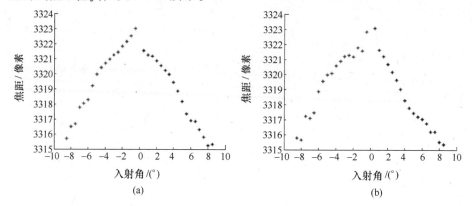

图 5 – 23　焦距 f 估计结果

(a)为测量方向 $L1$ 的结果;(b)为测量方向 $L2$ 的结果。

(红色测量点及蓝色测量点分别表示中心对称的入射光线所得到的测量点)

理论上,焦距的计算值应该是一致的。然而,畸变的存在导致不同入射角所计算出的焦距值不相等,像面的倾斜角也会引起焦距计算的偏差。因此,图 5 – 23 的计算结果是合理的。根据式(5 – 21)确定系统的焦距 f 为 3319.15 像素。只要径向畸变和其他参数与所计算的 f 匹配,f 的初始计算值对于系统来说已经充分。

(4)如 5.3.3 节所述,得到畸变值 Δl_i 如表 5 – 3 所列。

表 5 – 3　畸变值

序号	测试方向 1		测试方向 2	
	R_i/像素	Δl_i/像素	R_i/像素	Δl_i/像素
1	29.00	−0.022	28.98	−0.042
2	58.02	−0.050	57.96	−0.043
3	87.02	−0.066	86.97	−0.061
4	116.00	−0.076	115.97	−0.062
5	145.00	−0.080	145.00	−0.068
6	174.06	−0.082	174.04	−0.066
7	203.11	−0.079	203.09	−0.049

（续）

序号	测试方向 1		测试方向 2	
	R_i/像素	Δl_i/像素	R_i/像素	Δl_i/像素
8	232. 19	− 0. 064	232. 16	− 0. 019
9	261. 29	− 0. 038	261. 25	0. 018
10	290. 41	0. 008	290. 42	0. 040
11	319. 57	0. 085	319. 64	0. 062
12	348. 76	0. 164	348. 87	0. 095
13	378. 05	0. 195	378. 05	0. 226
14	407. 36	0. 259	407. 33	0. 331
15	436. 67	0. 384	436. 78	0. 322
16	466. 11	0. 462	466. 10	0. 503
17	495. 61	0. 545	495. 65	0. 537

采用线性最小二乘拟合获取畸变曲线,如图 5 − 24(a)所示。图 5 − 24(b)表明经校正后的畸变残余误差满足 5. 2 节设计要求。

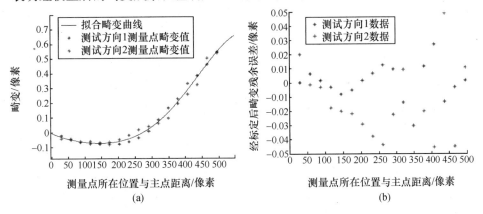

图 5 − 24　畸变曲线

（a）拟合的畸变曲线；（b）拟合后的畸变残余误差。

标定结果如表 5 − 4 所列。

表 5 − 4　标定结果

名称	标定结果
φ/(°)	0. 227(3σ = 0. 023°)
主点位置/像素	(515. 19,514. 21) (3σ = 0. 03)
焦距 f/像素	3319. 15
k_1	− 7. 038 × 10^{-4}

（续）

名称	标定结果
k_2	-2.344×10^{-6}
k_3	2.471×10^{-8}
k_4	-2.703×10^{-11}
k_5	3.180×10^{-15} （$3\sigma = 0.09$ 像素）
成像平面倾斜角（L_1 方向）/(°)	$0.147(3\sigma = 0.041)$
成像平面倾斜角（L_2 方向）/(°)	$0.052(3\sigma = 0.022)$

利用蒙特卡洛方法,计算得到各误差综合影响因素,其中:$\Delta\beta$ 的分布满足 $\sigma = 2.25''$;ξ_P 的分布满足 $\sigma = 0.037$ 像素。标定后,可以获得不同方向入射光线所成的像点位置。f 可以被重新估计(见图 5 - 24)。由图 5 - 25 可以看到,此时 f 的值不再与入射角相关,f 的值分布在 1 像素以内(标准差约为 ≈ 0.23 像素)。这也可以证明在标定后残余误差得到了改善。

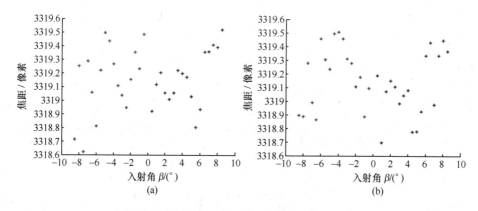

图 5 - 25　焦距 f 的重估计(见彩色插页)
(a)测量方向 L_1 的结果;(b)测量方向 L_2 的结果。
(红色测量点及蓝色测量点分别表示中心对称入射光线所形成的测量点)

点 G_{li+} 与 P_{li+} 之间的标定残余误差如图 5 - 26 所示。从图 5 - 26 可以看到,位置测量误差与前述精度预测值标 ξ_P 近似,并与前述计算精度基本相符。结果表明,该标定方法在设定的焦距和视场条件下的精度可以达到 3.38″(3σ,视场至少 4 颗星)要求,而在未标定前则在 15″以上(3σ,视场内至少 4 颗星)。

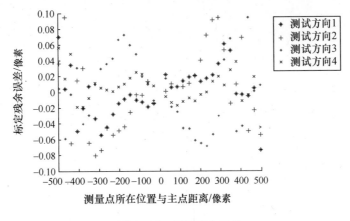

图 5 - 26　标定残余误差

5.5　本 章 小 结

　　本章主要阐述了一种星敏感器设备精度设计、分析和标定方法,定量给出了星敏感器对各个技术指标的要求;利用高精度经纬仪的自准直原理对主点进行标定,并采用解耦标定方法对焦距和倾斜角度进行标定;结合星点成像模型,给出了标定参数的利用方法,提高星敏感器的精度。本标定方法原理清晰、实验简单,弥补了星敏感器加工和装调过程误差,对提高星敏感器的精度具有重要作用。

第 6 章

APS CMOS 星敏感器的成像控制与
星点提取方法

6.1 引　言

目前,星敏感器在跟踪状态下的姿态更新率一般为 4～10Hz,这主要是由感光探测器(CCD 或 APS CMOS)的灵敏度及镜头口径决定的。星敏感器探测到指定星等时所需要的曝光时间一般在 100～250ms,且初始捕获时间一般需要几秒,这主要是受到了星敏感器的图像处理时间及星图识别时间等限制。通过在算法和电子学设计上进行研究和改进,这项技术指标的极限程度也可以达到跟踪状态下姿态更新率的水平。这项技术的改进对于小卫星单独使用星敏感器进行姿态确定来说具有重要意义,将彻底实现高动态下的姿态获取,同时可以扩展星敏感器在导弹及卫星的消旋、机动等方面的应用。

基于 APS CMOS 探测技术的星敏感器,虽然与 CCD 相比灵敏度较低,但是具有电子滚动快门(Electronic Rolling Shutter,ERS)曝光模式,可以实现图像曝光和读出同时进行。为了提高信噪比,在星敏感器样机设计上采用了流水线形式的能量相关滤波方法,像素读出和滤波同时进行,在不影响读出速度的同时有效消除了噪声的影响。为了直接提取有效信号,剔除背景噪声,在星点坐标提取时采用了基于 FPGA-DPRAM-DSP 硬件结构和游程编码原理的实时流水线处理方式,快速提取星点坐标,直接将其传递给后续的星图识别系统。上述的三个步骤同时进行,称为三级流水工作模式。

为了进一步提高系统的更新率,在星图识别过程与星图获取、处理过程采取乒乓的工作模式。这相当于在图像曝光时间内实现了星敏感器工作流程的所有功能,使得星敏感器初始捕获(全天星图识别)的姿态更新率仅仅受限于曝光时间,实现了星敏感器在所有工作模式下都具有高的更新率。

6.2　图像曝光和读出的流水

APS CMOS Star1000 感光探测器具有 ERS 曝光模式[69],如图 6 - 1 所示,能够在曝光的同时进行图像读出,这使得 FPGA 能够同时控制 APS CMOS 传感器曝光和图像读出。传统 CCD 星敏感器所采用的图像读出逻辑是在图像曝光后再读出,一帧图像处理时间为

$$t_{Frame} = t_{Integration} + t_{Read} + t_{Interval} \tag{6-1}$$

式中: t_{Frame} 为图像帧时间; $t_{Integration}$ 为图像积分时间(曝光时间); t_{Read} 为图像读出时间; $t_{Interval}$ 为两帧图像之间间隔。

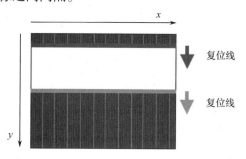

图 6 - 1　APS CMOS ERS 读出方式

如图 6 - 2 所示,在流水模式下,要保证图像最大的更新率,则需要 $t_{Interval} = 0$。APS CMOS 图像传感器本质上就满足这一要求,因为在图像读出后,自动对此行开始积分,即 $t_{Interval} = 0$。

当 $t_{Integration} > t_{Read}$ 时,系统读出速度过快。为了保证图像曝光均匀,强制读出等待,读出新的一行数据时必须保证此行数据的曝光时间已经达到 $t_{Integration}$。此时,系统图像帧处理时间为 $t_{Frame} = t_{Integration}$。

当 $t_{Integration} < t_{Read}$ 时,图像积分时间已经到达,但系统没有及时读出数据,导致积分时间变长,产生图像不均匀。为了防止曝光不均匀,就需要对图像进行重新曝光,即图像读出最后一行后,重新对第一行进行曝光,然后等待曝光结束后再进行读出,以保证图像的均匀性。此时,系统流水的帧处理时间为 $t_{Frame} = t_{Read}$。

当 $t_{Integration} = t_{Read}$ 时,系统正好读出最后一行的数据,第一行曝光结束,继续进行第一行数据的读出。此时,ERS 模式的图像帧处理时间为 $t_{Frame} = t_{Integration} = t_{Read}$。

综上所述,在流水线处理模式下,系统的帧处理时间为

$$t_{Frame} = \max\{t_{Integration}, t_{Read}\} \tag{6-2}$$

由于 APS CMOS 图像传感器的量子效率相对较低,所需要的积分时间相对较长。在使用微小型星敏感器时,在满足系统更新率的同时,为了提高对导航星的灵敏度,积分时间应设计得尽可能大些,这样才能减小镜头孔径和总质量。为了实现快速流水的设计思想,最好将积分时间和读出时间一致($t_{\text{Frame}} = t_{\text{Integration}} = t_{\text{Read}}$),如图 6 - 2 所示。在保证最大的图像灵敏度的同时,图像更新率提高了一倍。

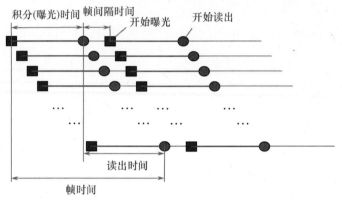

图 6 - 2　APS CMOS ERS 图像流水示意图

例如,在 APS CMOS 星敏感器设计时,采用 $t_{\text{Frame}} = 200\text{ms}$ 的方法,使得星敏感器达到 5 Hz 姿态更新率。这种方法的好处在于曝光与读出同时进行,对于提升图像更新率有一定的好处。但是,由于卷帘曝光会造成不同行的图像曝光时刻具有较大的区别,对于高速运动或者大角度机动,则需要采取一定的运动补偿措施[70]。

6.3　星敏感器的读出与星图滤波的流水

6.3.1　实现流水线滤波和星点提取的必要性

星敏感器电子学系统结构一般是基于 DSP 和 FPGA 来完成的。传统的全天星图识别流程是 FPGA 从感光探测器读出整个图像,将所有的像素点存储于 RAM 中,DSP 遍历整幅图像,采用图像处理算法来提取有效亮点,再根据亮点特征进行滤波,剔除大量的干扰噪声,得到有效星点,进行星图识别和姿态估计。随着图像传感器技术的发展,面阵越来越大,需要处理的数据量也相应增加。若采用 DSP 处理方式,需要将大量的时间花费在图像处理上,尤其是在遍历图像上。APS CMOS Star1000 感光探测器具有 1024×1024 像素,如果对星点位置直接进行计算,大约需要 100 万次循环,而每次循环包括 3 次加法、3 次比较、1 次寻址。如果星敏感器的视场包含 15 颗星点,每颗星点占有 30 个有效像素,则图片的有效数据仅为整幅图片的 0.4‰,大量的数据是没有任何信息的背景噪声。故课题组没有采用这种传统的计算方法,而是将星图处理和星点提取算法放在 FPGA 中进行,使其和图像的读出进行流水操作。

根据第 5 章分析的星敏感器噪声情况,如果直接利用阈值分割的方法进行星点提取,会有大量的干扰噪声掺杂在信号中,虽然能够依靠后续的能量相关滤波方法进行剔除,但是会给后续处理带来了很大工作量,需要占用大量的存储器和处理时间。为此,课题组在 APS CMOS 星敏感器样机设计中采用了对图像进行流水滤波的处理方法。

6.3.2　流水滤波的实现方法

第 5 章对整个滤波算法原理进行了分析,算法本质是进行图像的二维卷积运算,即

$$I_{\text{Filter}} = I_{\text{Org}} * * M_{\text{Filter}} \tag{6-3}$$

实际上,星敏感器的像素读出是按照逐行逐像素的形式进行的。为了实现这种流水方式的二维滤波,需要将上述的运算重新分解,得到两个一维形式。

卷积滤波器 M_{Filter} 是由式(3-1)推导而来,根据式(3-1)的对称性,相应的 M_{Filter} 也同样可以理解为两个一维高斯分布的乘积,即

$$M_{\text{Filter}}(m,n) = H(m) \times H(n) \tag{6-4}$$

$$H(i) = \int \frac{1}{\sqrt{2\pi}\sigma_{\text{PSF}}} \left(\frac{x^2}{\sigma_{\text{PSF}}^2} \right) dx \tag{6-5}$$

式中:$m = 0 \sim M-1$;$n = 0 \sim N-1$;H 为对称函数。当 $M = N = 3$ 时,$H(i)$ 只有两个独立元素,即

$$\begin{cases} H(0) = \int_{0.5}^{1.5} \frac{1}{\sqrt{2\pi}\sigma_{\text{PSF}}} \exp\left(-\frac{x^2}{\sigma_{\text{PSF}}^2} \right) dx \\ H(1) = \int_{-0.5}^{0.5} \frac{1}{\sqrt{2\pi}\sigma_{\text{PSF}}} \exp\left(-\frac{x^2}{\sigma_{\text{PSF}}^2} \right) dx \\ H(2) = H(0) \end{cases} \tag{6-6}$$

这样,卷积公式就可以转换为

$$\begin{aligned} I_{\text{Filter}}(i,j) &= \sum_{m=0}^{M-1} \sum_{n=0}^{N-1} I_{\text{Org}}(i-m,j-n) \times M_{\text{Filter}}(m,n) \\ &= \sum_{m=0}^{M-1} \left(\sum_{n=0}^{N-1} I_{\text{Org}}(i-m,j-n) \times H_{\text{Filter}}(n) \right) \times H_{\text{Filter}}(m) \\ &= \sum_{m=0}^{M-1} I_{\text{Y\_Fil}}(i-m,Y) \times H_{\text{Filter}}(m) \end{aligned} \tag{6-7}$$

这就相当于对原始图像,先沿着行的方向进行滤波得到中间图像,再沿着列方向进行滤波得到最终的滤波图像。

流水滤波结构图如图 6 - 3 所示。首先进行行像素滤波,需要逐个像素进行流水形式计算,其中:第一个像素延迟两拍后与系数 $H(2)$ 相乘;第二个像素延迟一拍与系数 $H(1)$ 相乘;第三个像素直接与 $H(0)$ 相乘后,再进行相加得到Pix_Row(i) 为行的滤波结果,即

$$\text{Pix\_Row}(i) = H(2) \times \text{Pix}(i)z^{-2} + H(1)\text{Pix}(i)z^{-1} + H(0)\text{Pix}(i) \quad (6-8)$$

将得到的行滤波结果再经过列的流水滤波,其滤波结构和行滤波结构基本一致,即

$$\text{Pix\_filter}(i) = H(2)\text{Row}(i)z^{-2048} +$$
$$H(1)\text{Row}(i)z^{-1024} + H(0)\text{Row}(i) \quad (6-9)$$

式中:Row(i) 为式(6-8)中的滤波结果 Pix_Row(i)。

从式(6-9)可以看出,滤波算法需要保存前两行的数据,并且将上述寄存器式的延时环节改成了 RAM 的读写形式。其中,RAM 的地址为当前像素所在的列 i。RAM 的大小为一行数据长度,数据宽度为像素点进行行滤波后的数据宽度,本书设计的 APS CMOS 星敏感器样机采用了 16bit 形式,此时的滤波结果 Pix_filter(i) 为最终的图像滤波结果。为了保证滤波结果和原始图像一致,需要对数据位数进行截短,采用 8bit 形式。上述的能量相关滤波过程在FPGA内部采用流水方式操作,与图像的读出机制同时进行,如图 6-3 所示。

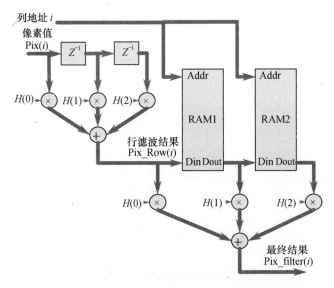

图 6 - 3　FPGA 内实现图像二维卷积的流水滤波结构图

6.4　基于硬件结构的星点信息提取算法

经过滤波后得到的仍然是含有大量背景的图像,只是剔除了较大的噪声,提

高了信噪比。在大量背景下快速提取星点信息,是星敏感器星图处理过程中最复杂、最浪费时间和资源的环节,也是提高星敏感器初始捕获更新率的最有效环节。在星敏感器中,所提取的星点信息主要包含星点坐标(x,y)以及星点的能量,对于灰度图像来说表现为有效像素灰度和的形式。目前,国际上主要星敏感器大多采用 DSP 等处理器利用软件的形式进行,所花费的时间一般在秒的量级,直接制约了星敏感器的更新率。为此,本书在 APS CMOS 星敏感器样机研制中设计了基于 FPGA-DPRAM-DSP 的硬件结构和游程编码原理的运算方案,直接提取星点的有效信息。同时,将星点有效信息的提取操作与上述的图像读出和图像滤波进行流水线执行,使得此环节占用的系统时间几乎为 0。传统的游程编码算法都是采用软件进行的,不但占用大量的内存空间,而且速度很慢;针对星敏感器有效信息少的特点,本书在 APS CMOS 星敏器样机中设计了相应的硬件结构,并对游程编码算法进行了适当的改进和优化,从根本上解决了全天模式下星点信息提取速度慢的问题。为了详细论述星点信息提取算法,下面介绍星点信息的提取原理。

6.4.1　星点信息的提取原理

星敏感器星点信息的中心坐标(x,y)的提取方法主要有质量矩法、平方权重法以及高斯分布拟合方法[71]。

(1)质量矩法又称一阶质量矩法或者重心法等。在测量星敏感器中心坐标时,这种方法被广泛应用,是所有的方法中计算最简单的,精度保守估计能够达到 0.1 像素。质量矩法方程为

$$\hat{x} = \frac{\sum\limits_{i,j} x_{ij} I_{ij}}{\sum\limits_{i,j} I_{ij}} \qquad \hat{y} = \frac{\sum\limits_{i,j} y_{ij} I_{ij}}{\sum\limits_{i,j} I_{ij}} \qquad (6-10)$$

为了消除星敏感器背景暗信号 DN 的影响,对其加以改进,即

$$\hat{x} = \frac{\sum\limits_{i,j} x_{ij}(I_{ij} - DN)}{\sum\limits_{i,j}(I_{ij} - DN)} \qquad \hat{y} = \frac{\sum\limits_{i,j} y_{ij}(I_{ij} - DN)}{\sum\limits_{i,j}(I_{ij} - DN)} \qquad (6-11)$$

(2)平方权重法是质量矩法的一个改进,主要考虑给灰度值比较高的像素点更多的权重,减少背景强度的影响,其计算方法为

$$\hat{x} = \frac{\sum\limits_{i,j} x_{ij} I_{ij}^2}{\sum\limits_{i,j} I_{ij}^2} \qquad \hat{y} = \frac{\sum\limits_{i,j} y_{ij} I_{ij}^2}{\sum\limits_{i,j} I_{ij}^2} \qquad (6-12)$$

考虑到权重值等于灰度值不一定适合,故提出了对其进行改进的方法为

$$\hat{x} = \frac{\sum_{i,j} w_{ij} x_{ij} I_{ij}}{\sum_{i,j} w_{ij} I_{ij}} \qquad \hat{y} = \frac{\sum_{i,j} w_{ij} y_{ij} I_{ij}}{\sum_{i,j} w_{ij} I_{ij}} \qquad (6-13)$$

式中:w_{ij}为像素点灰度的权重,需要通过精确标定获得。

(3) 高斯分布拟合法是几种方法中精度最高(0.01~0.02 像素)、算法最复杂的方法[70]。假定星点能量按照高斯分布,其函数见式(3-1),这样在实际星敏感器探测器上得到的数据拟合中心在$(\hat{x},\hat{y})$为二维高斯分布,得到与理想高斯分布的差为最小的$(\hat{x},\hat{y})$,即星点中心。此时$(\hat{x},\hat{y})$满足式(6-14)为最小,即

$$L = \sum_{i,j} \left(I(i,j) - \iint_{i,j} \frac{I_0}{2\pi\sigma_{PSF}^2} \exp\left[-\frac{(x-x_0)^2}{2\sigma_{PSF}^2} \right] \exp\left[-\frac{(y-y_0)^2}{2\sigma_{PSF}^2} \right] \mathrm{d}x\mathrm{d}y \right)^2$$

$$(6-14)$$

同时,注意$I(x,y)$与I_0的关系,其中$I_0 = \sum_{i,j} I(i,j)$。

6.4.2　区域连接标签方法

为找到连接在一起的星点像素,最通用的方法就是先对连接在一起的区域进行标签化,再根据标签把连接在一起的区域作为一颗星点,按式(6-10)进行星点信息提取。其中的关键点和难点在于区域连接标签(Component Connected Labeling,CCL)的确定。这是一个经典问题,人们已经提出了几种解决方案。随着图像传感器和计算机视觉技术的进一步发展,对 CCL 提出了更加高速的要求,使得 CCL 硬件实现又成为近些年研究的热点。下面将对区域连接及其方法进行简介。

1. 区域连接的基本概念

一般认为,区域连接关系包括 4-相邻(4-connected)和 8-相邻(8-connetced)两种,如图 6-4 所示。

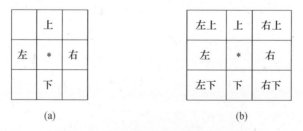

图 6-4　像素 4-相邻和 8-相邻示意图
(a) 4-相邻;(b)8-相邻。

4-相邻关系表示此像素上、下、左、右都和该像素属于同一区域;8-相邻关系则表示此像素上、下、左、右、左上、左下、右上、右下都和该像素属于同一区域。

对图像进行连通域确定时,为方便计算,首先对图像进行二值化处理,然后对二值图像按照一定的区域连通标签算法进行标签确定。为此,本节研究将主要针对二值图像来进行。

2. 区域连接标签算法

区域连接标签的确定问题在数字图像处理和机器视觉等领域经常用到,其中:输入是二值图像或者灰度图像;而输出是用标签来表示连接区域的图像。所有连接在一起的像素分配给统一的标签。在一幅图像上给每个连接的区域分配统一的标签号码。由于区域的形状是任意的,连接区域的标签是一个全局性的操作,需要在像素间进行大量的数据计算和信息交互。为了解决这个问题,有几种次序算法[72-75]和并行算法[76-83]已经被提出,其基本原理归结如下。

1) 递归算法

递归跟踪算法基本原理是从上至下开始扫描,当找到一个像素点不为 0 时,按照 4-相邻或者 8-相邻关系,找到所有和这点相关联的像素,对找到的每个新像素都进行 4-相邻或 8-相邻递推,并赋予相同标签,如图 6-5 所示。

1	1	0	1	1	1	0	1
1	1	0	1	0	1	0	1
1	1	1	1	0	0	0	1
0	0	0	0	0	0	0	0
1	1	1	1	0	1	0	1
0	0	0	1	0	1	0	1
1	1	0	1	0	0	0	1
1	1	0	1	0	1	1	1

(a)

1	1	0	1	1	1	0	2
1	1	0	1	0	1	0	2
1	1	1	1	0	0	0	2
0	0	0	0	0	0	0	0
3	3	3	3	0	4	0	2
0	0	0	3	0	4	0	2
5	5	0	3	0	0	0	2
5	5	0	3	0	2	2	2

(b)

图 6-5　二值图像及其利用递归跟踪算法进行确定标签示意图

(a)二值图像;(b)递归跟踪。

这种方法最直观,但是对每个点都需要按照上面的方法找所有可能连接值,递归过程复杂,计算比较慢。

2) 逐行算法(Row by Row,RbR)

逐行算法使用最为广泛,处理也比较简单,即对图像进行两遍扫描,顺序都是从上至下。

第一遍扫描时,检查二值化图像(见表 6-1)中值不为 0 的像素和与其满足连接关系元素的标签情况。如果没有满足连接关系的像素,则此像素为新像素;如果满足连接关系的像素具有相同标签,则此像素也被赋值为同一标签;如果满足连接关系的像素中包含不同的标签(如表 6-2 所列的带下划线斜字体),则此像素被赋值为最小的标签值,同时建立等效标签表。

第二遍扫描时,根据建立的等效标签表,对第一遍扫描所得到的需要合并的标签进行合并。

表 6-1　二值图像原始数据表

0	0	0	1	1	1	0	0	0	0	1	1	1	1	0	0	0	0	0	1
0	0	0	1	1	1	1	0	0	0	1	1	1	1	0	0	0	0	1	1
0	0	0	1	1	1	1	1	0	0	1	1	1	1	0	0	1	1	1	1
0	0	0	1	1	1	1	1	1	0	1	1	1	1	1	0	0	1	1	1
0	0	0	1	1	1	1	1	1	1	1	1	1	1	1	0	0	1	1	1
0	0	0	1	1	1	1	1	1	1	1	1	1	1	1	0	0	1	1	1
0	0	0	1	1	1	1	1	1	1	1	1	1	1	1	1	1	1	1	1
0	0	0	1	1	1	1	1	1	1	1	1	1	1	1	1	1	1	1	1
0	0	0	1	1	1	1	1	1	0	0	0	0	0	0	1	1	1	1	1

表 6-2　第一遍扫描得到的数据表和标签

0	0	0	1	1	1	0	0	0	0	2	2	2	2	0	0	0	0	0	3
0	0	0	1	1	1	1	0	0	0	2	2	2	2	0	0	0	0	3	3
0	0	0	1	1	1	1	1	0	0	2	2	2	2	0	0	0	3	3	3
0	0	0	1	1	1	1	1	1	0	1	1	1	1	1	0	0	3	3	3
0	0	0	1	1	1	1	1	1	1	*1*	1	1	1	1	0	0	3	3	3
0	0	0	1	1	1	1	1	1	1	1	1	1	1	1	0	0	3	3	3
0	0	0	1	1	1	1	1	1	1	1	1	1	1	1	1	*1*	1	1	1
0	0	0	1	1	1	1	1	1	1	1	1	1	1	1	1	1	1	1	1
0	0	0	1	1	1	1	1	1	0	0	0	0	0	0	1	1	1	1	1

等效数据表:1≡2,1≡3

本例中,在进行第二遍扫描时,将所有的等效标签进行合并,得到结果与原始图像一致,因为此图只有一个区域。

3) 游程编码算法(Run Length Encoding)

游程编码算法的效率比较高,被认为是目前计算机和软件算法中最快的算法。Matlab 图像处理工具箱[84]以及 Google 的图像处理小组[85]几乎都采用了这种方法,其基本原理是 S. Di. Zenzo 在 1996 年提出的[86]。

对图像进行第一遍扫描,得到计算结果如图 6-6(b)所示,扫描顺序从上至下。记录第一个像素点从 0 到 1 发生跳变位置的行号(Row),同时记录列号,即起始列(Scol);再记录这一行上的这一块像素点从 1 到 0 跳变位置的列号,作为结束列号(Ecol),同时将标签(Label)赋值为 0,游程次数计数器(NumofRun)加 1。

1	1	0	1	1
1	1	0	0	1
1	1	1	0	1
0	0	0	0	0
0	1	1	1	1

行序号	起始列序号	终止列序号	标志位
0	0	1	0
0	3	4	0
1	0	1	0
1	4	4	0
2	0	2	0
2	4	4	0
4	1	4	0

(a)　　　　　　　　　　　　　(b)

图 6-6　游程算法的第一遍执行

(a)输入二值图像;(b)计算结果。

在进行第二遍扫描时,扫描次数为 NumofRun,同时考虑图 6-7 所示的 3 种情况。

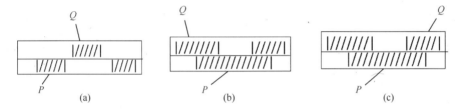

图 6-7　游程算法的 3 种标签形式

(a) P 和 Q 没有重合;(b)P 和 Q 有重合,P 没有标签;(c) P 和 Q 有重合,P 有标签。

在游程算法中,对上述 3 种情况确定标签过程如下。

(1) 当 P 区域和 Q 区域没有重合部分,即图 6-7(a),这时建立 P 区域为新的标签;

(2) 当 P 区域和 Q 区域有重合部分,且 P 区域还没有分配标签,即图 6-7(b),这时 P 区域和 Q 区域的标签相同;

(3) 当 P 区域和 Q 区域有重合部分,且 P 区域已经分配了标签,即图 6-7(c),这时建立等效表,说明 P 区域和 Q 区域其实是等效的一个区域,以便以后合并。

(4) 将等效的情形进行合并,就得到了最终的标签结果。

3. 区域连接标签算法特点分析

递归算法、逐行算法和游程编码算法是区域连接标签确定领域的 3 种代表性算法。递归算法对有效像素(二值图像中值为 1 的像素)和与其具有连接关系的每个像素进行比较,递推确定每个像素的标签,这种算法和最基本概念一致,效率也最低;逐行算法只比较有效像素和前一行与其具有连接关系的像素的情况,逐行运算,这种算法逻辑清晰,理解简单,效率相对也比较高;游程编码算法和前两种算法有所不同,首先对每行像素的连接区域进行确定,然后比较这个区域的开始和结束两个元素与上一行区域的关系,这种算法只对每行中有效区域起始和结束两个元素进行比较,算法效率最高,但是逻辑相对来说比较复杂。游程编码算法在 FPGA 内进行纯硬件的实现比较困难,因此本书采用 FPGA-DPRAM-DSP 的硬件结构来实现;而逐行算法虽然对于每个单步的比较逻辑较多,软件实现复杂,但是属于单一结构,硬件实现反而简单,只是需要硬件资源较多,目前在航天上使用还不方便,不过这种算法的实时性要比游程编码算法具有优势。本书设计了游程编码算法以及逐行算法的硬件实现逻辑,并在 APS CMOS 星敏感器研制中分别对上述两种算法进行了实现。

6.4.3 在星敏感器中的星点信息提取的实现方法

1. 基于 FPGA-DPRAM-DSP 结构的实时游程编码算法

星敏感器图像的一个特点就是有效信息比较少,占整个图像的不到 1‰。为此在星敏感器进行图像读出的同时,直接剔除无用信息,将有效信息传递给后续的 DSP 等处理系统,对于提高星敏感器的星图处理速度具有重要意义。显然,此种算法需要 FPGA 和 DSP 结构进行配合才能完成,其过程主要分成以下 4 个步骤。

(1) 在 FPGA 中控制读取像素时,采取逐行逐像素的形式,与游程编码算法的第一遍扫描形式相同,故在进行图像像素读取的同时,直接进行了游程编码算法的第一遍游程区域的游程数目计算。但是,所记录信息和游程编码算法有很大的不同,游程编码算法只记录图像区域标签,而在星敏感器中要计算质量矩的中心,故需要记录有效像素的行坐标、列坐标、灰度值三个信息。将此信息直接存储于外部的 DPRAM 中,同时记录图像中所有游程区域的数目和有效像素的数目,存储于外部 DPRAM 的固定地址处。由于这些信息都是固定时序的,在 FPGA 内实现起来很方便。

(2) 在 DSP 内主要采取实现标签编号和图像的中心算法。首先采取 DMA 的方式将 DPRAM 中的内容读入 DSP 内部,然后根据游程区域的数目以及有效像素的总数目来记录每行游程区域的起点和终点,最后将结果与上一行每个游程区域的起点和终点进行比较,按照如图 6-7 所示的三种情形建立标签,并记录每个标签的行坐标与像素点的乘积和 $\sum_i x_i A_i$、列坐标与像素点的乘积和 $\sum_i y_i A_i$ 以及像素点的和 $\sum_i A_i$。如果存在标签等效情形,则在标签编号表中记录等效标签编号。

(3) 根据等效标签编号表中的等效标签编号,进行等效数据的合并,合并行坐标与像素点乘积和、列坐标与像素点乘积和以及像素点的和。

(4) 根据合并的结果得到新的标签号码,然后根据新的标签号码计算质心坐标,即式(6-10)。

基于 FPGA-DPRAM-DSP 结构的实时游程编码算法总体的硬件形式如图 6 – 8 所示。

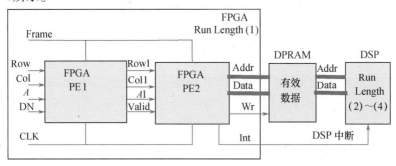

图 6 – 8 基于 FPGA-DPRAM-DSP 结构的游程算法

（1）FPGA 的 PE1 单元描述如下。

输入：A 表示像素的灰度值；DN 表示暗背景噪声；Row，Col 分别表示该像素所在的行和列；Frame 表示一帧图像的有效信号。

输出：当 Frame = 1（有效情况）时，Row1 = Row，Col1 = Col。如果 $A >$ DN，则 $A1 = A -$ DN，Valid = 1；否则 $A1 = 0$，Valid = 0。当 Frame = 0 时，Row1 = 0，Col = 0，A1 = 0，Valid = 0。

（2）FPGA 的 PE2 单元描述如下。

输入：PE1 的输出；Frame。

输出：当 Frame = 0（无效情况）时，Addr = 0，Data = 0，Wr = 0（高有效），Int = 1（有效）；当 Frame = 1（有效情况）时，Addr = Addr + 1，Data = Row1&Col1&"0000"&$A1$，Wr = 1（有效），Int = 0（无效）。

（3）DSP 进行 Run Length 算法和信息提取。DSP 接收到 FPGA 的中断信号后，读取存储于 DPRAM 中的有效信息，然后执行 Run Length 算法提取星点信息的（2）~（4）步，得到有效的星点信息。

（4）为了实现 FPGA 和 DSP 对于星点信息提取的流水进行，其中 DPRAM 采用了乒乓模式，上下半区轮换使用，DSP 的数据相对于 FPGA 来说慢一帧。

基于 FPGA-DPRAM-DSP 硬件结构的实时游程编码算法，充分利用 FPGA 硬件结构游程扫描的实时性和 DSP 游程编码的灵活性，通过 DPRAM 作为中间桥梁。该算法对于星敏感器这种有效像素少的情形是非常适合的，但仍然会占用部分 DSP 的宝贵时间。为此本节提出了一种新的纯硬件实现的星点信息提取算法，不需要占用任何的星敏感器处理时间。

2. 纯硬件实时星点提取算法

为了实现星敏感器的小型化，尤其是纳型星敏感器等研究技术的兴起，如 sinclair ST – 16，只采用单片探测器组合单片处理器（SoC 等）的结构形式，质量、体积等参数相对于传统产品有了显著的改善。这种系统主要得益于处理器等技术的进步,现在的集成芯片已经很好地将 FPGA 与 DSP 或者 ARM 集成在一起,使得内部的数据交换等方式更加灵活。同时,FPGA 的资源更加丰富,可以进行很多以前无法实现的功能,如形态学上的腐蚀、膨胀以及数学上的乘法运算等。为了适应这种未来的微纳星敏感器的发展,本书将简要介绍这种纯硬件实时星点提取方法。

这种纯硬件结构的实时星点提取主要包括背景分析、图像滤波、星点连通域分析以及质心计算等环节,如图 6 - 9 所示。

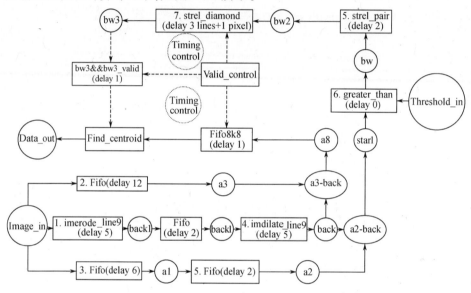

图 6 - 9 基于 FPGA 硬件逻辑的实时星点提取算法

其工作的主要步骤如下。

(1) 实时背景提取:CMOS 图像芯片输出 8 位图像数据(Image_in)至 FPGA 图像处理算法模块;然后经过长度为 9、延迟 5 个时钟周期(delay 5)的横向腐蚀模块(imerode_line8)和膨胀模块(imdilate_line9)进行星图背景提取。由于星点范围不会超过 9 × 9 的像素范围,所以星点会被腐蚀,得到去除星点的背景图像数据(back)。

(2) 有效星像点二值化判断:将经过延迟的原始星图数据(a2)与同一时刻的星图背景数据(back)相减得到去除背景以后的有效星点图像数据(star1 = a2 - back),然后根据智能化调整设置阈值(Threshold_in)对星点图像数据进行分割(greater_than)得到二值化星点图像数据(bw),阈值的大小一般取决于背景杂光干扰情况和上一帧的提取情况。

(3) 星像点的图像范围确定:初始的二值化星点图像数据(bw)包含有单点椒盐噪声,会被后续误提取为星点范围,设置延迟 2 个时钟周期(delay 2)的横向两点腐蚀图像算法模块(strel_pair)可以对这些噪声进行有效地滤波,得到去噪处理后的星点二值图像(bw2)。星敏感器的星像点通常包含有多个像素,3×3 以上。为了确保星点二值化判断的准确性,后续增加了延迟 3 行 1 列时钟周期(delay 3lines + 1row)的钻石型膨胀算法模块(strel_diamond),以更加真实的保存被判断阈值等滤除的图像部分,恢复星像点图像,最终得到星点范围图像数据(bw3);

(4) 连通域和质心计算:根据星点图像范围数据(bw3)和同一时刻经过延迟减去背景的星点图像数据(a8 = a3 - back)利用灰度重心法计算(Find_centroid)可以计算得到最终输出的星点质心位置(Data_out),加入时序(Timing_control)和有效信号控制模块(Valid_control)以保证连通域获取和质心算法计算同时进行。

(5) 当帧信号结束时,将提取的星点数目及坐标信息和灰度和信息传输给 SOC 内部的 ARM 部分,并清零相关的预置项,进行下一帧计算。

在此方法中,最困难的一点是第(4)步的连通域和质心计算。典型的星点成像如图 6 - 10 所示,阈值分割后得到的星图像素矩阵如表 6 - 3 所列。当确定那些像素属于同一颗星的信息后,就可以利用式(6 - 10)进行星点信息提取。

图 6 - 10　典型的星点成像

表 6 - 3　典型阈值分割后的星图像素矩阵 *A*

0	0	0	0	0	0	0	0	0	0	0	0	0	0	0	0	0
0	0	2	1	0	0	0	0	0	0	0	1	1	0	0	0	0
0	5	10	8	2	0	0	0	0	5	12	15	14	9	3	0	0
0	8	13	10	3	0	0	8	21	34	39	35	25	14	3	0	0
0	5	8	6	1	0	3	20	43	68	77	64	41	24	9	0	0
0	0	0	0	0	0	8	30	64	101	113	86	50	28	12	1	0
0	0	0	0	0	0	8	32	66	102	109	81	47	27	13	2	0
0	0	0	0	0	0	5	24	48	68	70	55	36	21	10	0	0
0	0	0	0	0	0	0	11	25	35	36	32	22	12	4	0	0
0	0	0	0	0	0	0	1	9	15	17	15	8	3	0	0	0
0	0	0	0	0	0	0	0	1	3	2	0	0	0	0	0	0
0	0	0	0	0	0	0	0	0	0	0	0	0	0	0	0	0

采用纯硬件结构实现方法,根据像素逐行的读出机制,对星图数据进行逐行逐像素的扫描,但是如果只采用传统的 8 - 相邻区域定义,由于同行的下一个像素和下一行的像素仍然处于未知状态,将不可避免地会产生重复编码。本书根据实际的实验图像,经反复测试与实验,提出了适用于星敏感器的逐行像素读出

的连同编码确定方法,即

$$L_{\mathrm{RbR}}(i,j) = \{(i-1,j),(i,j-1),(i-1,j+1),(i-1,j+2),(i-1,j+3)\}$$

这样得到的 Label 结果如表 6 - 4 所列。

表 6 - 4　逐行扫描后的 Label 结果

0	0	0	0	0	0	0	0	0	0	0	0	0	0	0	0	0	0
0	0	1	1	0	0	0	0	0	0	0	2	2	0	0	0	0	0
0	1	1	1	1	1	0	0	0	0	2	2	2	2	2	2	0	0
0	1	1	1	1	0	0	0	2	2	2	2	2	2	2	2	0	0
0	1	1	1	1	0	0	2	2	2	2	2	2	2	2	2	0	0
0	0	0	0	0	0	0	2	2	2	2	2	2	2	2	2	2	0
0	0	0	0	0	0	0	2	2	2	2	2	2	2	2	2	2	0
0	0	0	0	0	0	0	2	2	2	2	2	2	2	2	2	0	0
0	0	0	0	0	0	0	2	2	2	2	2	2	2	2	0	0	0
0	0	0	0	0	0	0	2	2	2	2	2	2	2	0	0	0	0
0	0	0	0	0	0	0	0	0	2	2	2	0	0	0	0	0	0
0	0	0	0	0	0	0	0	0	0	0	0	0	0	0	0	0	0

这种算法每一行的运算只与当前行和上一行有关,在并行结构上的计算非常简单,很容易实现了 Label 号码表建立。星敏感器最关心的是得到星点信息的结果。为此,本算法还需要同时计算出对应于每个 Label 号码的 $XA = \sum_i x_i A_i, YA = \sum_i y_i A_i$ 及 $GA = \sum_i A_i$,根据 Label(i,j) 的不同情况进行星点信息提取,即

$$\begin{cases} GA(\mathrm{Label}(i,j)) = GA(\mathrm{Label}(i,j)) + A(i,j) \\ XA(\mathrm{Label}(i,j)) = XA(\mathrm{Label}(i,j)) + j \times A(i,j) \\ YA(\mathrm{Label}(i,j)) = YA(\mathrm{Label}(i,j)) + i \times A(i,j) \end{cases} \quad (6-15)$$

根据逐行扫描,其中 Label(i,j) 具有下列几种情况。

(1) 当 $A(i,j) = 0$ 时,Label$(i,j) = 0$;

(2) 当 $A(i,j) > 0$,且 Label$(i,j-1) = 0$ & Label$(i-1,j) = 0$ & Label$(i,j+1) = 0$,Label$(i,j+2) = 0$ & Label$(i-1,j+3) = 0$ 时,有

$$\begin{cases} \text{Label}(i,j) = \text{Eq\_Label}(i,j) = \text{newLabel}( ) \\ GA(\text{Label}(i,j)) = GA(\text{Label}(i,j)) + A(i,j) \\ XA(\text{Label}(i,j)) = XA(\text{Label}(i,j)) + j \times A(i,j) \\ YA(\text{Label}(i,j)) = YA(\text{Label}(i,j)) + i \times A(i,j) \end{cases}$$

反之,则有

$$\begin{cases} \text{Label}(i,j) = \max \begin{cases} \text{Label}(i,j-1), \text{Label}(i-1,j), \text{Label}(i,j+1), \\ \text{Label}(i,j+2), \text{Label}(i-1,j+3) \end{cases} \\ GA(\text{Label}(i,j)) = GA(\text{Label}(i,j)) + A(i,j) \\ XA(\text{Label}(i,j)) = XA(\text{Label}(i,j)) + j \times A(i,j) \\ YA(\text{Label}(i,j)) = YA(\text{Label}(i,j)) + i \times A(i,j) \end{cases}$$

采用上述的硬件提取模式,实现的星图提取效果如图 6 – 11 所示。

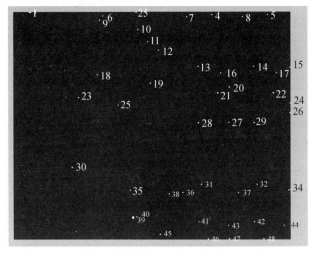

图 6 – 11　真实星图的提取效果

这种算法结构可以在普通的 FPGA 内直接实现,不需要额外的存储器和处理器。同时,这种算法可以实现集成和流水并行操作,实现星点信息实时提取,大大简化了后续计算,为星敏感器的一体化、小型化和单片化的研制奠定了基础。

6.4.4　星图识别算法的并行执行

星图识别算法通常在 DSP 或者 SoC 系统中的 CPU 下运行,而无论使用游程编码算法还是采用纯硬件算法进行星点信息提取,星点信息结果都是存储于 DPRAM(或 FPGA 的内部寄存器)中。利用 DPRAM 的上下半区的乒乓操作模式,当 FPGA 进行下一帧 APS CMOS 图像数据输出时,CPU 进行上一帧图像所得的星点信息的星图识别运算,同时保证星图识别时间小于 FPGA 进行图像数据的输出时间,这样通过 DPRAM 的上下半区,使得 CPU 内的星图识别算法和 FP-GA 内的星图处理算法并行执行。

6.5　本　章　小　结

本章主要针对传统星敏感器更新率低、初始捕获时间长的缺点,提出了 APS CMOS 星敏感器的星图获取、星图滤波、星点信息提取以及星图识别的并行处理方案。

利用 APS CMOS 感光探测器固有的 ERS 曝光模式,通过设置积分时间和读出时间一致,图像曝光和图像读出流水进行,使得最终图像输出帧时间等于图像曝光时间。

根据能量相关星图滤波器的对称性,将二维卷积运算转换为两层一维卷积运算,并进一步将其转换成流水线的硬件实现形式,使得其与像素的读出机制相同,从而实现星图读出与星图滤波流水进行。在整个过程中,滤波算法基本不占用时间。

针对实际星敏感器星图中星点信息少的特点,本章在基于 FPGA-DPRAM-DSP 的硬件结构和游程编码算法原理的基础上提出了流水结构的快速星点信息提取算法,将传统的游程编码算法进行改进。通过对有效信息进行编码,同时结合游程编码算法中的遍历运算和比较运算,将游程相关数据和星点有效数据直接进行提炼,进一步将其结构进行变换,使其与像素读出、滤波结构机制相匹配,从而在 FPGA 内实现其流水运算,将结果直接存储于内部寄存器或者 DPRAM 中。DSP 直接对游程相关数据和星点信息进行游程区域判断,从而实现星点区域以及质心位置确定。此种算法不存储整幅图像,只存储星点相关信息,使整个算法几乎不占用系统时间。

综上所述,星敏感器电子学系统利用 APS CMOS 星敏感器 ERS 图像曝光和读出模式、流水结构的能量相关滤波算法、实时背景阈值确定算法及基于 FPGA-DPRAM-DSP 的实时游程编码算法,实现星图获取和星图处理同时进行;利用 DPRAM 的乒乓操作模式在 DSP 和 FPGA 内实现星图处理和星图识别同时进行。此系统使星敏感器无论在全天初始捕获模式还是跟踪模式所需要的时间都仅仅为图像的积分时间,对于提升星敏感器的更新率具有重要作用。

第 7 章

APS CMOS 星敏感器的快速
星图识别方法

7.1 全天自主星图识别原理

7.1.1 概况

星图识别是指对星敏感器中观测到的星图和星表中导航星组成的星图,根据几何特征进行匹配,以确定观测星与导航星之间的对应关系。星图识别是星敏感器的一个核心工作,也是星敏感器相对于传统星相机等成像系统的一个重要区别。星图识别算法根据识别自主性分为星跟踪算法和自主识别算法等,根据有无初始姿态分为非自主星图识别算法和自主星图识别算法,根据识别区域分为局部星图识别算法和全天自主星图识别算法。非自主星图识别需要其他敏感器提供粗精度姿态信息,并根据此信息,计算出星图对应的局部天区,这大大减少了星图识别的导航星匹配数量,因而识别时间较短;在没有粗姿态信息提供时,需要进行全天自主星图识别,这主要发生在初始捕获或者姿态信息突然丢失阶段,识别过程不需要其他敏感器设备提供初始粗姿态,对于卫星的自主性、可靠性和微小型化都起到了重要作用,已经成为了当前星敏感器发展的主流。

目前,星敏感器的在轨工作通常包含两个工作模式,即初始姿态捕获模式和跟踪模式,对应的星图识别主要是全天自主星图识别算法和跟踪算法。在开机进入工作状态的初始时刻或者由于干扰等造成姿态丢失的情况下,星敏感器无任何先验信息,只能依靠星图进行全天自主星图识别。全天星图识别一般需要较长的星点提取、星图识别等时间,且具有相当高的和准确的识别率,以全天自主识别结果和姿态计算结果为基础进入星敏感器的跟踪模式,此时利用局部天区的星表和前一帧或几帧的的姿态及星点信息进行当前获取星图中星点预测提取并完成识别确认,实现姿态运算,原理方法相对于捕获模式相对简单容易。本章主要介绍全天自主的星图识别理论与方法,并重点介绍一种基于导航星域的快速星图识别算法,以及局部天区星表的建立模式以及跟踪模式下的星图识别方法,最后对星图识别方法进行了归纳和总结。

7.1.2 全天自主星图识别算法原理

如图 7-1 所示,理想的星敏感器成像模型可以视为针孔相机。星敏感器通过光学系统将天球坐标系上的导航星成像在探测器上,在进行星图处理和星点提取后,可以得到高精度的星点位置坐标信息和星点在探测器上的照度信息。在全天自主星图识别过程中,由于没有任何其他先验信息,因此在探测器上获得的星点位置和照度是仅有的可利用信息。

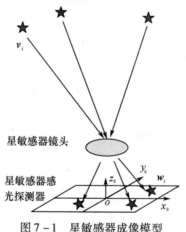

图 7-1 星敏感器成像模型

导航星在星表中有唯一的方向矢量,即

$$v_i = \begin{bmatrix} \cos\alpha_i\cos\delta_i \\ \sin\alpha_i\cos\delta_i \\ \sin\delta_i \end{bmatrix} \tag{7-1}$$

式中:α_i和δ_i为星表中第 i 颗星的赤经和赤纬;i 为星表中导航星的序号。

经过星敏感器成像后,导航星在星敏感器感光面上的坐标为(x_i,y_i),则对应成像的测量矢量表示为

$$w_i = \frac{1}{\sqrt{(x_i-x_0)^2+(y_i-y_0)^2+f^2}} \begin{bmatrix} -(x_i-x_0) \\ -(y_i-y_0) \\ f \end{bmatrix} \tag{7-2}$$

式中:f 为星敏感器的焦距;(x_0,y_0)为星敏感器的主光轴与像面的交点。这就是星敏感器的测量模型。当星敏感器处于某一姿态矩阵 A 时,理论上测量矢量 w_i

和方向矢量 v_i 的关系为

$$w_i = Av_i \qquad (7-3)$$

这样测量得到的序号为 i 和 j 的导航星对角距的余弦值为

$$\cos\alpha_{ij} = w_i^{\mathrm{T}}w_j = v_i^{\mathrm{T}}A^{\mathrm{T}}Av_j = v_i^{\mathrm{T}}v_j \qquad (7-4)$$

因为 A 是方向余弦矩阵,故 $A^{\mathrm{T}}A = I$。

在实际过程中,w_i, w_j 是存在误差的,实际测量得到的是估计值 $\hat{w}_i, \hat{w}_j$,有

$$\cos\alpha'_{ij} = \hat{w}_i\hat{w}_j \qquad (7-5)$$

星对角距识别法就是找到两颗星使得 $|\alpha_{ij} - \alpha'_{ij}| < \varepsilon$。

这是所有星图识别算法的基本理论依据。人们充分利用这一几何关系,并结合现代的科学技术手段,研究出了多种适应性很强的星图识别算法,即角距法和栅格法。两种算法在星表数据建立、成像星点筛选提取等方面都有所不同。

7.2　基于角距匹配的星图识别算法

基于角距匹配的星图识别算法,又称为角距法,是最经典的星图识别方法,利用探测器上星点的计算星对角距与理论星对角距之间的近似相等关系来实现。

7.2.1　导航星表的建立

经过大量的天文观测,给出每颗恒星的基本信息,得到一个数据库,称为主星表。其中,依巴谷(HIPPARCOS)星表是目前对星点位置测量精度较高的星表,精度在 $0.001'' \sim 0.002''$ 之间。现代的星表通常包含星体的丰富信息,实际上每个星敏感器只能探测一定星等范围的恒星,并且在工作时只能利用恒星非常少的一部分信息。这就需要根据具体的任务从主星表中筛选出星敏感器能够探测到的恒星,构成一个导航星表,用于确定星敏感器的姿态。根据星敏感器的探测能力,确定所能敏感到的导航星等,据此确定总的导航星数目,如:敏感星等为 5 等时,导航星数目约为 1600 颗;导航星等为 6 等时,导航星的数目约为 5000 颗。

通常按照以下原则筛选导航星。

(1)导航星在天球上的位置基本固定不变,因此只有恒星可以作为导航星,行星位置会随着时间发生变化,通常不能作为导航星;

(2)导航星必须是星敏感器所能敏感到的,即 $M_v \leqslant Mv_0$,Mv_0 是星敏感器工作时所敏感到的极限星等;

(3)导航星尽量不选择变星,对于稳定的敏感和探测,导航星的能量要求基本稳定;

(4)导航星与导航星之间的星对角距不能低于星敏感器所能分辨的角度

θ_{min},若两颗星之间的星对角距 $\theta < \theta_{min}$,就需要对双星进行能量和位置合并[4],构成新的导航星。

根据上面的原则,筛选并组合主星表中的恒星,提取相关信息,构成导航星表。导航星表主要包含此星在导航星表中的编号和空间方位坐标(赤经 α 和赤纬 β),为了方便计算,通常在星表内将星的方位信息存储成方向矢量的形式,即

$$\boldsymbol{v} = \begin{bmatrix} v_x, v_y, v_z \end{bmatrix}^T = \begin{bmatrix} \cos\alpha\cos\delta \\ \sin\alpha\cos\delta \\ \sin\delta \end{bmatrix} \qquad (7-6)$$

这样,在 $Mv_0 = 5.2$,$\theta_0 = 0.2°$的情况下,得到导航星的数目为 2400 颗,导航星表数据如表 7-1 所列。

表 7-1 导航星表数据

序号	v_x	v_y	v_z
1	-0.187455	0.939218	-0.287630
2	0.020890	0.991435	0.128918
3	-0.063223	0.602742	-0.795428
4	-0.373860	-0.312604	-0.873217
5	-0.783787	-0.526987	0.328577
⋮	⋮	⋮	⋮
2397	-0.703470	0.485359	0.519180
2398	-0.595090	-0.608276	0.525232
2399	0.028221	-0.804386	0.593437
2400	0.687555	0.322734	0.650470

导航星在全天球的分布情况如图 7-2 所示。

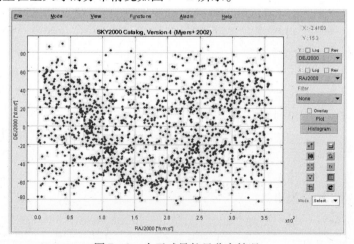

图 7-2 全天球导航星分布情况

7.2.2　星对角距查找表的建立

在使用星对角距进行星图识别过程中,为了保证识别的快速性,通常要建立星对角距查找表。星对角距查找表就是将星敏感器视场中可能存在的导航星,按照星对角距余弦值从小到大排列而建立的星对排列表。

(1) 计算出一颗星及与它在同一视场和星等范围内所有星的组合。其中,星对角距余弦值可以直接根据构成星对的两颗导航星 i 和 j 在导航表中方向矢量计算来得到,即

$$v_{ij} = \cos\theta_{ij} = \boldsymbol{v}_i \cdot \boldsymbol{v}_j = v_{xi}v_{xj} + v_{yi}v_{yj} + v_{zi}v_{zj} \tag{7-7}$$

$$Y = \left\{ \cdots\cos\theta_{ij}\cdots \right\}^{\mathrm{T}} \quad I_P = \left\{ \cdots i\cdots \right\}^{\mathrm{T}} \quad J_P = \left\{ \cdots j\cdots \right\}^{\mathrm{T}} \tag{7-8}$$

式中: Y 为角距余弦值从小到大排列; I_P 和 J_P 为与之对应的构成 $\cos\theta_{ij}$ 的导航星。

(2) 在给定的星敏感器视场和分辨率下,通常对靠得很近的两颗星(角度 $< \theta_{\min}$)和相距很远的两颗星(角度 $> \theta_{\max}$)不予以考虑。其中, $\theta_{\max}$ 受星敏感器视场的限制, $\theta_{\min}$ 受星敏感器对最小星对角距分辨率的限制。在星敏感器设计中,取 $\theta_{\max} = 20°$, $\theta_{\min} = 0.2°$,故 Y 的取值范围在 $\cos\theta_{\max}$ 和 $\cos\theta_{\min}$ 之间。

(3) 星敏感器所敏感的极限导航星等为 $Mv_0 = 5.2$,且在 $\theta_{\max} = 19°$, $\theta_{\min} = 0.2°$时,共有 84572 对导航星组合,将 Y 矢量的值按照由小到大的顺序排列,得到矢量和序号的关系如图 7-3 所示。

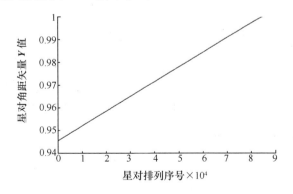

图 7-3　导航星对角距余弦矢量

按余弦值排列的星对查找表如表 7-2 所列。其中: k 为星对角距的序号,值为 1~84572; i 和 j 分别为导航星在导航星表中的编号; $\cos\theta_{ij}$ 为导航星对角距的余弦值。

表 7-2　按余弦值排列的星对查找表

序号 k	导航星 i	导航星 j	$\cos\theta_{ij}$
1	734	2042	0.9455187028
2	561	2211	0.945519534
3	1419	2219	0.9455198913
$\vdots$	$\vdots$	$\vdots$	$\vdots$
84571	2170	2308	0.9999933402
84572	997	1827	0.9999935176

7.2.3　星对的角距法搜索

在星敏感器的感光探测器上获得两颗导航星的测量矢量 $\hat{\boldsymbol{w}}_i$ 和 $\hat{\boldsymbol{w}}_j$，计算两颗导航星之间的星对角距余弦值为

$$\cos\hat{\theta}_{ij} = \hat{\boldsymbol{w}}_i \cdot \hat{\boldsymbol{w}}_j$$

由于星敏感器等成像误差，$\cos\hat{\theta}_{ij}$ 与实际的星对角距余弦值 $\cos\theta_{ij}$ 具有一个较小的差值 ε，即

$$\cos\hat{\theta}_{ij} - \varepsilon < \cos\theta_{ij} < \cos\hat{\theta}_{ij} + \varepsilon$$

如表 7-2 所列，根据星对查找表的余弦值 $\cos\theta_{ij}$，可以确定测量到的两颗导航星矢量 $\hat{\boldsymbol{w}}_i$ 和 $\hat{\boldsymbol{w}}_j$ 对应的范围，如图 7-4 所示。

通过上述方法可以找到组成矢量 $\hat{\boldsymbol{w}}_i$ 和 $\hat{\boldsymbol{w}}_j$ 的可能导航星组合为

$$\{I(k), J(k)\} \quad k = 3003 \sim 3023 \tag{7-9}$$

上述过程就是星对角距的星图识别的基本原理，但是通过两颗星只能确定可能的导航星对序列。为了保证星图识别的确定性，通常选择多颗导航星进行识别，根据选择方式和构型的不同，形成了三角形、多边形、极点等典型的星图识别方法。

7.2.4　三角形算法

三角形算法是最早使用的一种星图识别算法。星敏感器捕获到一定数量的星后，在像平面内确定三颗星，构建一个星三角形，作为一个观测三角形模式，如图 7-5 所示，三角形算法描述如下。

（1）在星敏感器拍摄到的星图中，经过星点提取后，按能量进行排序，选择其中最亮的 αk 颗星，这里 α 是一个加权值；

（2）在这 αk 颗星中选取离光轴最近的作为第一目标星 S_1；

（3）为了剔除双星或者相距太近的星对识别精度的影响，在大目标星一定

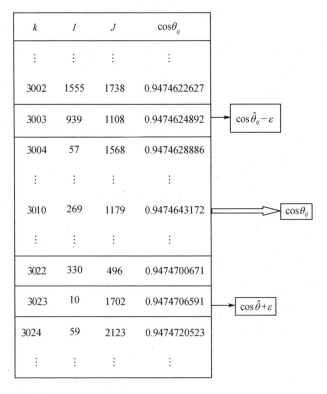

k	I	J	$\cos\theta_{ij}$
⋮	⋮	⋮	⋮
3002	1555	1738	0.9474622627
3003	939	1108	0.9474624892
3004	57	1568	0.9474628886
⋮	⋮	⋮	⋮
3010	269	1179	0.9474643172
⋮	⋮	⋮	⋮
3022	330	496	0.9474700671
3023	10	1702	0.9474706591
3024	59	2123	0.9474720523
⋮	⋮	⋮	⋮

图 7 – 4 根据星对角距测量值查找星对示意图

的半径环外,在视场中选取两颗最亮的星 S_2 和 S_3;

(4)将这三颗星按三角形几何关系排序:目标星 S_1,三角形三边逆时针方向的一条边上的星为 S_2,另一颗顺时针方向的一条边上的星为 S_3;

(5)分别计算星对 S_1S_2,S_1S_3 和 S_2S_3 之间的角距的余弦值,并按照 1 – 2,1 – 3,2 – 3 边排序;

(6)在星对查找表中,分别找出 S_1S_2,S_1S_3,S_2S_3 对应的可能导航星组合:$\{I(k_{12}),J(k_{12})\}$、$\{I(k_{13}),J(k_{13})\}$ 和 $\{I(k_{23}),J(k_{23})\}$;

(7)在 $\{I(k_{12}),J(k_{12})\}$、$\{I(k_{13}),J(k_{13})\}$ 找出相同的星 S_1,在 $\{I(k_{12}),J(k_{12})\}$、$\{I(k_{23}),J(k_{23})\}$ 找出相同的星 S_2,在 $\{I(k_{13}),J(k_{13})\}$、$\{I(k_{23}),J(k_{23})\}$ 找出相同的星 S_3;

(8)如果 S_1,S_2,S_3 是唯一的,则识别成功,否则重复上述步骤,构建另一个观测三角形,重新进行识别。

三角形算法用三角形模式作为识别基元,与其他星图识别算法相比,优点是:构建观测三角形比较简单;导航星数据库简单而且容易管理。但三角形算法也存在致命缺陷,那就是识别基元的特征维数比较低,在测量误差较大时,算法的识别正确率迅速降低。尽管已提出了不少改进的算法,如将两个具有公共边

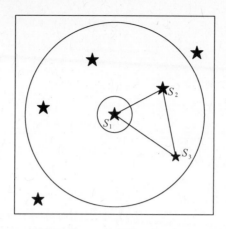

图 7 – 5　三角形算法原理图

的三角形组成一个四边形星图模式,但受特征维数的限制,较高的冗余匹配一直是三角形算法的一大致命缺陷。

7.2.5　多边形匹配法

多边形匹配法是 Gottlieb[87] 提出的,如图 7 – 6 所示。从视场内观测星 $\{S_k |k=1,2,\cdots,n\}$ 时,任意选取两颗星,在星敏感器坐标系下表示为 S_1 和 S_2,计算 S_1 和 S_2 之间的星对角距余弦值为

$$d_m^{12} = S_1 \cdot S_2 \tag{7-10}$$

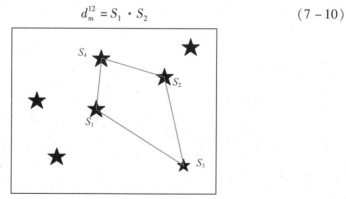

图 7 – 6　多边型匹配法原理图

在星对查找表中搜索所有导航星对 (i,j),使得星对角距余弦值 $\cos\theta_{ij}$ 满足

$$|\cos\theta_{ij} - d_m^{12}| < \varepsilon \tag{7-11}$$

这就意味着 (i,j) 与 $(1,2)$ 匹配,其中 ε 是星对角距匹配的允许误差。通常可以在导航星数据库中搜索多个满足上述条件的星对,在视场中选择第三颗星 S_3,计算第三颗星跟第一、二颗星的角距 d_m^{13}, d_m^{23}。在导航星数据库中搜索星 k,满足

$$|\cos\theta_{ik} - d_m^{13}| < \varepsilon \quad |\cos\theta_{jk} - d_m^{23}| < \varepsilon \tag{7-12}$$

或者

$$\left| \cos\theta_{jk} - d_m^{13} \right| < \varepsilon \quad \left| \cos\theta_{ik} - d_m^{23} \right| < \varepsilon \qquad (7-13)$$

如果在导航星数据库中有多个导航星 k 满足式(7-12)或式(7-13),则在视场中选择更多的星,重复上述过程,直到唯一匹配为止。识别时间随参与识别的观测星数目的增多而增加,但多边形匹配法总比同时匹配 n 颗星所耗费的时间少得多。

7.2.6　极点法

极点法(Pole Algorithm)要求视场内有较多的星[88-90],至少为 7 颗,如图 7-7 所示。假设视场内只有 7 颗观测星,选择其中的一颗 S_1 作为主星,计算 S_1 与其余 6 颗星之间的星对角距余弦值 $d_m^{12},d_m^{13},d_m^{14},d_m^{15},d_m^{16},d_m^{17}$。

在星对查找表中,分别搜索与 $d_m^{1k}(k=2,3,4,5,6,7)$ 匹配的星对 (i,j),使星对角距余弦值满足

$$\left| \cos\theta_{ij} - d_m^{1k} \right| < \varepsilon \qquad (7-14)$$

式中: ε 为星对角距的阈值; d^{ij} 为导航星数据库星对角距余弦值。对于每一个观测星对角距余弦值 $d_m^{1k}(k=2,3,\cdots,7)$,都可以得到导航星对集合 $E_{1m}(m=2,3,\cdots,7)$,对应的导航星则是这些集合的交集 $\underset{m}{\cap} E_{1m}$。重复上述过程,以 $S_2 \sim S_7$ 为主星,得到相应的星对组合交集。如果能得到只含有一个元素的交集,则识别成功,即可求出星敏感器相对于惯性空间的姿态。

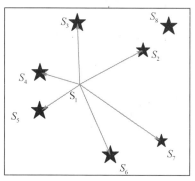

图 7-7　极点法原理图

7.2.7　角距法总结

角距法是星敏感器星图识别算法中最为普遍的、也是应用较早的一种算法,其原理是天球坐标系统的导航星之间的理想夹角与实际投射到星敏感器坐标系统的测量角距基本相等。角距法具有使用导航星数目少、数据库小等特点,其识别过程主要包含两个步骤。

（1）根据在星敏感器坐标系中计算出的星对角距，在星对角距查找表中找出可能的导航星对；

（2）根据多组星对角距之间的几何关系，找出每颗星对应的导航星。

根据天球分布关系和星对的几何知识，当视场中获取的导航星数目大于或等于 4 时，即可完成准确的星图识别。

7.3　基于栅格坐标匹配的星图识别算法

基于栅格坐标匹配的星图识别算法，又称为栅格法，是美国加州理工大学 JPL 实验室 C. Padgett 于 1997 年提出的一种算法[91]。这种算法与三角形等角距法在思路上有根本的不同，它并不将问题处理为几何体的同构问题，而是处理为平面图形的识别问题，使得它具有一定的代表性。栅格法可以一次识别出多颗导航星，识别过程的鲁棒性等效果较好，对成像误差敏感性低，在航天领域中应用广泛。本节将从栅格识别原理、数据库建立、星点坐标变换、匹配模式等方面来阐述此方法。

7.3.1　栅格法星图识别的原理

星敏感器的成像系统在感光探测器上得到导航星 $s_i(i=1,2,\cdots,n)$ 的坐标为 (x_i,y_i)，假定对应的天球坐标系下的矢量为 v_i，星敏感器的焦距为 f，则导航星在星敏感器上的测量矢量 w_i 为

$$w_i = \frac{1}{\sqrt{x_i^2 + y_i^2 + f^2}}\begin{bmatrix} x_i \\ y_i \\ -f \end{bmatrix} \tag{7-15}$$

根据星敏感器的成像原理，有

$$w_i = Av_i \tag{7-16}$$

$$A = \begin{bmatrix} A_1 \\ A_2 \\ A_3 \end{bmatrix} \tag{7-17}$$

式中：A 为姿态矩阵。在星敏感器的坐标系下，可得

$$\begin{bmatrix} x_i \\ y_i \end{bmatrix} = \begin{bmatrix} -f\dfrac{A_1 v_i}{A_3 v_i} \\ -f\dfrac{A_2 v_i}{A_3 v_i} \end{bmatrix} \tag{7-18}$$

在不同的姿态矩阵下，同一星点在星敏感器坐标下的星点坐标位置不同，得到的二维图像随姿态的变化而发生变化，如图 7-8(a)所示。栅格法星图识别

的主要过程就是将上述随着姿态变化的星图通过某种转换形成某固定姿态下的星图。

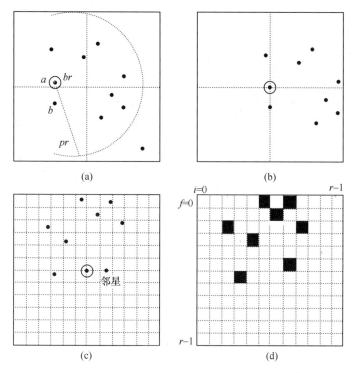

图 7-8　栅格法星图识别原理

如图 7-8(a)所示,在视场中接近视场中心找到一颗亮星 a ,并以此亮星作为星敏感器的光轴指向方向,即亮星处于视场中心,如图 7-8(b)所示。以此亮星为原点,与此亮星间隔一段较近距离的亮星 b 为坐标 x 轴,对视场中的星点进行星点位置的旋转变换,得到新的星点分布图如图 7-8(c)所示。根据图像传感器的栅格划分原则,对有星点落入的栅格设置为 1,其他位置栅格设置为 0,得到以亮星 a 为原点、以亮星 b 为 x 轴正方向的星点栅格图像,如图 7-8(d)所示,此图像也是与姿态矩阵无关的。因此,只要建立亮星及与之相关的栅格数据库,即可实现星图识别。

7.3.2　栅格数据库的建立

栅格法的关键是确定亮星 a 和亮星 b ,即以 a 为原点以 ab 为 x 轴的星图栅格,为此在数据库中要建立每颗导航星 a 以及附近的导航星 b 的数据库,建立过程如下。

(1)对于某一导航星 S_1 ,以导航星所在位置为中心,以视场半角 ω_0 为星对角距半径,在观测视场中搜索其他被包含在圆内的导航星,并以 S_1 为星敏感器的光轴指向,将导航星投影到星敏感器的坐标系中。

(2)在上述圆形成像视场中,搜索与 S_1 的平面距离不小于 br 且与 S_1 距离最近的星 S_2 作为参考星,然后以 S_1 为原点, S_1S_2 为 x 轴正方向,建立一新的坐标系。相应地,视场内所有星得到了一组新的坐标。

这一过程实际上是一个平面坐标系的旋转变换过程,如图 7 – 9 所示。旋转前, S_1 的坐标为 $(0,0)$, S_2 的坐标为 (x_2,y_2) ,其余星 S_i 的坐标为 (x_i,y_i) 。旋转后, S_1 的坐标仍为 $(0,0)$, S_2 的坐标变为 $\left(\sqrt{x_2^2+y_2^2},0 \right)$,其余星 S_i 的坐标为

$$(x_i',y_i')=(x_i,y_i)\begin{pmatrix} \cos\theta & -\sin\theta \\ \sin\theta & \cos\theta \end{pmatrix} \tag{7 – 19}$$

式中: $\theta=\arctan(y_2/x_2)$ 。旋转前后的典型星图如图 7 – 10 所示。

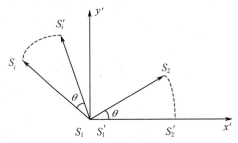

图 7 – 9 导航星坐标建立原理图

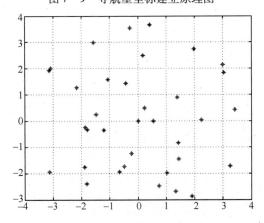

图 7 – 10 星点旋转变换示意图

(注:红色表示旋转前星图,蓝色表示旋转后星图)

这里 br 的作用有:一是排除双星的干扰;二是使得 S_1 , S_2 间有一定的距离,保证变换的计算精度。

(3)在旋转后的坐标系下,将 $-pr<x<pr$, $-pr<y<pr$ 区域划分为 $g\times g$ 的网格,第 i 行第 j 列的方格对应的编号为

$$g\_num=(i-1)\times g+j \tag{7 – 20}$$

此时 S_i 会零散分布于一些方格中,将全部有 S_i 的方格的编号记录下来,由小到大排列,组成一个一维矢量,称为星 S_1 的模式矢量。

(4)对导航星库中所有的星进行(1)~(3)的操作,得到每颗星的模式矢量。将这些模式矢量按编号排在一起,就是栅格法的搜索模式数据库。

由于每颗星与视场中邻星的格数不同,所以每颗星的模式矢量的长度也不一样,少则只有几列,多则可达一二百列或更多。为保证数据库矩阵的整齐,矩阵中缺数的地方补 0,而 80 列以后的数直接截断,得到一个大小为 4000 × 80 的矩阵(假定导航星数目为 4000),如表 7-3 所列,每行的行号就是恒星的编号,恒星编号本身并不出现在数据库中。每行的数字代表该星的邻星所占格子的编号,完整的一行代表该星的模式矢量。

表 7-3　栅格数据库表

(第1行)	6236	4068	2649	2861	7239	…	0
(第2行)	3563	2834	3270	2059	1662	…	1342
(第3行)	5881	6579	9149	762	793	…	0
(第4行)	3555	3255	3459	3156	6758	…0	
…	…	…	…	…	…	…	…
(第4000行)	5935	2947	7650	6226	5320	…	0

7.3.3　栅格法识别过程

对于未经处理的原始星图数据,星点的分布是完全没有章法的,需要对读取的星图进行与建立模式数据库相似的变换操作,使得待识别星图中的恒星模式能够与数据库中的恒星模式做直接比较。

1)星点坐标变换

与建立数据库时不同,绝大多数随机星图的原点处并没有恒星。因此,首先需要计算视场中所有星到原点的距离,选择距离原点最近的星作为主星,将坐标系平移,使得主星移到原点处;然后再重新计算除主星外的所有星到原点(主星)的距离 R,筛除掉 $R < br$ 以及 $R > pr$ 的邻星;而后在剩余的邻星中选择离主星最近的一颗作为辅星,计算辅星到 x 轴的角度 θ;最后将坐标系绕原点旋转 θ。

这一过程就是平面坐标系的一般变换。设主星坐标为 (x_0, y_0),变换前主星的邻星坐标为 (x_i, y_i),变换后邻星的坐标为 (x_i', y_i'),根据平面坐标的一般变换公式,有

$$(x_i', y_i') = (x_i - y_0, y_i - y_0)\begin{pmatrix} \cos\theta & -\sin\theta \\ \sin\theta & \cos\theta \end{pmatrix}$$

这样就将原本散乱的原始星图,转化为建立星数据库时一样的模式。

2）网格划分

与建立数据库时一样,如划分 $g \times g$ 的网格,每个格的边长 g_size $=2 \times pr/g$,坐标为(x,y)的邻星的行数 m 和列数 n 为

$$\begin{cases} m = \text{floor}(x + pr)/\text{g\_size} \\ n = \text{floor}(y + pr)/\text{g\_size} \end{cases} \quad (7-21)$$

式中:floor 为向下取整函数。

需要说明的是,栅格行和列的方向必须和建立数据库时规定的方向一致。例如,行号自下往上递增,列号自左往右递增,如图 7-11 所示。

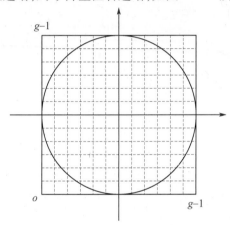

图 7-11　栅格的划分原理

用式(7-21)计算每个邻星对应的格号,组成一个与数据库中模式矢量的内容、格式相同的矢量,称为观测矢量。

3）模式匹配

观测矢量与模式矢量一般不同,不能直接搜索匹配。原因有:①由于位置误差的存在,邻星可能落在错误的格子上;②由于坐标变换过程的误差,使得邻星可能落在错误的格子上;③由于观测到的主星不在原点位置,处在较远处的邻星有可能位于观测视场之外,这样观测矢量将比模式矢量缺少一些元素(如图 7-12 所示),称为"边缘丢失";④由于观测图像中有可能出现"伪星"或者本应出现的星消失,这种情况同样会引起观测矢量元素个数的增加或减少。为此,一般采用以下方法进行模式匹配[18]。

如图 7-13 所示,假设搜索出的观测矢量为$(14,29,49,\cdots)$,代表在当前观测到的主星的栅格图中,第 14,29,49,⋯号格子有星落入。在模式矢量数据库中,寻找值为 14 的元素,记录其所在行数,组成一个矢量$(1,66,77,\cdots)$。这个矢量的意义是:如果 14 号格子有星落入,则当前观测到的主星有可能为 1,66,77,⋯。同理,对观测矢量中的 29,49 等进行类似的搜索,得到若干可能观测主星的矢量。在得到的所有矢量中,对可能观测主星的出现次数进行计数,出现次

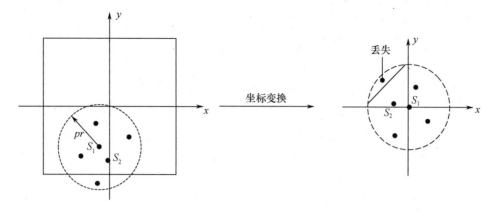

图 7 - 12 栅格的坐标变换示意图

数最高的就是当前观测的主星。

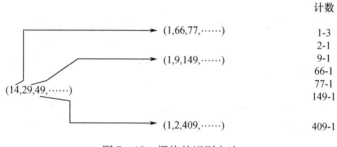

图 7 - 13 栅格的识别方法

在实际操作中,通常设一阈值,当最高出现次数超过此阈值时,则匹配成功,否则匹配失败。另外,当有若干并列次数最高的情况出现时,则匹配失败。

(1)从导航星表中取出第 i 颗星作为主星,并找到与之相邻的最近一颗星 j 作为基准星。

(2)以主星 i 为中心,以星敏感器视场半角为半径,在天球上画圆,从导航星表中取出所有落在这个范围内的导航星。

(3)以主星 i 与基准星 j 的连线作为参考矢量,按照一定规则对导航星进行坐标变换。将坐标变换后的导航星填入网格之中,用导航星所处网格的行号和列号来描述导航星的位置,由此得到一个关于导航星位置的稀疏矩阵,作为第 i 颗星的导航模式并存储。

(4)以星敏感器视场中心附近的亮度较高的第 m 颗观测星作为主星,并找到与之最近的观测星 n 作为基准星。

(5)以主星 m 与基准星 n 的连线作为参考矢量,按照一定规则对观测星进行坐标变换。将坐标变换后的观测星填入同样的网格之中,也得到一个关于导航星位置的稀疏矩阵,作为第 m 颗观测星的观测模式。

（6）将观测模式与数据库中存储的所有导航模式逐一进行对比，以最为接近的一个导航模式作为识别结果。

4）优缺点比较

栅格法有着明显的优点，主要包括：存储量很小；识别速度快；对星敏感器测量误差不敏感。但栅格法的缺点也同样明显。

（1）识别算法过于依赖基准星。观测模式的生成完全依赖坐标变换，而坐标变换完全取决于所提取基准星的坐标。如果基准星提取失败或者选择有误，都将导致生成的观测模式错误，最终使匹配失败或发生误匹配。特别是在目前导航星表与观测星总集一致性问题没有得到解决的情况下，这种错误极有可能出现。

（2）识别成功概率依赖于观测星数。观测模式的唯一性取决于观测星的数量。如果观测星数较少，则观测模式的唯一性降低。尽管算法能容忍较大的测量误差，但此时发生误识别的概率大大增加。

7.3.4 栅格法的理论分析

利用栅格法进行星图识别，不像角距法一样存在着严格的理论推导，但两者在计算过程快速性和简单性等方面存在着一定的理论近似。相关文献一般只给出基本的计算过程，而没有对具体的计算过程进行理论推导，在极端情况下可能会出现问题，因此本节给出了栅格法进行星图识别的理论分析。

1）传统栅格法的平移变换 + 平面旋转理论

在星图识别过程中，栅格法对获取星图的直接平移变换（见图 7 - 8）的过程是存在理论近似的，变换后的星图与真实的光轴指向亮星 a 的星图是有误差的，误差的大小与星点 a 距离图像中心直接相关。

星敏感器的成像模型如图 7 - 14 所示。

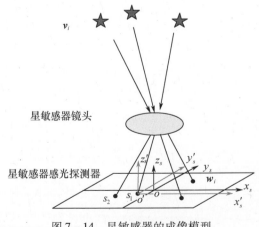

图 7 - 14 星敏感器的成像模型

假定在星敏感器坐标系下的成像点 S_1 的坐标为 (x_1, y_1)，在进行栅格算法的平移变换过程中，以 S_1 为原点，建立平行于 $Ox_sy_sz_s$ 的坐标系 $O'x_s'y_s'z_s'$。传统的星图识别算法直接将所有的星点平移到以 S_1 为原点的新坐标中，即将所有的星点坐标增加一个偏移量 $(-x_1, -y_1)$，这种变换模式是非正交变换，产生的误差与 S_2 点的偏移量有关。

2）基于正交矩阵变换的栅格算法

在星敏感器的实际成像模型中，要使成像点 S_1 位于探测器的坐标原点，则星敏感器的探测器与 $\boldsymbol{S}_1$ 矢量垂直。以成像模型中的光学镜头中心为坐标原点，则 $\boldsymbol{S}_1$ 的矢量方向为 $(x_1, y_1, -f)^{\mathrm{T}}$，即新的坐标系统的 $-z$ 轴矢量方向，因此新的坐标系的 $\boldsymbol{v}_z$ 单位矢量为

$$\boldsymbol{v}_z = \frac{\boldsymbol{s}_1}{\parallel \boldsymbol{s}_1 \parallel} = \frac{1}{\sqrt{x_1^2 + y_1^2 + f^2}}\begin{bmatrix} -x_1 \\ -y_1 \\ f \end{bmatrix}$$

假定在探测器上的成像点 S_2 的坐标为 (x_2, y_2)，对应的矢量方向为 $(x_2, y_2, -f)^{\mathrm{T}}$。在栅格导航星数据库的坐标变换中，如果以 S_2 和 S_1 的连线表示新的 x 轴，则新 x 轴在矢量 $\boldsymbol{S}_2$ 和 $\boldsymbol{S}_1$ 所构成的平面内，y 轴垂直于此平面，故可以确定 y 轴的单位矢量 $\boldsymbol{v}_y$ 为 $\boldsymbol{S}_1$ 的单位叉乘 $\boldsymbol{S}_2$ 的单位矢量，即

$$\boldsymbol{v}_y = \frac{\boldsymbol{S}_1 \times \boldsymbol{S}_2}{\parallel \boldsymbol{S}_1 \parallel \parallel \boldsymbol{S}_2 \parallel}$$

则新坐标系的 $\boldsymbol{v}_x$ 可表示为

$$\boldsymbol{v}_x = \boldsymbol{v}_y \times \boldsymbol{v}_z$$

这样就建立了新的坐标系变换关系，可得将原来的坐标变换到新的坐标系下的转换矩阵 $\boldsymbol{A}_0$，即

$$\boldsymbol{A}_0 = \begin{bmatrix} \boldsymbol{v}_x & \boldsymbol{v}_y & \boldsymbol{v}_z \end{bmatrix}^{\mathrm{T}}$$

这样，利用 $\boldsymbol{A}_0$ 将原坐标系下得到所有星点矢量 $\boldsymbol{w}_i$ 变换得到新的坐标系的 $\boldsymbol{w}_i'$，即

$$\boldsymbol{w}_i' = \boldsymbol{A}_0\boldsymbol{w}_i = \boldsymbol{A}_0\boldsymbol{A}\boldsymbol{v}_i = \boldsymbol{A}'\boldsymbol{v}_i$$

此时，按照原来的变换关系，根据焦距 f 计算得出所有的星点在新坐标系下的坐标 (x_i', y_i')，再进行后续的栅格变换。此变换过程属于正交变换，相当于将星敏感器成像时刻的姿态矩阵 $\boldsymbol{A}$ 乘以一个正交矩阵 $\boldsymbol{A}_0$ 构成新的姿态矩阵 $\boldsymbol{A}'$，使星点 S_1 成像在星敏感器的探测器中心，S_2 成像在 x 轴上，此时得到的栅格点与理论栅格点完全一致。

3）算法的比较与分析

对于传统的基于平移加旋转变换的方法，位置点的精度与所选择的中心点 S_1 和探测器中心（坐标原点）之间的距离有关。假定星点 S_1 和 S_2 都处于 x 轴

上,坐标分别为 x_1 和 x_2,如图 7 - 15 所示。

在图 7 - 15 中,β_0 表示星点矢量 S_1 和 S_2 之间的夹角,β 表示星点 S_1 与光轴的夹角。在经过平移变换后,星点在探测器上的距离不变,即 S_2 在探测器上 x 轴的坐标为 $x_2 - x_1$。根据几何关系,可知

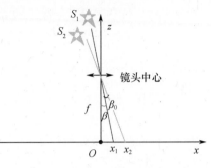

$$x_2 = f \cdot \tan(\beta_0 + \beta)$$

$$x_1 = f \cdot \tan\beta$$

图 7 - 15 算法误差分析图

而正交矩阵变换后,星点矢量 S_1 和 S_2 之间的夹角 β_0 不变,即 S_2 点在探测器上 x 轴的坐标为 $f \cdot \tan\beta_0$,则两种算法的坐标差为

$$\Delta = f \cdot \tan(\beta_0 + \beta) - f \cdot \tan\beta - f \cdot \tan\beta_0$$

假定焦距 f 为 50mm,β 为 0° ~ 4°,β_0 为 1° ~ 8°,则产生的位置误差如图 7 - 16 所示。

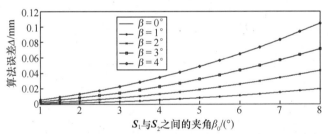

图 7 - 16 利用平移法进行变换时所带来的位置误差

采用直接栅格平移变换方法所产生的误差随星点 S_1 矢量与光轴的夹角增加而变大。在夹角小于 4°时,在全视场内所产生的偏差小于 0.10 mm,约为 0.1146°,近似为视场角的 1/100,一般认为在栅格算法的允许误差之内,故此种算法只适用于选择星点 S_1 矢量与光轴夹角较小的情形。而采用基于正交矩阵变换的方法则不受上述影响。

7.3.5 基于极坐标的栅格法

1) 极坐标栅格的基本原理

对于传统的栅格方法,首先选择星点 S_1 和 S_2,通过坐标变换或者矩阵正交变换使得 S_1 位于原点,S_2 位于 x 轴上,然后进行匹配识别。但是,由于 S_2 的选择准确率较低,往往会造成匹配失败。如果在导航星栅格表中不选择 S_2 作为 x 轴,而是以任意方向为 x 轴,需要记录另外一个信息量 θ,如图 7 - 17 所示。

为了摆脱 S_2 星的干扰,人们提出了极坐标下的栅格划分方法,如:张广军教授等提出将像平面划分为径向与环向栅格[92];Schwartz 提出基于 log-Polar 变换[93]的栅格划分方法。这些划分方法的基本原理都是以 S_1 星为基础,将系统划分成为径向 r 栅格(实质上是星对角距)和角度 θ 栅格两种,如图 7 – 17 所示。为了区分 C. Padgett 所提出的基于直角坐标系下的栅格法,故将此方法称为极坐标栅格法。

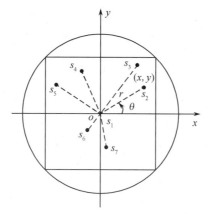

图 7 – 17　直角坐标系星点坐标到极坐标系变换示意图

这样将平面坐标系下的星点坐标 (x,y) 转换到极坐标系下为 (r,θ),变换关系为

$$r = \sqrt{x^2 + y^2}$$

$$\theta = \begin{cases} \arccos\left(\dfrac{x}{r}\right) & y > 0 \\ 2\pi - \arccos\left(\dfrac{x}{r}\right) & y < 0 \end{cases} \qquad (7 - 22)$$

当选定主星 S_1 后,通过正交的矩阵变换,可获得感光探测器上每个星点的极坐标矢量,按照矢径 r 从小到大排列,可得 $S_2 \sim S_n$ 的极坐标栅格矢量,即

$$S_i = (r_i, \theta_i) \qquad (7 - 23)$$

式中:$i = 2 \sim n$。

在传统的直角坐标系栅格算法中,以 $S_1 S_2$ 为 x 轴,相当于将所有的 S_i 矢量按照顺时针旋转 θ_2 角且保持矢径 r_i 不变,即

$$S_i = (r_i, \mathrm{mod}(\theta_i - \theta_2, 360)) \qquad (7 - 24)$$

式中:$i = 2 \sim n$;mod 为取余数运算,保证变换后的角度在 $[0,360)$ 之间。

同样,可以取 $S_2 \sim S_n$ 中的任意一点作为 x 轴,将式(7 – 24)进行适应性变换,即可消除传统栅格法中栅格星表对 S_2 点的依赖。同时,可以看出无论角度旋转如何变化,矢径信息 r_i 始终保持不变。

2）极坐标栅格的划分

如果以星点的均匀分布为基础,需要对图像敏感区域进行等面积划分,划分方法如图 7 - 18 所示。

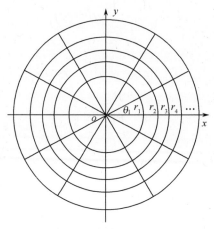

图 7 - 18　极坐标网格划分

为了保证每个小的区域面积相等,将角度方向划为 n 等份,则有

$$\theta_1 = \frac{360}{n}$$

而矢径方向的划分为

$$\pi r_1^2 = \pi r_2^2 - \pi r_1^2$$
$$\pi r_1^2 = \pi r_3^2 - \pi r_2^2$$
$$\pi r_1^2 = \pi r_4^2 - \pi r_3^2$$
$$\vdots$$

由此可得

$$r_2 = \sqrt{2}\, r_1$$
$$r_2 = \sqrt{3}\, r_1$$
$$r_3 = \sqrt{4}\, r_1$$
$$\vdots$$

对于每颗导航星,建立矢径栅格表 RT,由于矢径是一维矢量,所以栅格尺寸 g 比较小,通常在 200～300 个。和直角坐标栅格的处理方法类似,将栅格内存在数据的区域置为 1,其他的区域置为 0。由于采用矢径的方法,在一个矢径栅格内存在着多颗导航星,即导航星角度 θ 不同,因此当栅格内存在导航星时,应该填写导航星的个数 n,而不是原来的栅格数据 1。当然,如果只保留矢径信息 r,则会丢失星点之间的角度信息 θ。为了全面准确地完成识别,需要建立与矢径栅格表 RT 相对应的辅助角度表格 θT。因为视场内通常不超过 20 颗星,假设 θT 中的每一行不超过 20 个 θ 数值,θ 以 1°为最小栅格单位,即 $\theta \in$

[0,359]。

通过上述变换,实际上获得了两个栅格表,即矢径栅格 RT 和对应的角度栅格 θT,故在比对过程中可以采用先进行矢径栅格比较再进行角度栅格校验的方法。

3) 极坐标的星图识别

以星表中的每颗星为原点,计算视场内每颗星与之对应的星对角距,即图 7-18 的矢径 r_i,按照大小对视场内的星进行排序,并按照极坐标划分规则,建立矢径栅格 RT 和对应的角度栅格 θT。

同样,将当前的星图建立栅格表 RT_c,将 RT_c 与 RT 的每个导航星进行按位的逻辑与操作,然后进行按位累加,有

$$\text{prob}(j) = \sum_{j=1}^{g} RT_c \& RT(j)$$

当 $\text{prob}(j)$ 值大于某一设定值时,可以认为系统识别正确。经过矢径表格的删选后,会有多个星满足条件,此时再采用角度栅格 θT 进行验证,以确保识别的唯一性。

7.4　基于导航星域的快速星图识别算法

角距法和栅格法是主要的两种星图识别算法,目前在轨应用的星敏感器大部分都采用这两种方法或者这两种方法的改进方法。本节简要分析角距法和栅格法在识别原理、快速性、鲁棒性以及存储容量等方面的特点,并针对应用过程中面临的主要问题,给出了几种关键技术。无论是栅格法还是角距法,其中的一个关键问题就是多组数据的反复比较,来找到最佳的比较值。本书在归纳总结了多种算法后,提出了导航星域的概念,并将导航星域与角距法相结合,提出了基于导航星域的快速星图识别算法,识别速度显著提高。

7.4.1　星图识别方法的现状与问题

1) 识别原理

为了减少数据量,栅格法一般是将图像进行大的栅格划分,划分精度在 10×10 像素左右,故单星点的位置精度较低,但在识别过程中一次利用了视场内所有星点的相对位置信息,故当视场中星数目较多时具有一定的优势;对于角距法,每颗星的精度较高,但是在识别过程中通常利用几颗星或者部分相对位置信息,在视场内星数目较少时具有优势。Mortari 等已经证明当视场内存在 4 颗导航星时,采用角距法可以保证准确的星图识别。栅格法对单星点的位置要求低,但是需要视场内具有多颗导航星;而角距法对星点的位置精度要求高,但是需要视场内所包含的导航星数目较少。两种识别方法对星点信息的利用方式不同,

所强调的内容有所区别,在应用上略有不同,通常都可以保证星图识别的准确性。

2) 算法的快速性分析

角距法可以只利用 4 颗星完成星图识别,识别算法主要包括按照角距查找备选导航星和导航星间相互匹配实现 4 颗星准确识别两个步骤。而栅格法的主要运算过程是确定 S_1 和 S_2 及每颗星的栅格坐标后,对整个栅格数据库进行二值的相关匹配,选出最大值。栅格法使用的导航星数据库的星点数目较多,匹配过程相对也比较复杂。现在绝大多数研究人员对星图识别的改进算法主要集中于此。

3) 算法的鲁棒性分析

星图识别算法的鲁棒性主要体现在对干扰星的分析上。在星敏感器的成像过程中出现干扰星是必然的。角距法一般选择 4 颗星进行星图识别,只要 4 颗星中存在干扰星,就不能保证星图识别的鲁棒性,需要重新选择其他星再进行识别,对星图识别来说 4 颗星的权重是相同的。而栅格法主要是选择坐标原点 S_1 和坐标系 x 轴上的 S_2,只要有干扰星,就无法完成星图识别;同时,位于坐标系 x 轴上的 S_2 即使不是干扰星,视场内的其他星也无法完成星图识别。因此,栅格算法中 S_1 和 S_2 的选择也是此类星图识别算法的一个重点。

4) 存储星表数据容量

星图识别算法的数据库通常包含导航星表数据库和全天星图识别辅助数据库两种,前者比后者要小很多。因此,星敏感器的存储星表数据容量主要是指全天星图识别辅助数据库的容量。角距法星图识别存储的数据主要是星对角距数据,以 5.2 等星、视场角为 20° 为例,星对角距约为 50000 对,每对导航星需要的存储数据容量在 4B 左右,因此整个视场需要的存储数据容量大概为 200kB;栅格法数据库的导航星数目略多于角距法,仍以 5.2 等星为例,假设每颗星的栅格数据库占 100B,则总的存储容量大概为 300kB。因此,两种算法在容量上其实相差不大,都约在几十万字节。

近些年,在角距法中陆续提出了改进三角形的快速星图识别算法[94]、k 矢量算法[37]等,核心都是在导航星对表中快速找到备选导航星。相对于各种搜索方法,k 矢量利用映射查表,直接通过一次计算就可以获得备选的导航星对。Mortari 等根据 k 矢量的方法重新对多边形算法、极点法进行规划,得出了金字塔算法(Pyramid)[95,96]以及无搜索算法(Search-less)等,这些算法尽管解决了星对快速定位问题,但是通过星对比较求交集的解决方案一直还是传统的比较搜索法。本节提出了基于导航星域的星图识别方法[97],显著提高了备选导航星对之间的匹配速度,并结合 k 矢量的备选导航星筛选法及 APS CMOS 星敏感器的软硬件实现模式,可以显著提高星图识别速度。

7.4.2　k 矢量(k-vector) 介绍

在角距法中,为了快速实现从给定的星对角距到构成此星对角距的备选导航星的定位,Mortari 等提出了 k 矢量的概念[18,37]。所谓的 k 矢量方法就是一种快速的查表法,即在递增的有限离散数据域内通过一次计算直接定位出备选星对,相对于传统的遍历比较或者迭代比较法等筛选法具有更快的星图识别速度。

对于长度为 n 的矢量 y,所有的元素 $y(i)$ 在区间 $[y_a, y_b]$($y_a < y_b$),用于查找和定位其中的某些元素。数学上最常用的是二分搜索法(Binary Search Technique,BST),通过迭代逐次逼近来获取最终的结果。这种方法一般需要 $2\log_2 n$ 次比较,运算时间相对较长。如果以一线性函数为基础,将 $y(i)$ 做成一个查找表,计算过程将显著简化。

y 是一个长度为 $n(n \geq 1)$ 的矢量,矢量 s 是将矢量 y 按元素大小升序排列而得的一个新的矢量,即 $s(i) \leq s(i+1)$,$i \leq (n-1)$。这意味着 $y(I(i)) = s(i)$,其中 I 是一个长度为 n、和排序对应的整数矢量,$i = 1 - n$,且有 $y_{\min} = \min_i y(i) = s(1)$,$y_{\max} = \max_i y(i) = s(n)$。

连接两个端点 $(1, y_{\min})$ 和 $(n, y_{\max})$,其中有 $n-1$ 个间隔,平均每个间隔的 y 值变化为 $d = (y_{\max} - y_{\min})/(n-1)$,平均每个间隔含有的数据个数为 $E_0 = n/(n-1)$。由于计算等误差的干扰,为了充分包含住两个端点,则需使这条直线稍微倾斜,并通过两端点 $(1, y_{\min} - \xi)$ 和 $(n, y_{\max} + \xi)$,其中 $\xi = \varepsilon \max[|y_{\min}|, |y_{\max}|]$,$\varepsilon$ 为计算精度。假定 $k(1) = 0$,且 $k(n) = n$,直线方程可以写为

$$z(x) = mx + q \tag{7-25}$$

$$m = \frac{y_{\max} - y_{\min} + 2\xi}{n-1}$$

$$q = y_{\min} - m - \xi$$

令 $k(1) = 0$,$k(n) = n$,整数矢量 k 形成规则为

$$k(i) = j \quad s(j) \leq z(i) \leq s(j+1)$$

式中:序号 i 为 2 到 $n-1$。

k 矢量的物理意义在于:k 矢量中的第 i 个元素表示矢量 y 中小于 $a_1 i + a_0$ 值的数目,即有 $k(i)$ 个值小于 $a_1 i + a_0$。为了使得 k 矢量的说明更加清晰,下面举一个例子,$n = 10$,黑色的星号代表 y 矢量中的实际值,加号代表直线上的值,即 $a_1 i + a_0$。计算得到 k 矢量的值为 0,2,2,3,4,5,5,6,8,10。

一旦 k 矢量建好,即可以估计任意 y 区间的一段范围 $[y_{a0}, y_{b0}]$ 所对应的 k 矢量为

$$j_b = \left\lfloor \frac{y_{a0} - q}{m} \right\rfloor \quad j_t = \left\lceil \frac{y_{b0} - q}{m} \right\rceil$$

式中:函数 $\lfloor x \rfloor$ 为小于 x 的最大整数;函数 $\lceil x \rceil$ 为大于 x 的最小整数。当计算

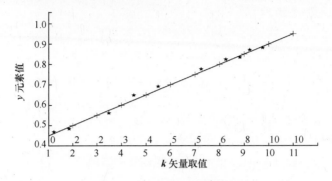

图 7 - 19 k 矢量生成示意图

得到 j_b 和 j_t 后,即可以计算得到 k 矢量查找表中序号,即

$$k_{\text{start}} = k(j_b) + 1$$
$$k_{\text{end}} = k(j_t)$$

从上面的分析可以看出,在进行范围判断时只需要计算出 k_{start} 和 k_{end}。下面阐述其在星图识别中的应用。

7.4.3   星对角距的 k 矢量和 k 矢量查找表

如7.2.2 节所述,将星对角距余弦值从小到大排列,构成星对角距查找表,如表7 - 4 所列。

表 7 - 4   按余弦值排列的星对查找表

序号 k	导航星 i	导航星 j	$\cos\theta_{ij}$
1	734	2042	0.9455187028
2	561	2211	0.945519534
3	1419	2219	0.9455198913
⋮	⋮	⋮	⋮
84571	2170	2308	0.9999933402
84572	997	1827	0.9999935176

在表7 - 4 中,序号 k 的值为 1～84572,为星对角距的序号;i 和 j 为导航星在导航星表中的编号;$\cos\theta_{ij}$ 为对应于序号的余弦值。为了与后续的 k 矢量相对照,此表格亦称为 k 矢量查找表。

k 表示导航星对 (i,j) 在 k 矢量查找星表中的序号,$I(k)$ 表示导航星 i,$J(k)$ 表示导航星 j,$Y(k)$ 表示夹角余弦值 $\cos\theta_{ij}$。在实际的 k 矢量查找表中,$\cos\theta_{ij}$ 数据是不需要的,只作为排序的参考。k 矢量查找表序号和导航星表序号一样,都是顺序序列,不需要存储。显然,这些数据都是在地面上一次性算好的,储存到星敏感器的计算机中。

根据 k 矢量原理,建立星对角距的 k 矢量如下。

连接两个端点 $[1,Y(1)]$ 和 $[n,Y(n)]$ 构成直线,平均每个元素 $Y(i)$ 所占的步长为 $D = [Y(n) - Y(1)]/(n-1)$。根据 Mortari 等的研究,采用连接 $[1, Y(1) - D/2]$ 和 $[n,Y(n) + D/2]$ 是一个非常好的拟合,每个步长 D 正好包含 $Y(i)$。这样得到直线方程为

$$\cos\theta_{ij} = a_1 k + a_0 \qquad (7-26)$$

$$\begin{cases} a_1 = nD/(n-1) \\ a_0 = Y(1) - a_1 - D/2 \end{cases} \qquad (7-27)$$

当 $i = 1 \sim n$,以 $k(1) = 0$ 作为开始,按照以下规则形成的星对角距矢量称为 k 矢量,即

$$k(i) = j \quad Y(j) \leqslant a_1 i + a_0 \leqslant Y(j+1)$$

构造 k 矢量的目的是实现对 Y 矢量的快速查找,将非线性的 Y 矢量转换为线性的 k 矢量,并利用 k 矢量去查找对应的 Y 矢量。

7.4.4　利用 k 矢量法进行星对角距定位

假定在星敏感器上成像的两个导航星 (p,q) 构成星对,测量星对之间的夹角为 θ(星对角距)。根据星敏感器对导航星的成像误差,以及星对角距的分辨情况和测量精度,测量到的星对角距 θ 可能存在一定的角度误差 δ。为了准确定位导航星 (p,q) 在 k 矢量查找表中的范围,需将夹角余弦留有一定的容限,即

$$\begin{cases} i_b = \lfloor \{[\cos(\theta+\delta) - a_0]/a_1\} \rfloor \\ i_t = \lfloor \{[\cos(\theta-\delta) - a_0]/a_1\} \rfloor \end{cases} \qquad (7-28)$$

式中:函数 $\lfloor x \rfloor$ 为小于 x 的最大整数;函数 $\lceil x \rceil$ 为大于 x 的最小整数。当 i_b 和 i_t 被计算得到之后,将其带入 k 矢量,就可以直接得到 k 矢量查找表中序号,即

$$\begin{cases} k_{\text{start}} = K(i_b) + 1 \\ k_{\text{end}} = K(i_t) \end{cases} \qquad (7-29)$$

式中: k_{start} 和 k_{end} 分别为导航星对 (p,q) 在 k 矢量查找表中的范围边界。$k_{\text{start}} \leqslant k \leqslant k_{\text{end}}$, k 表示在 k 矢量查找表中所有的可能序号,相应的 $[I(k),J(k)]$ 为所有的导航星对的可能组合。Mortari 等以此为基础提出了多种星图识别算法[98-100],核心都是采用此方法进行备选导航星对的快速定位。

7.4.5　直接比较法的星图识别

根据文献[101]可知,当星敏感器采用 4 颗星时,按照金字塔或者四面体形状构成的几何量,根据星敏感器测量的角度误差 δ 情况,错误率可以在 10^{-7} 量级。因此在保证初始捕获时,为实现快速定姿,采用 4 颗星的金字塔构形将是一个很好的选择。本节提出的快速算法主要是以此为基础来实现的。

在所得星图中选定 S_1, S_2, S_3 和 S_4 观测星组组成金字塔,如图 7-20 所示。

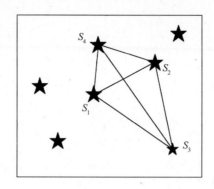

图 7 - 20　金字塔算法的星组构成

如 7.4.4 节所述,当每组星对利用 $\boldsymbol{k}$ 矢量的方法获得 k_{start} 和 k_{end} 后,在 $\boldsymbol{k}$ 矢量查找表中获得所有可能的导航星对,如图 7 - 21 所示。

在金字塔结构中的 4 颗星,所组成的 6 组星对为 $[S_1 - S_2]$,$[S_1 - S_3]$,$[S_1 - S_4]$,$[S_2 - S_3]$,$[S_2 - S_4]$,$[S_3 - S_4]$。依据上述 $\boldsymbol{k}$ 矢量算法得到每对组合的 $[k_{start} \sim k_{end}]$,在 $\boldsymbol{k}$ 矢量查找表中得到每组星对的可能组合为 $[I_{12}, J_{12}]$,$[I_{13}, J_{13}]$,$[I_{14}, J_{14}]$,$[I_{23}, J_{23}]$,$[I_{24}, J_{24}]$,$[I_{34}, J_{34}]$。

1）直接比较法的识别过程[102]

在传统的直接比较算法中,其计算过程如下。

（1）在 $[I_{12}, J_{12}]$ 和 $[I_{13}, J_{13}]$ 组合中,共同含有同一颗星 S_1,即 $[I_{12}J_{12}]$ 中的每个元素与 $[I_{13}, J_{13}]$ 中的每个元素进行比较,遍历所需要的次数为

$$num1 = 4 \times len\{I_{12}\} \times len\{I_{13}\} \tag{7-30}$$

式中:函数 $len\{z\}$ 为矢量 z 的长度。由此得到新的可能星 S_1 和 S_2 组合 $[I'_{12}, J'_{12}]$ 及星 S_1 和 S_3 组合 $[I'_{13}, J'_{13}]$,且有

$$len\{I'_{12}\} = len\{I'_{13}\} \tag{7-31}$$

（2）在 $[I'_{12}, J'_{12}]$ 和 $[I_{13}, J_{13}]$ 的组合中,遍历次数为

$$num2 = 2 \times len\{I'_{12}\} \times len\{I_{23}\} \tag{7-32}$$

得到 $[I''_{12}, J''_{12}]$ 和 $[I'_{23}, J'_{23}]$;同理,在 $[I'_{12}, J'_{12}]$ 和 $[I_{23}, J_{23}]$ 的组合中,遍历的次数为

$$num3 = 2 \times len\{I'_{23}\} \times len\{I'_{23}\} \tag{7-33}$$

得到 $[I''_{23}, J''_{23}]$ 和 $[I''_{13}, J''_{13}]$。将 $[I''_{12}, J''_{12}]$,$[I''_{23}, J''_{23}]$ 及 $[I''_{13}, J''_{13}]$ 进行合并,得到三颗星的可能组合 $[I^1_{123}, I^2_{123}, I^3_{123}]$。其中,$I^1_{123}, I^2_{123}, I^3_{123}$ 分别表示星 S_1,S_2 和 S_3 的可能组合中的可能导航星号。

（3）得到三星组合 $[I^1_{123}, I^2_{123}, I^3_{123}]$ 后,再通过与 $[I_{14}, J_{14}]$,$[I_{24}, J_{24}]$ 和 $[I_{34}, J_{34}]$ 进行比较,可得

$$\{I^1_{1234}\} = I^1_{123} \cap [I_{14}, J_{14}] \tag{7-34}$$

式中:$\cap$ 为取两个集合中的相同元素;$\{I^1_{1234}\}$ 为星 1 的可能组合。同理,得到星 S_1 和星 S_4 的可能组合,记作 $\{I^1_{1234}, I^{14}_{1234}\}$。

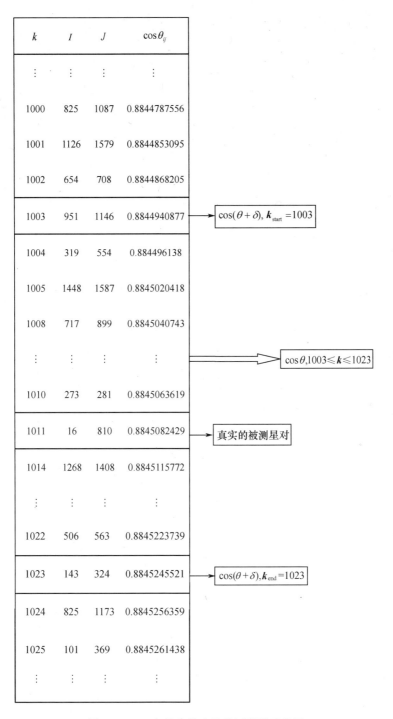

图 7-21　*k* 矢量查找表的使用说明示意图

在上面的运算中,需要遍历的次数为

$$\text{num4} = 2 \times \text{len}\{I_{123}^1\} \times \text{len}\{I_{14}\}$$

同理,经过遍历 num5,得到 $\{I_{1234}^2, I_{1234}^{24}\}$,即

$$\text{num5} = 2 \times \text{len}\{I_{123}^2\} \times \text{len}\{I_{24}\}$$

遍历 num6,得到 $\{I_{1234}^3, I_{1234}^{34}\}$,即

$$\text{num6} = 2 \times \text{len}\{I_{123}^3\} \times \text{len}\{I_{34}\}$$

比较 num4、num5 和 num6,合并得到最终 4 颗星的识别结果为

$$\{I_{1234}^{1'}, I_{1234}^{2'}, I_{1234}^{3'}, I_{1234}^{4'}\}$$

2) 直接比较法识别过程的运算分析

以上算法总共需要遍历的次数为

$$\text{num\_total} = \text{num1} + \text{num2} + \text{num3} + \text{num4} + \text{num5} + \text{num6} \qquad (7-35)$$

根据 7.4.4 节的推导可知,星敏感器测量的星对角距误差 δ 主要取决于星敏感器的 $\text{len}\{I_{ij}\}$ 的值,一般在 10^2 的量级,而每个查找过程的运算次数 $\text{len}\{I_{ij}\} \times \text{len}\{I_{ij}\}$ 约为 10^4 量级,而 $\text{len}\{I_{ij}'\}$ 约在 10^1 的量级,而 $\text{len}\{I_{123}'\}$ 基本上在 10^0 量级,主要的计算次数在 num1 和 num2,故总的计算次数可简化为

$$\text{num\_total} = 4 \times \text{len}\{I_{ij}\} \times \text{len}\{I_{ij}\} + 2 \times \text{len}\{I_{ij}'\} \times \text{len}\{I_{ij}\}$$

7.4.6 导航星域和 k 矢量联合法星图识别

1) 导航星域概念及其和 k 矢量查找表的关系

为了进行快速星图识别,本书提出了导航星域的概念[103],以解决 k 矢量确定星对后导航星的确定问题。给定一组星对角距的范围 M,在导航星表中组成 M 的每个导航星出现的次数称为导航星域的值。假设满足星对角距的范围 M 的导航星对有 k 对,每对导航星为 $[I, J]$。导航星域就是统计在 k 对导航星对所对应于导航星表中相应导航星出现的次数,其中:没有出现的导航星,用 0 表示;出现 1 次的,用 1 表示;出现两次的,用 2 表示;以此类推。

这里提出导航星域的概念,主要是进行从 k 矢量查找表到导航星域变换,以方便快速地进行星图识别。k 矢量查找表中的所有 $[I(k), J(k)]$ 的值都隶属于导航星表中的序号,即导航星域。在对 k 矢量查找表中的一段导航星进行导航星域变换时,直接在导航星域中相应的位置 $I(k)$ 和 $J(k)$ 上进行加 1 处理。假定导航星域为 H,初始为全 0,则有

$$H = \text{zeros}(1, N)$$

式中:函数 $\text{zeros}(m, n)$ 为建立 m 行,n 列的全 0 数组;N 为导航星表的长度,即导航星的总数目。这样对于 k 矢量查找表中第 k 个导航星对组合进行导航星域变换,就可以简单写为

$$\begin{cases} H(1, I(k)) = H(1, I(k)) + 1 \\ H(1, J(k)) = H(1, J(k)) + 1 \end{cases} \qquad (7-36)$$

由此得到导航星域数据表,如表 7 – 5 所列。

表 7 – 5　**k** 矢量查找表到导航星域的变换

1	2	3	…	2400
k_1	k_2	k_3	…	k_{2400}

注:$k_1,k_2,k_3,\cdots,k_{2400}$ 表示在 **k** 矢量查找表中的一段 M 中出现序号为 1,2,3,$\cdots$,2400 的导航星的次数

2）导航星域法的识别过程

在直接比较法的识别过程中,需要对两个二维数组进行遍历,所需要的运算等价于两个数组中元素个数的乘积,这是整个识别过程中最浪费时间的一点。为解决这一问题本书作者提出了导航星域算法,将其中 5 组星对角距所对应 **k** 矢量查找表的可能导航星进行导航星域变换,再与另一组星对角距的查找表的可能导航星联合比较,进行快速星图识别。

根据 **k** 矢量和 **k** 矢量查找表,得到 4 颗星的 6 组星对角距范围为 $[I_{12},J_{12}]$,$[I_{13},J_{13}]$,$[I_{14},J_{14}]$,$[I_{23},J_{23}]$,$[I_{24},J_{24}]$,$[I_{34},J_{34}]$。建立 5 个导航星域为 $H_1 = H_2 = H_3 = H_4 = H_5 = \text{zeros}(1,N)$,分别对应于导航星组合范围为 $[I_{13},J_{13}]$,$[I_{14},J_{14}]$,$[I_{23},J_{23}]$,$[I_{24},J_{24}]$,$[I_{34},J_{34}]$。

建立对应于 $H_1 \sim H_5$ 的空矩阵 $P_1 \sim P_5$,称为导航星域辅助表,且有

$$P_1 = P_2 = P_3 = P_4 = P_5 = \text{zeros}(6,N)$$

式中:$P_1 \sim P_5$ 为存储对应于 **k** 矢量查找表导航星组合中某一导航星对进行导航星域变换时相对应的另外一颗导航星。例如,在 $I_{13}(k)$ 进行导航星域变换时,P_1 中对应于 $I_{13}(k)$ 的位置存储 $J_{13}(k)$。由于在 $[I_{13},J_{13}]$ 中,可能会出现多处相等的点,即不只一个值等于 $I_{13}(k)$,这样为了将这些可能都存储下来,经过大量的数值模拟证明,这样的导航星不会超过 6 个,故将辅助表设计成为 $6 \times N$ 的矩阵。导航星域法的识别过程如下。

（1）对于导航星组合范围 $[I_{13},J_{13}]$,进行导航星域变换,得到导航星域和导航星域辅助表,即

$$\begin{cases} H_1(1,I_{13}(k)) = H_1(1,I_{13}(k)) + 1 \\ P_1(H_1(1,I_{13}(k)),I_{13}(k)) = J_{13}(k) \\ H_1(1,J_{13}(k)) = H_1(1,J_{13}(k)) + 1 \\ P_1(H_1(1,J_{13}(k)),J_{13}(k)) = I_{13}(k) \end{cases} \qquad (7-37)$$

式中:$k = 1 \sim \text{len}\{I_{13}\}$。

同理,将 $[I_{14},J_{14}]$,$[I_{23},J_{23}]$,$[I_{24},J_{24}]$,$[I_{34},J_{34}]$ 进行导航星域变换,得到相应的导航星域 $H_2 \sim H_5$ 和导航星域辅助表 $P_2 \sim P_5$。在此变换所需要的遍历次数为

$$\text{num1} = 5 \times 2 \times \text{len}\{I_{ij}\} = 10 \times \text{len}\{I_{ij}\} \qquad (7-38)$$

143

（2）从 k 矢量查找表和导航星域的变换关系可知,在 $H_1 \sim H_4$ 所对应变换前的 k 矢量查找表中都包含 S_1 或者 S_2,故在 $H_1 \sim H_4$ 中,其对应 S_1 和 S_2 的位置肯定大于 0;同时,$[I_{12}, J_{12}]$ 内同样包含 S_1 和 S_2,这样就得到如下两种情况。

假定 $I_{12}(k)$ 为 S_1,则 $J_{12}(k)$ 为 S_2,且满足

$$\begin{cases} H_1(I_{12}(k)) > 0 \\ H_2(I_{12}(k)) > 0 \\ H_3(J_{12}(k)) > 0 \\ H_4(J_{12}(k)) > 0 \end{cases} \tag{7-39}$$

$$\begin{cases} \{H_3(P_1(i,I_{12}(k)) > 0\} \cap \{H_5(P_1(i,I_{12}(k)) > 0\} \neq \varnothing, i = 1 \sim H_1(I_{12}(k)) \\ \{H_4(P_2(i,I_{12}(k)) > 0\} \cap \{H_5(P_2(i,I_{12}(k)) > 0\} \neq \varnothing, i = 1 \sim H_2(I_{12}(k)) \\ \{H_1(P_3(i,J_{12}(k)) > 0\} \cap \{H_5(P_3(i,J_{12}(k)) > 0\} \neq \varnothing, i = 1 \sim H_3(J_{12}(k)) \\ \{H_2(P_4(i,J_{12}(k)) > 0\} \cap \{H_5(P_4(i,J_{12}(k)) > 0\} \neq \varnothing, i = 1 \sim H_4(J_{12}(k)) \end{cases} \tag{7-40}$$

式中:$k = 1 \sim \text{len}(I_{12})$;$\{H_3(P_1(i,I_{12}(k)) > 0\}$ 为满足 $H_3(P_1(i,I_{12}(k)) > 0$ 的集合;$\varnothing$ 为空集。星 S_1, S_2, S_3, S_4 分别为

$$I_{1234}^1 = I_{12}(k) \qquad I_{1234}^2 = J_{12}(k) \tag{7-41}$$

$$I_{1234}^3 = H_3(P_1(i,I_{12}(k)) \tag{7-42}$$

$$I_{1234}^4 = H_4(P_2(i,I_{12}(k)) \tag{7-43}$$

式中:i 满足 $\{H_3(P_1(i,I_{12}(k)) > 0\} \cap \{H_5(P_1(i,I_{12}(k)) > 0\} \neq \varnothing$ 和 $\{H_4(P_2(i, I_{12}(k)) > 0\} \cap \{H_5(P_2(i,I_{12}(k)) > 0\} \neq \varnothing$。

假定 $I_{12}(k)$ 为 S_2,则 $J_{12}(k)$ 为 S_1,满足

$$\begin{cases} H_1(J_{12}(k)) > 0 \\ H_2(J_{12}(k)) > 0 \\ H_3(I_{12}(k)) > 0 \\ H_4(I_{12}(k)) > 0 \end{cases} \tag{7-44}$$

$$\begin{cases} \{H_3(P_1(i,J_{12}(k)) > 0\} \cap \{H_5(P_1(i,J_{12}(k)) > 0\} \neq \varnothing, i = 1 \sim H_1(J_{12}(k)) \\ \{H_4(P_2(i,J_{12}(k)) > 0\} \cap \{H_5(P_2(i,J_{12}(k)) > 0\} \neq \varnothing, i = 1 \sim H_2(J_{12}(k)) \\ \{H_1(P_3(i,I_{12}(k)) > 0\} \cap \{H_5(P_3(i,I_{12}(k)) > 0\} \neq \varnothing, i = 1 \sim H_3(I_{12}(k)) \\ \{H_2(P_4(i,I_{12}(k)) > 0\} \cap \{H_5(P_4(i,I_{12}(k)) > 0\} \neq \varnothing, i = 1 \sim H_4(I_{12}(k)) \end{cases} \tag{7-45}$$

式中:$k = 1 \sim \text{len}(I_{12})$。此时星 S_1, S_2, S_3, S_4 分别为

$$I_{1234}^{1'} = J_{12}(k) \qquad I_{1234}^{2'} = I_{12}(k) \tag{7-46}$$

$$I_{1234}^{3'} = H_3 \left(P_1 \left(i, J_{12} (k) \right) \right) \tag{7-47}$$

$$I_{1234}^{4'} = H_4 \left(P_2 \left(i, J_{12} (k) \right) \right) \tag{7-48}$$

式中: i 满足 $\{ H_3 (P_1 (i, J_{12}(k)) > 0 \} \cap \{ H_5 (P_1 (i, J_{12}(k)) > 0 \} \neq \varnothing$ 和 $\{ H_4 (P_2 (i, J_{12}(k)) > 0 \} \cap \{ H_5 (P_2 (i, J_{12}(k)) > 0 \} \neq \varnothing$。

实际上,导航星只存在于上述两种情况的一种。无论哪种情况,只要找到导航星 S_1, S_2, S_3, S_4 就已经完成了星图识别。上述过程所需的遍历次数为

$$\text{num2} = 2 \times \text{len} \{ I_{ij} \} \tag{7-49}$$

3) 导航星域法的识别运算分析

在导航星域法的识别过程总共需要的遍历次数为

$$\text{num\_total} = \text{num1} + \text{num2} = 12 \times \text{len} \{ I_{ij} \}$$

简单地从遍历次数上分析,与直接进行比较法相比,导航星域法速度快 30 倍以上。同时,该算法的一个重要的好处就是结构规整,逻辑简单清晰。

7.4.7　全天星图识别算法的分析

1) 算法的内部逻辑和存储优化

导航星域算法主要采用了 k 矢量技术和导航星域技术,采用 k 矢量技术实现了备选导航星对的一次定位,但在星敏感器中需要存储 k 矢量表,占用的存储容量大概在 50kB。

与传统的直接比较法相比,采用了导航星域的星图识别算法进行了导航星域变换,直接使用寻址运算代替了传统遍历比较,在识别速度上提高了 30 倍。但导航星域法在起始阶段需要建立全 0 的导航星域表,一般来说此表比较大。为了提高计算速度,通常需要提前完成导航星域表的建立,并完成给固定长度的数据区域赋全 0 初值。同时,此赋值操作与当前的星图数据及星敏感器的状态无关,可以在任何空余的时间并行进行,如图像采集传输阶段等,既可以由 CPU 完成,也可以由 FPGA 等硬件实现。合理地安排算法,将有利于缩短星敏感器连续两帧的时间间隔,提升系统的动态性能及系统的快速性。

2) 角距与栅格的联合算法

栅格法是一次使用了视场内的所用星进行星图识别,信息利用量大,但是由于存储数据量和匹配运算精度等限制,栅格划分一般比较粗糙,折算到像素上大概在 10 像素级别,而星敏感器的成像精度优于 1 像素甚至 0.1 像素,因此这种方法是利用多颗星,损失单星精度。而角距法是利用单星精度高,损失星点数目。在实际运算中,需要将上述两种方法贯通应用,既要利用高精度的星点焦距信息,也需要兼顾一张星图中的多个星点,采用多星角距进行充分验证。全天星图识别通常只进行一次,然后进行跟踪模式应用,跟踪模式实质上也是网格匹配的一种形式。如果全天星图识别错误,在跟踪模式下会立即得到验证,进而重新

进入全天星图识别模式。

7.5 递推模式的星图识别算法

通过 k 矢量和导航星域法进行星图识别,可得到 4 颗导航星,进而可利用 QUEST 或者 FOAM 等方法得到星敏感器的姿态信息 A_{coarse},但毕竟只有 4 颗导航星,计算得到的姿态矩阵还不够精确。要得到更加精确的姿态信息,需要更多的方向矢量,需要识别出更多的导航星。同时,在跟踪模式时,有些导航星会脱离星敏感器的视场,又有些导航星会进入星敏感器视场。显然,也可以采用上述的导航星域法进行星图识别,但是在此就显得复杂了,因为有其他的信息加入,可以辅助进行星图识别。其中,Samaan 等提出建立相邻的星图识别方法[104],需要建立额外的相邻星辅助星表,星表大小为栅格法星表的一半左右,约 150kB。本节综合上述两种情况,统一归结为递推模式星图识别,因为两者的共同点在于具有已知导航星 s_i 和粗精度的姿态信息 A_{coarse}。

7.5.1 递推星图识别算法原理

递推星图识别比较简单。对于星敏感器视场内任何一颗没有识别出来的导航星 s_j,在星敏感器坐标系下方向矢量为 w_j,同时根据已知星敏感器姿态信息 A_{coarse},可以得到此导航星在惯性空间的方向矢量的估计值 $\hat{v}_j$,即

$$\hat{v}_j = A_{\text{coarse}}^{\text{T}} w_j \qquad (7-50)$$

从已经识别出来的导航星中选择距离合适的一颗 s_i,构成星对 $[s_i, s_j]$,根据星敏感器的测量误差,依据上述 k 矢量算法得到 $[k_{\text{start}} \sim k_{\text{end}}]$,进而在 k 矢量查找表中得到星对的可能组合为 $[I_{ij}, J_{ij}]$。因为 s_i 星已知,这样直接在 $[I_{ij}, J_{ij}]$ 中找到另外一个导航星 s_j,进而得到可能的 s_j 集合,即 I_{ij-j}。

因为已知了 s_j 的方向矢量 $\hat{v}_j$,这样就可以将 I_{ij-j} 中的每颗导航星与 $\hat{v}_j$ 计算夹角,假定 I_{ij-j} 中的导航星为 s_k,当满足式 $(7-51)$ 时,s_k 就是待识别的导航星。如果在 I_{ij-j} 中不能找到 s_k 满足式 $(7-51)$,则认为 s_j 为干扰星。

$$v_k^{\text{T}} \hat{v}_j > \cos(3\sigma_{\text{coarse}}) \qquad (7-51)$$

式中:v_k 为 s_k 的惯性矢量;σ_{coarse} 为星敏感器的测量和 A_{coarse} 所引起的误差和。

将此算法进行总结,具体步骤如下:

(1) 根据 A_{coarse} 和 s_j 在星敏感器坐标系内的矢量 w_j,计算得到 $\hat{v}_j$。

(2) 选择 $[s_i, s_j]$ 构成星对,利用 k 矢量方法和已经识别出来的 s_i,确定构成 s_j 的可能导航星的集合 I_{ij-j},其中 I_{ij-j} 中的每个元素为 s_k,即 $\forall s_k \in I_{ij-j}$。

(3) 在 I_{ij-j} 中寻找 s_k,满足 v_k 与 $\hat{v}_j$ 的夹角余弦值大于星敏感器测量和姿态误

差的所对应的夹角余弦值。如果能够找到,则 s_k 为待识别的导航星 s_j,否则 s_j 为干扰星。

上述的三个步骤是递推星图识别后续的主要工作。根据获得 s_i 和 A_{coarse} 的不同方式,整个识别过程又分为全天自主模式和跟踪模式。

7.5.2　全天自主模式下的递推星图识别

在全天自主模式下,姿态信息未知。这时需要选择合适的 4 颗星,如图 7 - 22 所示,采用导航星域和 k 矢量联合方法来进行全天自主星图识别获得识别结果。识别后,再根据 QUEST 方法[107] 或者 FOAM[108] 方法获得星敏感器的姿态信息 A,称为 A_{coarse}。选择星敏感器视场中的星 s_5,根据 s_1 并按照 k 矢量的方法可以得知可能的星为 s_5,s_2,s_6(在圆环 c_1c_2 内),再根据 A_{coarse} 计算出 s_5 对应的空间矢量 $\hat{v}_5$,进而分别计算 s_5,s_2,s_6 与 $\hat{v}_5$ 的夹角,满足夹角范围的导航星就是要识别的导航星 s_5,如果没有导航星能够满足上述的夹角范围,则认定为干扰星。采用同样的方法,可以识别出其他的导航星。当所有导航星都识别出来后,再采用 Re-QUEST[109] 或者滤波 QUEST 方法[110,111] 进行精确的姿态估计,获得姿态矩阵 A_{accurate}。

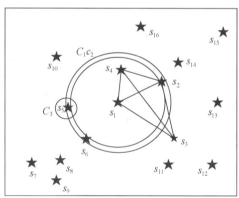

图 7 - 22　全天自主递推星图识别模式

7.5.3　跟踪模式下的递推星图识别

跟踪模式是指在星敏感器缓慢运动且前一帧星图已经得到识别的情况下,而进行当前星图识别的方法。在此过程中,上一帧星图中大部分导航星仍然出现在当前帧中,表现出导航星跟踪的形式,因此称为跟踪模式下的星图识别。

在跟踪模式下,根据惯性敏感器信息或者其他运动规律等信息,对上一帧星图中的导航星进行在当前星图中的预测,同理预测星敏感器当前的姿态信息为 $A_{\text{prediction}}$,预测均方根为 $\sigma_{\text{prediction}}$。此时,跟踪导航星的算法如下。

（1）在上一帧图中识别得到导航星 s_i 在当前星图上的相应位置，即

$$x_i = -f\frac{\boldsymbol{A}_1^{\mathrm{T}}\boldsymbol{v}_i}{\boldsymbol{A}_3^{\mathrm{T}}\boldsymbol{v}_i} \qquad y_i = -f\frac{\boldsymbol{A}_2^{\mathrm{T}}\boldsymbol{v}_i}{\boldsymbol{A}_3^{\mathrm{T}}\boldsymbol{v}_i} \qquad (7-52)$$

式中：$\boldsymbol{v}_i$ 为导航星的惯性坐标系下方向矢量；$\boldsymbol{A}_{\mathrm{prediction}}^{\mathrm{T}} = \begin{bmatrix} \boldsymbol{A}_1 & \boldsymbol{A}_2 & \boldsymbol{A}_3 \end{bmatrix}$；$f$ 为星敏感器焦距。

当 $x_i \in [x_{\min}, x_{\max}]$ 且 $y_i \in [y_{\min}, y_{\max}]$ 时，s_i 导航星仍然存在于星敏感器视场中，否则导航星退出了星敏感器视场。其中，$x_{\min}$，$x_{\max}$，$y_{\min}$ 和 $y_{\max}$ 分别表示星敏感器 APS CMOS 的边界。

（2）在获得的星图中，找到星点中心与 (x_i, y_i) 距离小于 ς 的星点 s_i'，即导航星 s_i，其中 ς 是由于姿态估计误差 $\sigma_{\mathrm{prediction}}$ 和星敏感器测量误差所共同产生的最大值。

（3）根据已经获得的导航星 s_i，通过 QUEST 方法重新计算姿态矩阵 $\boldsymbol{A}_{\mathrm{coarse}}$。

（4）对于新进入视场的导航星 s_j，根据 7.5.1 节所述的递推方法可以识别出对应的导航星。

（5）通过 Re-QUEST 方法进行姿态的进一步更新，得到 $\boldsymbol{A}_{\mathrm{accurate}}$。

这种跟踪模式的星图识别示意图如图 7-23 所示，在前一帧图像中识别获得了 11 颗导航星 s_i（其中 $i = 1 \sim 11$）。在获得了姿态数据 $\boldsymbol{A}_{\mathrm{prediction}}$ 后，需要判断当前帧中图像的情况。计算每颗星在当前帧中的位置，如果超出了星敏感器探测器的边界，则表示它超出了星敏感器的视场（如 s_2, s_4, s_7, s_9）。如果导航星仍然在视场内，在区域半径为 ς 区域内找到导航星的准确位置（$s_1, s_5, s_6, s_3, s_{10}, s_{11}, s_8$）。获得了导航星后，重新计算，获得当前姿态 $\boldsymbol{A}_{\mathrm{coarse}}$。对于新进入视场中的导航星 s_{13}, s_{12}，根据 k 矢量方法确定这两颗星为可能导航星组合，根据 $\boldsymbol{A}_{\mathrm{coarse}}$ 确定惯性矢量，找到与之满足夹角范围的就是需要识别的导航星（如 s_{13}, s_{12}）。

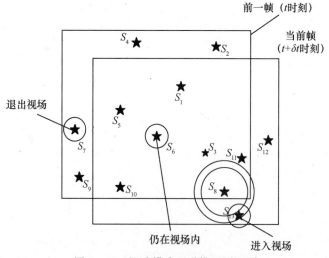

图 7-23　跟踪模式下递推星图识别

7.6　本章小结

本章在调研和总结现有星图识别方法的基础上提出了导航星域的概念,并结合 k 矢量技术,提出了导航星域与 k 矢量联合的超快速全天自主星图识别方法。

利用 k 矢量方法代替传统的搜索法(如 BST 等),只需要一步就可直接对导航星对的范围进行定位,不需要搜索运算,而 BST 方法对导航星对范围进行定位所需要的运算次数为 $2\log_2 n$。对于本书作者所研制的 APS CMOS 星敏感器 $n=84572$,定位速度提高了 $\log_2 n \approx 16$ 倍。同时,此种星图识别方法直接采用两颗星的星对角距作为模板,与传统的三角形模板相比,存储的模板数量约为原来的 1/5。

利用导航星域法代替传统的直接比较法,可以一次性识别出 4 颗导航星。此算法先利用 4 颗导航星构成 6 组导航星对,对其中 5 组进行导航星域变换,得到 5 个对应的导航星域值,再联合第 6 组导航星对与前面 5 个导航星域值进行比较,一次性识别出 4 颗导航星。与传统的直接比较法相比,此算法省去了大量的循环比较时间,速度相对于传统比较法提高了 30 倍。此算法逻辑清晰简单,特别适合于大视场低星等的星敏感器使用。在本书作者研制的 APS CMOS 星敏感器上测试,算法的更新率稳定在 30Hz 以上。

在 k 矢量快速定位原理基础上,本章又提出了递推模式的星图识别算法。该算法利用已经识别的导航星信息以及由此获得的粗精度姿态信息 A_{coarse},采用 k 矢量方法对新的导航星进行识别。根据获得已经识别的导航星信息和粗精度姿态信息 A_{coarse} 的不同模式,整个识别过程分为全天自主模式下递推星图识别和跟踪模式下的递推星图识别。此算法不需要额外的存储局部信息,算法可靠,速度快。在本书作者所研制的 APS CMOS 星敏感器上测试表明:在跟踪 10 颗星时,更新率可以达到 50Hz。

第8章

星敏感器的地面测试与
实验系统

8.1 引 言

星敏感器属于高精度的姿态测量系统,振动实验、热真空等都会对星敏感器性能和功能产生影响。星敏感器系统也相对较为复杂,需要对星敏感器的功能和性能在各个环节上进行全面的覆盖性测试,并对星敏感器的在轨工作情况进行预估和判断,保证其在各种工况下的预期功能和性能。

星敏感器测试系统是完成这一功能的重要保障,可分为功能验证、性能验证和环境实验验证三种类型。其中:功能验证主要是验证星敏感器的星图识别、姿态确定等软件功能,特别是验证全天球的覆盖性、轨道上的运行情况等;外场真实星空实验是性能验证的一个重要环节,在高可信度上验证星敏感器的精度、灵敏度、动态性能等技术指标,甚至还可以验证抗杂光干扰性能,是在地面上最接近真实应用的一种方法;环境实验验证主要是验证在环境实验过程中或者实验过后系统的指标是否有所变化,尤其是在热真空等环境实验中,传统的实验室测试设备本身很难承受,需要高可靠的专用性测试系统,因此在本书中给予单独介绍。

8.2 全天球动态星模拟器测试系统

全天球动态星模拟器是在地面验证星敏感器功能的主要设备,也是星敏感器进行全天球仿真和星敏感器在轨工作仿真的一个重要工具。现在星敏感器测试系统普遍采用专用的星模拟器[112],在使用过程中需要考虑系统稳定安装、高精度星点位置模拟、高速星图显示、卫星运动工况模拟等诸多因素。随着星敏感器的精度、更新率等技术指标的不断提升,人们对星敏感器的要求越来越高,对星敏感器的使用以及系统的安装和调试等也提出了更高的要求。不过,现代的全天球动态星模拟器测试系统,在精度上还是无法达到星敏感器的水平。

8.2.1 基于全天球动态星模拟器的测试系统总体架构

基于全天球动态星模拟器测试系统构成见参考文献[114],主要包括:暗室,光学隔振平台,星图模拟计算机,液晶光阀,动态星模拟器,星模拟器镜头,星敏感器系统,测试结果监视计算机。系统结构图如图 8 - 1 所示。

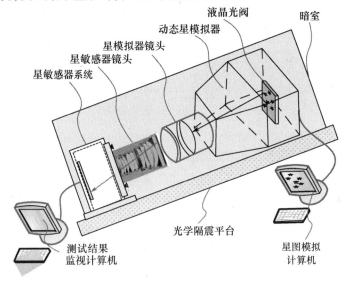

图 8 - 1 星敏感器实验室模拟系统结构图

星图模拟计算机产生模拟星图,并将此星图通过显示系统传输到暗室;模拟星图的每个星点发出的光通过星模拟器镜头转换成平行光,来模拟真实星空中的导航星;模拟星光通过星敏感器镜头在星敏感器的感光探测器上成像;星敏感器获取星图,进行星图识别和姿态运算,将计算结果和中间参考信息传输给暗室外的测试结果监视计算机。

8.2.2 系统的安装与调试

在实际使用中,星敏感器是对无限远目标成像。因此,星敏感器的感光器件必须安装在镜头的焦平面位置[115]。理论上,星敏感器只能对无穷远的目标成像。因此,在星模拟器的装调过程中,必须保证液晶光阀的发光面在星模拟器镜头的焦平面上。在系统使用过程中,星敏感器光学系统与模拟器光学系统共轴是首要条件,同时尽量保证液晶光阀中心在模拟器光学系统的主轴上,并使星敏感器的镜头与模拟器的镜头尽量靠近。星敏感器测试光学系统如图 8 – 2 所示。

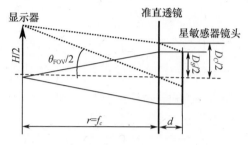

图 8 – 2　星敏感器实验测试光学系统

在系统的设计和选择时,要尽量使液晶光阀的视场角等于或者略大于星敏感器的视场角,即

$$f_c = \frac{H/2}{\tan(\vartheta_{FOV}/2)} \tag{8-1}$$

式中:H 为液晶光阀的高度;θ_{FOV} 为星敏感器的视场角;f_c 为准直透镜的焦距。

在进行模拟器的镜头设计或者选择时,要尽可能地选择孔径比较小的,这样能减少旁轴光线,以便获得更高质量的图像效果。与此同时,为了保证敏感器接收到星亮度的均匀性,星敏感器镜头的整个孔径都要能接收到液晶光阀上显示星图任意一点发出的光。因此,液晶光阀的边缘光线至少要能够达到星敏感器的镜头孔径之内,如图 8 – 2 所示,可得

$$D_c/2 = D_s/2 + d\tan(\theta_{FOV}/2) \tag{8-2}$$

其中,d 的尺寸要尽可能小,以减少杂光和旁轴光线。

8.2.3　模拟星图生成原理

模拟星图生成的基本原理是:当模拟星敏感器在某一姿态 A 的星图时,模拟星图通过准直系统以及星敏感器感光探测器获得的星点图像,与星敏感器在姿态 A 时直接获得真实星空的成像结果保持一致。要模拟在某一姿态矩阵 A 时显示器上对应的星点位置,可以先计算出在姿态矩阵 A 时真实星空导航星在星敏感器感光探测器上的投影,然后将此投影经过小孔成像原理推算出导航星在显示器上的投影位置。

为了详细说明上述过程,需要引进 4 个坐标系,如图 8 – 3 所示。

(1) 天球坐标系:原点为地球球心,ox 轴指向春分点方向,oz 轴指向北天极方向,oy 轴与 ox 轴、oz 轴满足直角坐标系规则。天球坐标系可以认为是不动的,每颗恒星在天球坐标系中都有唯一的方向矢量,因此天球坐标系又称为惯性坐标系。

（2）星敏感器坐标系：原点为星敏感器感光探测器的与主光轴的交点；ox 轴和 oy 轴分别平行于探测器上的行方向和列方向，并指向其增加方向；oz 轴与 ox 轴、oy 轴构成右手直角坐标系。

（3）液晶光阀显示坐标系：原点为准直系统主轴与显示器的交点；ox 轴平行于显示器的水平方向，并指向其增加方向；oy 轴平行于显示器的竖直方向，并指向其增加方向；oz 轴与 ox 轴、oy 轴满足右手直角坐标系。

（4）透镜坐标系：以透镜中心为原点，ox 轴为水平方向，oy 轴为竖直方向，oz 轴与 ox 轴、oy 轴构成右手直角坐标系。

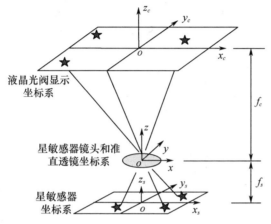

图 8 – 3　实验室模拟坐标系

在实验系统中，假定模拟星敏感器相对于天球惯性坐标系的姿态矩阵为 $\boldsymbol{A}$，某导航星的惯性矢量为 $[v_x, v_y, v_z]^T$，同时星敏感器的探测面安装与星敏感器透镜系统存在坐标角度和位置误差，星敏感器坐标系相对于透镜坐标系的姿态矩阵为 $\boldsymbol{A}_s$，原点的位置为 $(x_{0s}, y_{0s}, -f_s)$。根据星敏感器的小孔成像模型，在星敏感器坐标平面上的位置可以表示为

$$\frac{\boldsymbol{A}_s[x_s, y_s, 0]^T + [x_{0s}, y_{0s}, -f_s]^T}{\| \boldsymbol{A}_s[x_s, y_s, 0]^T + [x_{0s}, y_{0s}, -f_s]^T \|} = -\boldsymbol{A}[v_x, v_y, v_z]^T \quad (8-3)$$

式中：x_s, y_s 为导航星点在星敏感器探测器上成像位置的二维坐标。

为简化运算，将模拟器光学系统和星敏感器镜头统一简化为一个光学系统，此光学系统在星敏感器方向的焦距为星敏感器镜头焦距 f_s，而在液晶光阀显示器方向的焦距为准直透镜焦距 f_c。依据小孔成像原理，对应在星敏感器探测器上的光点在显示器上的成像位置为 (x_c, y_c)，则有

$$\frac{\boldsymbol{A}_c[x_c, y_c, 0]^T + [x_{0c}, y_{0c}, f_c]^T}{\| \boldsymbol{A}_c[x_c, y_c, 0]^T + [x_{0c}, y_{0c}, f_c]^T \|} = -\frac{\boldsymbol{A}_s[x_s, y_s, 0]^T + [x_{0s}, y_{0s}, -f_s]^T}{\| \boldsymbol{A}_s[x_s, y_s, 0]^T + [x_{0s}, y_{0s}, -f_s]^T \|}$$

$$= \boldsymbol{A}[v_x, v_y, v_z]^T \quad (8-4)$$

当星敏感器相对于惯性空间的姿态矩阵为 $\boldsymbol{A}$ 时，根据式（8 – 3）和

式(8-4),星点在显示坐标系下的位置(x_c,y_c)满足下述关系,即

$$\begin{cases} [\boldsymbol{A}_{c11}\times\boldsymbol{A}_{3v}-\boldsymbol{A}_{c31}\times\boldsymbol{A}_{1v}]x_c+[\boldsymbol{A}_{c12}\times\boldsymbol{A}_{3v}-\boldsymbol{A}_{c32}\times\boldsymbol{A}_{1v}]y_c+x_{0c}\boldsymbol{A}_{3c}-f_c\boldsymbol{A}_{1v}=0 \\ [\boldsymbol{A}_{c21}\times\boldsymbol{A}_{3v}-\boldsymbol{A}_{c31}\times\boldsymbol{A}_{2v}]x_c+[\boldsymbol{A}_{c22}\times\boldsymbol{A}_{3v}-\boldsymbol{A}_{c32}\times\boldsymbol{A}_{2v}]y_c+y_{0c}\boldsymbol{A}_{3c}-f_c\boldsymbol{A}_{2v}=0 \end{cases}$$

$$(8-5)$$

式中:$\boldsymbol{A}_{cij}$为矩阵$\boldsymbol{A}_c$的第i行,第j列元素;$\boldsymbol{A}_{kv}$为矩阵$\boldsymbol{A}$的第k行矢量与$[v_x,v_y,v_z]^{\mathrm{T}}$的乘积结果。

在液晶光阀显示器上显示星点位置时,一般是按照像素的位置来表示,因此还需要将上述的结果转化为像素的表示方法,需要知道笔记本电脑显示屏幕的像素的水平方向和竖直方向点距值p_{cu},p_{cv}。这样得到的液晶光阀显示器上的显示结果(x_{cd},y_{cd})与(x_c,y_c)的关系为

$$\begin{cases} x_c=x_{cd}p_{cu} \\ y_c=y_{cd}p_{cv} \end{cases} \qquad (8-6)$$

同时,在星敏感器探测器上得到的结果呈现为星敏感器像素的形式,这就要求必须采用星敏感器像素参数p_{su},p_{sv}以及像素的显示结果(x_{sd},y_{sd})来表示坐标,即

$$\begin{cases} x_s=x_{sd}p_{su} \\ y_s=y_{sd}p_{sv} \end{cases} \qquad (8-7)$$

8.2.4 实验系统的参数标定

在实际过程中,实验系统的安装等不够准确,角距等设备的标称值和测量值不够精确,都会造成系统的成像误差。星敏感器属于高精度设备,这些参数的误差会造成实验效果不好,甚至无法进行星图识别。为此需要对整个系统进行参数标定,以达到较好的实验结果。

标定过程就是要通过一定的方法,得到内参数和外参数。文献[116]使用多项式拟合星点坐标和对应的像点坐标,得到一组多项式系数。虽然这种方法简单,但是参数的物理意义不清楚,多项式系数受多种参数影响很难分析和改进。文献[117]也是采用拟合的思路,通过辅助设备准确设定外参数,使用神经网络拟合星点和像点的对应关系。文献[117]拟合优势在于神经网络可以是分布式的,将像面划分为很多小栅格,这样就可以用插值的方法在整个像面内获得比较高的精度;但是,缺点和文献[116]类似。

本章采取一种新的思路,采用模型化进行星图模拟器标定。根据实际的物理概念,明确系统的误差来源,建立整个系统的模型,这不仅可以标定出相应的系统精度,而且可以分析和改善某些重要环节的误差因素,有利于系统精度趋于更加精确。

根据 8.2.3 节的推导可知,系统的主要误差包括:星敏感器感光探测器转动误差矩阵 $\boldsymbol{A}_s$,平移误差 $[x_{0s},y_{0s},-f_s]$,以及像素的大小误差 (p_{su},p_{sv});显示器的转动误差矩阵 $\boldsymbol{A}_c$,平移误差 $[x_{0c},y_{0c},f_c]$,以及显示器的像素大小误差 (p_{cu},p_{cv})。$\boldsymbol{A}_s$ 可以使用按照 $1-2-3$ 转动的 3 个欧拉角 $[e_{s1},e_{s2},e_{s3}]$ 来表示,同理 $\boldsymbol{A}_c$ 也可以表示成 3 个欧拉角 $[e_{c1},e_{c2},e_{c3}]$ 的形式,这样整个系统共具有 16 个参数,将所有的参数表示成集合形式,即

$$\theta = [e_{c1},e_{c2},e_{c3},x_{0c},y_{0c},f_c,p_{cu},p_{cv},e_{s1},e_{s2},e_{s3},x_{0s},y_{0s},f_s,p_{su},p_{sv}]$$

在进行一定的调整后,这些参数很难得以进一步的测量或者微调,为此本章通过参数标定的方法来进行。本章采用非线性最小二乘(Nonlinear Least Square,NLS)方法对系统参数进行标定,得到最优的系统参数。根据式(8-4),优化的目标函数为

$$J(\theta) = \frac{1}{2}\sum_{i=1}^{N}\left[(x_{s-c}(\theta)-x_s)^2 + (y_{s-c}(\theta)-y_s)^2\right]$$

式中:$x_{s-c}(\theta)$ 为从模拟器目标点根据 θ 计算的像点 x 坐标;$y_{s-c}(\theta)$ 为从模拟器星点根据 θ 计算的像点 y 坐标;x_s 为星敏感器探测器实际得到的像点 x 坐标;y_s 为实际像点 y 坐标;N 为星点个数。

设定参数初值和上下限,使用标准算法求解待标定参数。生成标定用的星点遵循一定的原则,主要包括:

(1) 星点数目越多,计算结果越精确;

(2) 星点应该覆盖星敏感器整个视场;

(3) 星点尺寸越大,离轴造成的形心偏移越小;

(4) 星点之间间隔应保持一定距离,降低彼此间的互相影响。

实验过程中,使用星图生成程序产生 441 个均布点,如图 8-4 所示。

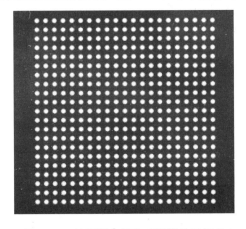

图 8-4　显示器上标定时模拟的目标点

参数标定结果如表8-1所列。

表8-1　实验系统参数标定结果

e_c/rad	$[x_{0c},y_{0c},f_c]$ /mm	$[p_{cu},p_{cv}]$ /mm	e_s/rad	$[x_{0s},y_{0s},f_s]$ /mm	$[p_{su},p_{sv}]$ /mm
0.00081	5.7901	0.0221	-0.00077	7.6734	0.015
-0.00056	-4.7832	0.0220	0.00056	7.6740	0.015
-0.00349	70.8.15	—	0.00349	33.873	—

计算残差为24.351。平均每个像素的拟合误差为0.332像素。用标定结果把星点重新投影到像面,和真实像点的对比图如图8-5所示。

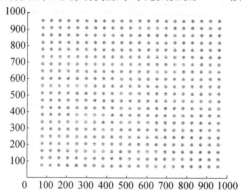

图8-5　反投影像点(o)与实际获得像点(+)对比图

8.2.5　星敏感器实验室测试实验

根据上述实验系统的设计,最终在实验室内搭建而成的实验室测试系统如图8-6所示。

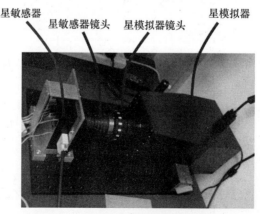

图8-6　星敏感器实验室测试系统

　　星图模拟计算机生成姿态矩阵,并根据此矩阵以及上述的模拟星图生成方法来不断生成变化的星图,然后将此星图传输到星模拟器的液晶光阀上进行显示。同时,星图模拟计算机将此姿态信息以四元数的形式传递给星敏感器结果监测计算机。星敏感器根据拍摄到的星图进行星图识别和姿态估计,并将姿态四元数估计结果和一些重要的内部参数信息在测试结果监测计算机上显示。

　　测试结果监视计算机的监视界面如图 8 - 7 所示。

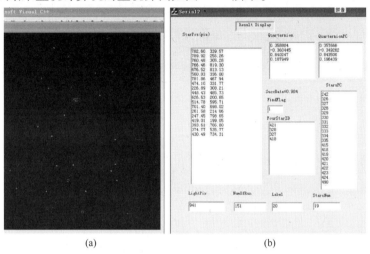

图 8 - 7　测试结果监测计算机监视界面

　　实验室测试系统模拟所处姿态的理想四元数和实际星敏感器测得的四元数曲线如图 8 - 8 所示。

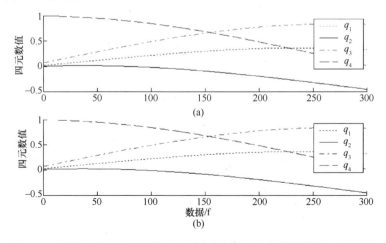

图 8 - 8　计算机模拟星空变化四元数(a)和星敏感器实际测量四元数(b)

　　上述姿态四元数误差转化为 3 个欧拉角的姿态估计误差曲线如图 8 - 9 所示,实验测试系统误差如表 8 - 2 所列。

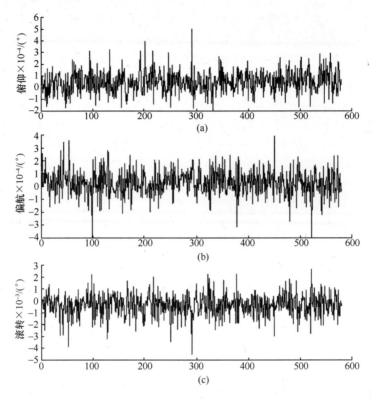

图 8-9　利用实验室测试系统测得星敏感器的三轴姿态估计误差曲线
(a)俯仰方向误差;(b)偏航方向误差;(c)滚转方向误差。

表 8-2　利用动态模拟器实验测试系统误差

	俯仰	偏航	滚转
均值/(°)	0.0029	0.0017	-0.0201
1σ 误差/(°)	0.0055	0.0059	0.0560

8.2.6　误差分析

通常情况下,星模拟器的精度要比星敏感器的精度低一个量级左右,这不只是模拟器镜头等因素造成的,更主要是来自于液晶光阀等显示系统的离散性。在星敏感器端,通常采用亚像素的星点提取方法,精度一般可以达到0.1~0.05像素水平,但是在液晶光阀的显示上通常只有1像素水平,而液晶光阀的点阵尺寸和规模与星敏感器的探测器比较接近,甚至还要差一些,因此通过星模拟器进行的精度测试的主要误差实质上是来自星模拟器系统。

从实验的结果来看,星模拟器主要存在两种误差:均值误差和系统均方根误差。均值误差虽然比较大,但它是不变的,这是由于整个系统的安装、校正不精确造成的。系统的均方根误差(1σ 误差)是一种随机误差,它决定了系统的精度。整个系统误差由星敏感器的固有误差、显示器模拟星图显示误差以及准直透镜的光学误差等组成。由于星敏感器设计采用了亚像元法,精度可以达到0.1 像素,相对角度误差约为液晶光阀显示器显示误差的 1/10;相比之下,显示器的星图显示误差是整个系统误差的一个主要来源,这也是利用显示器进行星图模拟和星敏感器实际使用的一个主要区别。

　　显示误差主要取决于像素的尺寸。显示器显示星图实际上是由离散的一个个发光像素组成的,利用单个像素来构成模拟星。虽然 3 个子像素之间有一定的间距,但间距很小,远小于星敏感器的瞬时视场。同时,星敏感镜头对单点弥散成 $3 \times 3 \sim 5 \times 5$ 像素大小。根据点的能量扩散函数和显示的对称性,星敏感器亚像元精度的影响将是非常小的,相对于星点位置圆整误差来说是完全可以忽略的。显示器像素的离散性使得星图显示存在着离散的特性,绝大部分星点不能正好投影到显示器的某个像素上,而是在几个像素之间,这就要求必须圆整,使其显示到某个像素上去。这样可以认为像素误差为 $\delta_{pix}/2$(δ_{pix} 为像素尺寸),由于显示器的像素不是方形,在水平方向上($H_{\delta_{pix}}$)和在竖直方向上($V_{\delta_{pix}}$)的尺寸不一致,这样会造成在两个方向上存在不同的误差。由于星敏感器的姿态是利用两颗星之间的角距来计算的,那么两颗星之间的像素误差仍是 δ_{pix},即在水平和垂直方向上的误差分别为 $H_{\delta_{pix}}$ 和 $V_{\delta_{pix}}$。姿态误差是通过多星来估计的,由此所产生的姿态角误差分别为 $H_{\delta_{pix}}/(\sqrt{N} \times f_c)$ 和 $V_{\delta_{pix}}/(\sqrt{N} \times f_c)$。星敏感器的姿态估计在最差的情况下是利用两颗星计算的,而采用的显示器 $H_{\delta_{pix}} = 0.022\,\mathrm{mm}$,$V_{\delta_{pix}} = 0.021\,\mathrm{mm}$,准直透镜 $f_c = 70\,\mathrm{mm}$,取星敏感器视场中星数目的平均值 $N = 9$,则根据星敏感器与显示器的放置关系得到星敏感器的俯仰和偏航方向误差为

$$\begin{cases} \mathrm{error_{pitch}} = \dfrac{V_{\delta_{pix}}}{\sqrt{9} \times f_c} = 0.0057(°) \\ \\ \mathrm{error_{yaw}} = \dfrac{H_{\delta_{pix}}}{\sqrt{9} \times f_c} = 0.0060(°) \end{cases} \qquad (8-8)$$

理论计算结果和实际实验得到的结果基本上吻合。

　　滚转方向的精度计算比较复杂。为简化计算,假定要分析的几颗星位于以星敏感器的光轴为中心、半径为 R 的圆上。同样,采用两颗星的分析方法,精度分析计算公式为

$$\mathrm{error_{roll}} = \frac{\delta_{pix}}{\sqrt{8} \times 2R} \approx \frac{\delta_{pix}}{4\sqrt{2}f_c \tan\alpha} \qquad (8-9)$$

式中:α 为星对角距。根据 α 的大小,得到滚转方向精度与星对角距关系如图 8-10所示。从图 8-10 可以看出,滚转方向的模拟结果在理论分析的结果范围之内。对于一般微型星敏感器来说,这样的精度能够满足指标要求。

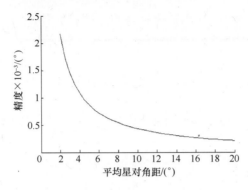

图 8 - 10　滚转方向精度与星对角距关系

8.3　星敏感器真实星空实验

8.3.1　真实星空实验方法

真实星空实验是在地面上测试星敏感器性能最接近真实情况的实验方法。常用的方法是将星敏感器安装在天文望远镜上[118,119]，利用望远镜的转动使星敏感器对准不同的天区，以便获得对不同天区的识别能力。同时，由于望远镜具有高的转动精度，可以测得星敏感器的精度。但是，使用望远镜是昂贵和不方便的，尤其在研发阶段。为此，本节提出了利用测量地球自转来验证星敏感器的星图识别和精度测试方法，可以在一定程度上验证星敏感器的可行性，尤其是在验证全天星图识别能力方面。

地球自转的精度是相当高的，而且是在任何时间和地点都可用的，这给星敏感器的实验提供了很大的便利条件。但是，在实验时要避开月亮和云层等影响因素，因此在天气的选择上还要综合考虑。在进行实验时，将星敏感器固定在地球上，可以考虑它和地球具有同样的转动，同时为了观测到不同的天气情况，可以通过转台或者可调整的三脚架来调整星敏感器的指向[120]，以适应更加广泛的情况。考虑到以上诸多因素，在制定星敏感器真实星空实验方案时，采用的实验装置示意图如图 8 - 11 所示。

8.3.2　与精度测试方法相关的地球运动规律

基于天体运动学的星敏感器精度测试方法是将地球的精密运动作为星敏感器的精度测试基准，因此需要对地球在惯性空间的运动进行严格的分析和计算。

如图 8 - 12 所示，天球是以地球球心为中心、具有无限大半径的假想圆球。将地球赤道平面无线延伸后与天球相交的圆称为"天赤道"，地球绕太阳公转的

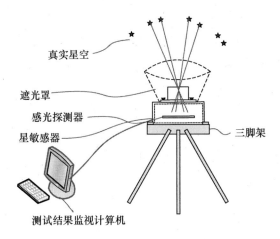

图 8 - 11　星敏感器真实星空实验装置示意图

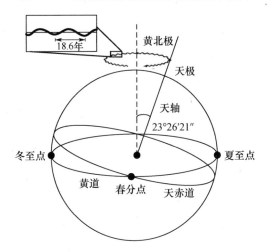

图 8 - 12　地球在天球坐标系中运动的主要坐标系参数

轨道平面与天球相交的圆称为"黄道"。天赤道与黄道相交于两点,太阳视行从天赤道以南进入天赤道以北与天赤道的交点称为春分点,太阳视行从天赤道以北进入天赤道以南与天赤道的交点称为秋分点。太阳从春分点出发,沿黄道运行一周再次回到春分点的时间称为一个"回归年"。

　　如果地轴不改变方向,二分点不动,回归年与恒星年相等。但地轴绕黄极缓慢进动,赤道面与黄道面的交线也以同一周期在黄道面上旋转,如图 8 - 12 所示,天北极以 23°26′21″为半径按顺时针方向绕黄北极转动。由于地球的公转方向与地轴的进动方向相反,春分点每年会产生一个微小的西移,使恒星年和回归年时间产生微小差别,天文学上称为岁差。现代天文学的测量和计算结果表明,地球每年的岁差为 50.29″,这样大约 25765 年北天极绕黄北极旋转一周[121]。

161

地球不仅存在自转轴长期缓慢移动的岁差,还存在短周期的幅度较小的振动。出现这种情况的原因较为复杂,粗略认为是由地球附近的其他行星和月亮等对于地球的引力造成的。现代天文学测量结果显示,章动的周期为18.6年(6798d),在黄道上的黄经章动分量是17.24″,垂直于黄道的斜章动分量是9.21″[122]。

地球的自转轴还存在着极移等现象,但是周期性的变化都在0.1″以下,因此相对于星敏感器的精度测试可以忽略不计。

地球在惯性空间的运动包括本身围绕地轴的自转、地轴围绕黄北极的进动,以及地轴的章动和极移。但是,地球围绕太阳的公转不产生地轴在惯性空间的变化,不会对星敏感器的测试产生影响。

为尽量减小大气等影响,将星敏感器固定在地球上且正对天顶[123],星敏感器随地球的运动输出相应的姿态和图像信息。星敏感器的精度测试问题就转换为星敏感器的测量结果与地球的转动进行精确比对的问题。

8.3.3 星敏感器测量地球转动原理及系统坐标系建立

本节提出的星敏感器精度测试方法,主要是利用地球本身自转的精密性,将星敏感器固连于地球,使星敏感器的主轴尽量正对天顶观测,以避免大气折射对星敏感器测量精度的影响。星敏感器随着地球以角速度 $\Omega = 7.292115 \times 10^{-5}\mathrm{rad/s}$ 运动,星敏感器测量值的角度变化与之相对应。在精确获得地球运动规律后,将实时的星表进行地球的逆运动变换,或者将姿态进行逆运动变换,使得星敏感器的指向矢量不变,这样测量的结果即可作为星敏感器的指向精度和滚转精度。

在本节提出的方法中,使用的坐标系包括天球赤道坐标系、历元天球黄道坐标系、地固坐标系和星敏感器坐标系这4个坐标系系统,如图8-13所示。

(1) 天球赤道坐标系,用 CCS(Celestial Coordinate System)表示。国际建立的 J2000.0 天球赤道坐标系(简称 J2000.0 坐标系),使用符号 CCSJ2000 表示,如图8-13中的 CCSJ2000 坐标系所示。J2000.0 坐标系为公元2000年1月1日地球力学时12时建立的天球赤道坐标系,Z 轴指向地球的北极,X 轴指向建立时刻的春分点,Y 轴与 X 轴、Z 轴满足右手定则。星敏感器有关导航星的信息均基于此而建立。由于岁差和章动等影响,不同时刻的天球坐标系会发生相应的旋转。某一时刻的天球坐标系需要在 J2000.0 的基础上消除岁差和章动的影响才可获得,使用符号 CCST 表示。

(2) 历元天球黄道坐标系,用 ECS(Ecliptic Coordinate System)表示,如图8-13中的 X_{ECS}、Y_{ECS} 和 Z_{ECS} 所示。ECS 建立在公元2000年1月1日地球力学时12时,并保持固定不变。地球绕太阳的公转轨道称为黄道,以地心为中心,以指向建立时刻的春分点为 X 轴,以垂直于黄道平面为 Z 轴,Y 轴与 X 轴、Z 轴满足右手定则。天球赤道坐标系绕着历元天球黄道坐标系的 Z 轴以每年50.29″

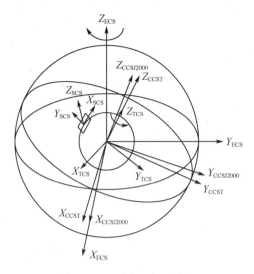

图 8 - 13　系统坐标系定义

的速度旋转,称为岁差。

（3）地固坐标系。地固坐标系的坐标轴定义和天球坐标系一致,不同的是:随着地球运动,地固坐标系围绕地球的 Z 轴(即天球坐标系的 Z 轴)近似匀速转动,转动角速度为 $\Omega = 7.292115 \times 10^{-5}\,\mathrm{rad/s}$。地固坐标系如图 8 - 13 中的 TCS(Terrestrial Coordinate System)所示。

（4）星敏感器坐标系。星敏感器坐标系固连于星敏感器上,并与星敏感器一同运动。坐标系中心为星敏感器的探测器中心,X 轴和 Y 轴分别平行于探测器的行和列,Z 轴与另外两轴满足右手定则,用 SCS(Star Sensor Coordinate System)表示,如图 8 - 13 中的 X_{SCS}、Y_{SCS} 和 Z_{SCS} 所示。在测量中,将星敏感器与地球固定在一起,随着地固坐标系一起运动。

星敏感器所测量的导航星均为恒星,距离遥远,因此上述 4 个坐标系的坐标原点可以认为在同一点,坐标系之间的变换只包括旋转变换。旋转变换的基本方法如下。

设 x、y、z 为原坐标系下的坐标,(x',y',z') 为坐标系发生旋转之后的坐标,则有

$$\begin{bmatrix} x' \\ y' \\ z' \end{bmatrix} = \boldsymbol{R}(\theta) \begin{bmatrix} x \\ y \\ z \end{bmatrix}$$

坐标系分别绕 X 轴、Y 轴、Z 轴旋转的坐标变换基为

$$\boldsymbol{R}_X(\theta) = \begin{bmatrix} 1 & 0 & 0 \\ 0 & \cos\theta & \sin\theta \\ 0 & -\sin\theta & \cos\theta \end{bmatrix}$$

$$\boldsymbol{R}_Y(\theta) = \begin{bmatrix} \cos\theta & 0 & -\sin\theta \\ 0 & 1 & 0 \\ \sin\theta & 0 & \cos\theta \end{bmatrix}$$

$$\boldsymbol{R}_Z(\theta) = \begin{bmatrix} \cos\theta & \sin\theta & 0 \\ -\sin\theta & \cos\theta & 0 \\ 0 & 0 & 1 \end{bmatrix}$$

在建立上述坐标系后,就可以分析由于地球的转动而产生星敏感器的测量输出情况。由于星敏感器固定在地球上,这样 SCS 和 TCS 的关系为

$$\begin{bmatrix} x \\ y \\ z \end{bmatrix}_{\text{SCS}} = \boldsymbol{A}_{\text{S-T}} \begin{bmatrix} x \\ y \\ z \end{bmatrix}_{\text{TCS}} \tag{8-10}$$

而 $\boldsymbol{A}_{\text{S-T}}$ 可以由星敏感器的主轴绕地固坐标系的主轴按照一定的欧拉角转动规则得到,例如按照 3 - 1 - 2 转动时有

$$\boldsymbol{A}_{\text{S-T}} = \begin{bmatrix} \text{C}\psi\text{C}\phi - \text{S}\psi\text{S}\theta\text{S}\phi & \text{C}\psi\text{S}\phi + \text{S}\psi\text{S}\theta\text{C}\phi & -\text{S}\psi\text{C}\theta \\ -\text{C}\theta\text{S}\phi & \text{C}\theta\text{C}\phi & \text{S}\theta \\ \text{S}\psi\text{C}\phi + \text{C}\psi\text{S}\theta\text{S}\phi & \text{S}\psi\text{S}\phi - \text{C}\psi\text{S}\theta\text{C}\phi & \text{C}\psi\text{C}\theta \end{bmatrix} \tag{8-11}$$

式中:$\text{C} = \cos$;$\text{S} = \sin$;ϕ,θ,ψ 分别为星敏感器绕 $z_{\text{TCS}},x_{\text{TCS}},y_{\text{TCS}}$ 轴的转动角度。ϕ,θ,ψ 与 $\boldsymbol{A}_{\text{S-T}}$ 的关系为

$$\begin{cases} \phi = \arctan(-\boldsymbol{A}_{21}/\boldsymbol{A}_{22}) \\ \theta = \arcsin(\boldsymbol{A}_{23}) \\ \psi = \arctan(-\boldsymbol{A}_{13}/\boldsymbol{A}_{33}) \end{cases} \tag{8-12}$$

式中:$\boldsymbol{A}$ 为 $\boldsymbol{A}_{\text{S-T}}$ 的简写。

地固坐标系(TCS)在 CCS 中的表现形式为围绕 z_{CCS} 以 15(°)/h 的匀角速率转动,故 CCS 坐标系和 TCS 坐标系的关系为

$$\begin{bmatrix} x \\ y \\ z \end{bmatrix}_{\text{TCS}} = \boldsymbol{A}_{\text{T-C}} \begin{bmatrix} x \\ y \\ z \end{bmatrix}_{\text{CCS}} \tag{8-13}$$

$$\boldsymbol{A}_{\text{T-C}} = \begin{bmatrix} \text{C}\alpha & \text{S}\alpha & 0 \\ -\text{S}\alpha & \text{C}\alpha & 0 \\ 0 & 0 & 1 \end{bmatrix} \tag{8-14}$$

$$\alpha(t) = (\text{UTS}(t) - \text{UTC}_{2000}) \times 15°/\text{h} \tag{8-15}$$

式中:α 为一个关于时间的函数;$\text{UTS}(t)$ 为星敏感器正在工作的时间;UTC_{2000} 为 J2000.0 的世界时。这样,得到 CCS 到 SCS 的转换关系为

$$\begin{bmatrix} x \\ y \\ z \end{bmatrix}_{\text{SCF}} = A_{\text{S-T}} \begin{bmatrix} x \\ y \\ z \end{bmatrix}_{\text{TRF}} = A_{\text{S-T}} A_{\text{T-C}} \begin{bmatrix} x \\ y \\ z \end{bmatrix}_{\text{CRF}} = A_{\text{S-C}} \begin{bmatrix} x \\ y \\ z \end{bmatrix}_{\text{CRF}} \qquad (8-16)$$

$$A_{\text{S-C}} = A_{\text{S-T}} A_{\text{T-C}}$$

$$= \begin{bmatrix} C\psi C(\phi+\alpha) - S\psi S\theta S(\phi+\alpha) & C\psi S(\phi+\alpha) + S\psi S\theta C(\phi+\alpha) & -S\psi C\theta \\ -C\theta S(\phi+\alpha) & C\theta C(\phi+\alpha) & S\theta \\ S\psi C(\phi+\alpha) + C\psi S\theta S(\phi+\alpha) & S\psi S(\phi+\alpha) - C\psi S\theta C(\phi+\alpha) & C\psi C\theta \end{bmatrix}$$

$$(8-17)$$

组合式(8-12)和式(8-17),可以得到星敏感器测得的转动 3-1-2 欧拉角为

$$\begin{cases} \phi' = \arctan(-A_{\text{s-c21}}/A_{\text{s-c22}}) = \phi + \alpha \\ \theta' = \theta \\ \psi' = \psi \end{cases} \qquad (8-18)$$

从式(8-18)可得星敏感器测得的 3 个欧拉角度,其中:θ' 和 ψ' 只与安装在地球上的位置有关,安装后就不再变化;ϕ' 不但与安装的位置有关,还与地球转动角度 α 有关,根据式(8-15)可知这是一个时间线性函数。

8.3.4　星敏感器精度测试实现方法

1. 导航星矢量变换方法

星敏感器精度的精确测量系统必须符合如下条件:

(1)星敏感器星表包含视运动参数,星敏感器具有时间输入接口;

(2)星敏感器内部具有星表变换能力,可以将导航星的坐标由 J2000.0 坐标系转换到地固坐标系。

在采用本节所提出的方法进行星敏感器精度测试时,星敏感器测量系统装置如图 8-14 所示,将星敏感器通过三角架等固定在地球上。为尽量减小大气等影响,将星敏感器正对天顶,星敏感器即可随着地球的运动输出相应的姿态和图像信息。星敏感器的精度测试问题就转换为星敏感器的测量结果与地球的转动进行精确比对的问题。

星敏感器精度测试方法框图如图 8-15 所示。

(1)将星敏感器固定在地球上,使星敏感器主轴指向天顶,并向星敏感器输入测试开始时间相对于 J2000.0 的时刻 T(单位为年)。根据星敏感器中的导航星在 J2000.0 坐标系下的赤经和赤纬(α,δ)以及在赤经和赤纬方向上的视运动

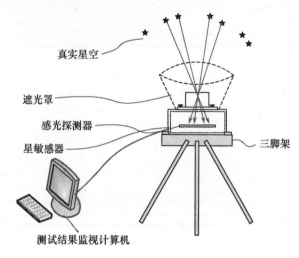

真实星空

遮光罩

感光探测器

星敏感器

三脚架

测试结果监视计算机

图 8 - 14　星敏感器测量系统装置

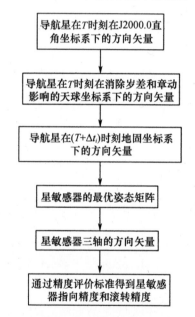

导航星在*T*时刻在J2000.0直角坐标系下的方向矢量

导航星在*T*时刻在消除岁差和章动影响的天球坐标系下的方向矢量

导航星在(*T*+Δ*t*)时刻地固坐标系下的方向矢量

星敏感器的最优姿态矩阵

星敏感器三轴的方向矢量

通过精度评价标准得到星敏感器指向精度和滚转精度

图 8 - 15　基于导航星矢量变换的星敏感器精度测试方法框图

参数(α', δ')，可确定导航星时刻 T 在 J2000.0 直角坐标系下的方向矢量 v_{CCSJ2000} 为

$$v_{\text{CCSJ2000}} = \begin{bmatrix} \cos(\alpha + \alpha'T)\cos(\delta + \delta'T) \\ \sin(\alpha + \alpha'T)\cos(\delta + \delta'T) \\ \sin(\delta + \delta'T) \end{bmatrix} \qquad (8-19)$$

（2）将导航星时刻 T 在 J2000.0 直角坐标系下的方向矢量绕 J2000.0 坐标系 X 轴逆时针方向转动 $23°26'21''$ 转换为历元黄道坐标系下的方向矢量 v_{ECS}，将

166

v_{ECS} 绕历元黄道坐标的 Z 轴顺时针方向转动 $50.29'' \times T$,接着绕 X 轴顺时针方向转动 $23°26'21''$。此时,得到导航星时刻 T 在已经消除岁差影响的天球坐标系下的方向矢量。

（3）将导航星时刻 T 在消除了岁差影响的天球坐标系下的方向矢量继续绕 X 轴逆时针方向旋转 ε_A,然后绕 Z 轴顺时针方向旋转 $\Delta\varphi$,接着绕 X 轴顺时针方向旋转 $\varepsilon_A + \Delta\varphi$,此时获得消除章动影响的时刻 T 的天球坐标系下的方向矢量 v_{CCST},其中 $\Delta\varphi$、$\Delta\varepsilon$ 分别表示黄经章动和斜章动。

整个过程可以表示为

$$\begin{aligned}
v_{CCST} = & R_X(-(\varepsilon_A + \Delta\varepsilon)) R_Z(-\Delta\varphi) R_X(\varepsilon_A) \times \\
& R_X(-23°26'21'') R_Z(-50.29'' \times T) \times \\
& R_X(23°26'21'') v_{CCSJ2000}
\end{aligned} \tag{8-20}$$

式中:R_X、R_Z 为式（3-2）中绕 X 轴和 Z 轴旋转的坐标变换基。

根据 IAU2000B 章动模型[124],ε_A 与黄经章动 $\Delta\varphi$ 和斜章动 $\Delta\varepsilon$ 分别为

$$\begin{cases}
\varepsilon_A = \varepsilon_0 - 46.84024'' \times t - 0.00059'' \times t^2 + 0.001813'' \times t^3 \\
\Delta\varphi = \Delta\varphi_P + \sum_{i=1}^{77} [(Q_{i1} + Q_{i2}t)\sin\gamma_i + Q_{i3}\cos\gamma_i] \\
\Delta\varepsilon = \Delta\varepsilon_P + \sum_{i=1}^{77} [(Q_{i4} + Q_{i5}t)\sin\gamma_i + Q_{i6}\cos\gamma_i]
\end{cases} \tag{8-21}$$

式中:$\Delta\varphi_P = -0.000135''$;$\Delta\varepsilon_p = 0.000388''$;$\varepsilon_0 = 84381.448''$;$t$ 为从 J2000.0 开始的儒略世纪数,并基于时刻 T 获得。此外,在式（8-21）中,幅角 γ_i 为幅角的线性组合,即

$$\gamma_i = \sum_{k=1}^{5} n_{ik} F_k = n_{i1}l + n_{i2}l' + n_{i3}F + n_{i4}D + n_{i5}\Omega \tag{8-22}$$

式中:n_{ik} 为整数;F_k 为与太阳月亮位置有关的 Delaunay 幅角。F_k 具体可表示为

$$\begin{cases}
F_1 = l = 134.96340251° + 1717915923.2178'' \times t \\
F_2 = l' = 357.52910918° + 129596581.0481'' \times t \\
F_3 = F = 93.27209062° + 1739527262.8478'' \times t \\
F_4 = D = 297.85019547° + 1602961601.2090'' \times t \\
F_5 = \Omega = 125.04455501° - 6962890.5431'' \times t
\end{cases} \tag{8-23}$$

章动表达式中的 n_{ik} 及 $Q_{i1} - Q_{i6}$ 的取值可以在国际地球自转和参考系服务（International Earth Rotation and Reference Systems Service）的网站[125]中查到。

表 8 - 3 和表 8 - 4 列出了最终所需的系数中的前 10 项。

表 8 - 3　章动量级数前 10 项幅角的系数

i	n_{i1}	n_{i2}	n_{i3}	n_{i4}	n_{i5}
1	0	0	0	0	1
2	0	0	2	-2	2
3	0	0	2	0	2
4	0	0	0	0	2
5	0	1	0	0	0
6	0	1	2	-2	2
7	1	0	0	0	0
8	0	0	2	0	1
9	1	0	2	0	2
10	0	-1	2	-2	2

表 8 - 4　章动量级数前 10 项的系数

i	Q_{i1}	Q_{i2}	Q_{i3}	Q_{i4}	Q_{i5}	Q_{i6}
1	-17206.4161	-17.4666	3.3386	9205.2331	0.9086	1.5377
2	-1317.0906	-0.1675	-1.3696	573.0336	-0.3015	-0.4587
3	-227.6413	-0.0234	0.2796	97.8459	-0.0485	0.1374
4	207.4554	0.0207	-0.0698	-89.7492	0.0470	-0.0291
5	147.5877	-0.3633	1.1817	7.3871	-0.0184	-0.1924
6	-51.6821	0.1226	-0.0524	22.4386	-0.0677	-0.0174
7	71.1159	0.0073	-0.0872	-0.6750	0.0000	0.0358
8	-38.7298	-0.0367	0.0380	20.0728	0.0018	0.0318
9	-30.1461	-0.0036	0.0816	12.9025	-0.0063	0.0367
10	21.5829	-0.0494	0.0111	-9.5929	0.0299	0.0132

（4）基于地固坐标系下的方向矢量 v_{TCS} 获得星敏感器的精度。

① 将导航星矢量从时刻 T 天球坐标系绕天球坐标系的 Z 轴以 $\Omega = 7.292115 \times 10^{-5}$ rad/s 逆时针旋转到 $T + \Delta t_i$ 时刻地固坐标系下的方向矢量 v_{TCS}，即

$$v_{\text{TCS}} = R_Z(\Omega\Delta t_i)v_{\text{CCST}} \qquad (8-24)$$

其中,步骤（1）~（3）只需进行一次,步骤（4）需要不断转换方可得到任意 $T + \Delta t_i$ 时刻的导航星相对于地固坐标系下的坐标数据。

② 地固坐标系下的方向矢量 v_{TCS} 通过 QUEST 方法使目标函数 $J(A_q(T + \Delta t_i))$ 达到最小值,而得到星敏感器的最优姿态矩阵 $A_q(T + \Delta t_i)$,即

$$J(A_q(T + \Delta t_i)) = \frac{1}{2} \sum_{i=1}^{n} \lambda_i \parallel w_i - A_q(T + \Delta t_i) v_i \parallel^2 \qquad (8-25)$$

式中：w_i、v_i分别为导航星在星敏感器感器坐标系下的方向矢量和在地固坐标系下的方向矢量；λ_i为加权系数，满足 $\sum \lambda_i = 1$。

③ 根据星敏感器最优姿态矩阵 $A_q(T + \Delta t_i)$ 计算实际拍摄时刻 $T + \Delta t_i$ 的星敏感器三轴矢量 $p(T + \Delta t_i)$，即

$$p(T + \Delta t_i) = A_q(T + \Delta t_i)^T \begin{bmatrix} 1 & 0 & 0 \\ 0 & 1 & 0 \\ 0 & 0 & 1 \end{bmatrix} \qquad (8-26)$$

2. 姿态矩阵变换方法

基于姿态矩阵变换的星敏感器精度测试方法框图如图 8-16 所示。

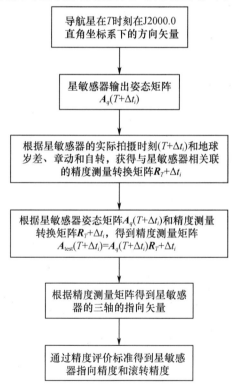

图 8-16　基于姿态矩阵变换的星敏感器精度测试方法框图

（1）将星敏感器固定在地球上，使星敏感器的滚转轴指向天顶，星敏感器中存储有星图。

（2）根据导航星在星敏感器坐标系下的方向矢量和在 J2000.0 直角坐标系下的方向矢量 $v_{CRFJ2000}$，可得到并输出星敏感器的最优姿态矩阵 $q_i = [q_1 \quad q_2 \quad q_3 \quad q_4]$ 及对应星图的实际拍摄时刻 $T + \Delta t_i$。

（3）根据 q_i 得到最优姿态矩阵 $A_q(T + \Delta t_i)$，即

$$A_q(T + \Delta t_i) = \begin{bmatrix} q_1^2 - q_2^2 - q_3^2 + q_4^2 & 2(q_1q_2 + q_3q_4) & 2(q_1q_3 - q_2q_4) \\ 2(q_1q_2 - q_3q_4) & -q_1^2 + q_2^2 - q_3^2 + q_4^2 & 2(q_2q_3 + q_1q_4) \\ 2(q_1q_3 + q_2q_4) & 2(q_2q_3 - q_1q_4) & -q_1^2 - q_2^2 + q_3^2 + q_4^2 \end{bmatrix}$$

$$(8-27)$$

（4）根据星敏感器的实际拍摄时刻 $T + \Delta t_i$ 和地球的岁差、章动和自转，获得与星敏感器相关联的精度测试转换矩阵 $R_{T+\Delta t_i}$。

① 得到 J2000.0 直角坐标系转换为历元黄道坐标系的转换矩阵 $R_{ERF}(-\theta_1)$。

基于 J2000.0 直角坐标系 $(X_{CRFJ2000}, Y_{CRFJ2000}, Z_{CRFJ2000})$，将 J2000.0 直角坐标系绕 J2000.0 直角坐标系的 X 轴逆时针方向转动 $23°26'21''$ 后可获得历元黄道坐标系 $(X_{ERF}, Y_{ERF}, Z_{ERF})$，即

$$(X_{ERF}, Y_{ERF}, Z_{ERF}) = (X_{CRFJ2000}, Y_{CRFJ2000}, Z_{CRFJ2000}) \cdot R_X(-23°26'21'')$$

$$(8-28)$$

则有 $R_{ERF}(-\theta_1) = R_X(-23°26'21'')$，式中：$R_X$ 为坐标变换基。

② 得到历元黄道坐标系转换为当前时刻 T 下的天球坐标系的转换矩阵 $R_{CRFT}(-\theta_2)$。

将历元黄道坐标系 $(X_{ERF}, Y_{ERF}, Z_{ERF})$ 转换成当前时刻 T 下的天球坐标系 $(X_{CRFT}, Y_{CRFT}, Z_{CRFT})$，并通过下述步骤获得：将历元黄道坐标系 $(X_{ERF}, Y_{ERF}, Z_{ERF})$ 绕 Z 轴顺时针方向转动 $50.29'' \times T$；绕第一次转动后的坐标系的 X 轴顺时针方向转动 $-23°26'21''$；绕第二次旋转后的坐标系的 X 轴逆时针方向旋转 ε_A；绕第三次旋转后的坐标系的 Z 轴顺时针方向旋转 $\Delta\varphi$；绕第四次旋转后的坐标系的 X 轴顺时针方向旋转 $\varepsilon_A + \Delta\varepsilon$，以获得含有章动项的当前时刻 T 的天球坐标系 $(X_{CRFT}, Y_{CRFT}, Z_{CRFT})$，其中 $\Delta\varphi, \Delta\varepsilon$ 分别表示黄经章动和斜章动。

所述天球坐标系架构 $(X_{CRFT}, Y_{CRFT}, Z_{CRFT})$ 可表示为

$$(X_{CRFT}, Y_{CRFT}, Z_{CRFT}) = (X_{ERF}, Y_{ERF}, Z_{ERF}) \cdot R_Z(50.29'' \times T) \cdot R_X(23°26'21'') \cdot$$
$$R_X(-\varepsilon_A) \cdot R_Z(\Delta\varphi) \cdot R_X(\varepsilon_A + \Delta\varepsilon) \qquad (8-29)$$

式中：R_X、R_Z 为坐标变换基。由此可得

$$R_{CRFT}(-\theta_2) = R_Z(50.29'' \times T) \cdot R_X(23°26'21'') \cdot$$
$$R_X(-\varepsilon_A) \cdot R_Z(\Delta\varphi) \cdot R_X(\varepsilon_A + \Delta\varepsilon) \qquad (8-30)$$

根据 IAU2000B 章动模型，ε_A 与黄经章动 $\Delta\varphi$ 和斜章动 $\Delta\varepsilon$ 分别为

$$\begin{cases} \varepsilon_A = \varepsilon_0 - 46.84024'' \times t - 0.00059'' \times t^2 + 0.001813'' \times t^3 \\ \Delta\varphi = \Delta\varphi_P + \sum_{i=1}^{77} [(Q_{i1} + Q_{i2}t)\sin\gamma_i + Q_{i3}\cos\gamma_i] \\ \Delta\varepsilon = \Delta\varepsilon_P + \sum_{i=1}^{77} [(Q_{i4} + Q_{i5}t)\sin\gamma_i + Q_{i6}\cos\gamma_i] \end{cases} \qquad (8-31)$$

$$\gamma_i = \sum_{k=1}^{5} n_{ik} F_k = n_{i1}l + n_{i2}l' + n_{i3}F + n_{i4}D + n_{i5}\Omega \qquad (8-32)$$

式中：$\Delta\varphi_P = -0.000135''$；$\Delta\varepsilon_p = 0.000388''$；$\varepsilon_0 = 84381.448''$；$t$ 为从 J2000.0 开始的儒略世纪数，并基于当前时刻 T 获得；幅角 γ_i 为幅角的线性组合；n_{ik} 为整数；F_k 为与太阳月亮位置有关的 Delaunay 幅角。

③ 得到当前时刻 T 天球坐标系转换为实际拍摄时刻 $T + \Delta t_i$ 的地固坐标系的转换矩阵 $\boldsymbol{R}_{\mathrm{TRF}}(-\theta_3)$。

当前时刻 T 天球坐标系 $(X_{\mathrm{CRFT}}, Y_{\mathrm{CRFT}}, Z_{\mathrm{CRFT}})$ 转换到实际拍摄时刻 $T + \Delta t_i$ 的地固坐标系 $(X_{\mathrm{TRF}}, Y_{\mathrm{TRF}}, Z_{\mathrm{TRF}})$，可通过将天球坐标系 $(X_{\mathrm{CRFT}}, Y_{\mathrm{CRFT}}, Z_{\mathrm{CRFT}})$ 绕天球坐标系的 Z 轴以 $\Omega = 7.292115 \times 10^{-5}\,\mathrm{rad/s}$ 逆时针旋转获得，即

$$(X_{\mathrm{TRF}}, Y_{\mathrm{TRF}}, Z_{\mathrm{TRF}}) = (X_{\mathrm{CRFT}}, Y_{\mathrm{CRFT}}, Z_{\mathrm{CRFT}}) \cdot \boldsymbol{R}_Z(-\Omega\Delta t) \qquad (8-33)$$

所以，有 $\boldsymbol{R}_{\mathrm{TRF}}(-\theta_3) = \boldsymbol{R}_Z(-\Omega\Delta t)$。

④ 得到星敏感器精度测试转换矩阵 $\boldsymbol{R}_{T+\Delta t_i}$，即

$$\begin{aligned}
\boldsymbol{R}_{T+\Delta t_i} &= \boldsymbol{R}_{\mathrm{ERF}}(-\theta_1) \cdot \boldsymbol{R}_{\mathrm{CRFT}}(-\theta_2) \cdot \boldsymbol{R}_{\mathrm{TRF}}(-\theta_3) \\
&= \boldsymbol{R}_{\mathrm{ERF}}(\theta_1)^{-1} \cdot \boldsymbol{R}_{\mathrm{CRFT}}(\theta_2)^{-1} \cdot \boldsymbol{R}_{\mathrm{TRF}}(\theta_3)^{-1} \\
&= (\boldsymbol{R}_{\mathrm{TRF}}(\theta_3) \cdot \boldsymbol{R}_{\mathrm{CRFT}}(\theta_2) \cdot \boldsymbol{R}_{\mathrm{ERF}}(\theta_1))^{-1} \qquad (8-34)
\end{aligned}$$

其中，①、②只需进行一次，③需要实时进行数据采集和转换，方可得到随着实际拍摄时刻 $T + \Delta t_i$ 而变化的任意时刻的导航星相对于地固坐标系下的坐标数据。

⑤ 利用最优姿态矩阵 $\boldsymbol{A}_q(T + \Delta t_i)$ 和精度测试转换矩阵 $\boldsymbol{R}_{T+\Delta t_i}$，得到精度测试矩阵 $\boldsymbol{A}_{\mathrm{test}}(T + \Delta t_i) = \boldsymbol{A}_q(T + \Delta t_i) \cdot \boldsymbol{R}_{T+\Delta t_i}$。根据精度测试矩阵 $\boldsymbol{A}_{\mathrm{test}}(T + \Delta t_i)$ 确定星敏感器的三轴指向矢量 $\boldsymbol{p}(T + \Delta t_i)$，即

$$\boldsymbol{p}(T + \Delta t_i) = \boldsymbol{A}_{\mathrm{test}}(T + \Delta t_i)^{\mathrm{T}} \begin{bmatrix} 1 & 0 & 0 \\ 0 & 1 & 0 \\ 0 & 0 & 1 \end{bmatrix} \qquad (8-35)$$

8.3.5　星敏感器精度评价标准

根据星敏感器三轴指向矢量 $\boldsymbol{p}(T + \Delta t_i)$ 得到实际拍摄时刻 $T + \Delta t_i$ 的星敏感器三个最优指向矢量与星敏感器 X 轴、Y 轴和 Z 轴矢量各自的夹角 $(\alpha_i, \beta_i, \varepsilon_i)$。

（1）将获得的星敏感器三轴指向矢量 $\boldsymbol{p}(T + \Delta t_i)$ 用行矢量表示为

$$\boldsymbol{p}(T + \Delta t_i) = [\boldsymbol{px}(T + \Delta t_i), \boldsymbol{py}(T + \Delta t_i), \boldsymbol{pz}(T + \Delta t_i)] \qquad (8-36)$$

并对每一个行矢量进行归一化。

（2）根据星敏感器三轴指向矢量的行矢量，获得星敏感器 X 轴、Y 轴和 Z 轴

的最优矢量 $\boldsymbol{p}_{\text{opt}}(T+\Delta t_i)$,使 $\boldsymbol{p}_{\text{opt}}(T+\Delta t_i)$ 的三个行矢量 $[\boldsymbol{px}_{\text{opt}}(T+\Delta t_i),\boldsymbol{py}_{\text{opt}}(T+\Delta t_i),\boldsymbol{pz}_{\text{opt}}(T+\Delta t_i)]$ 分别与不同实际拍摄时刻 $T+\Delta t_i$ 的 $[\boldsymbol{px}(T+\Delta t_i),\boldsymbol{py}(T+\Delta t_i),\boldsymbol{pz}(T+\Delta t_i)]$ 矢量夹角的平方和最小,并对三个行矢量进行归一化。

（3）根据星敏感器三轴最优指向矢量 $\boldsymbol{p}_{\text{opt}}(T+\Delta t_i)$ 和不同实际拍摄时刻 $T+\Delta t_i$ 的三轴指向矢量 $\boldsymbol{p}(T+\Delta t_i)$,得到余弦矩阵 $\boldsymbol{C}$,即

$$\boldsymbol{C}=\begin{bmatrix} c_{11} & c_{12} & c_{13} \\ c_{21} & c_{22} & c_{33} \\ c_{31} & c_{32} & c_{33} \end{bmatrix}=\boldsymbol{p}_{\text{opt}}(T+\Delta t_i)^{\text{T}}\cdot\boldsymbol{p}(T+\Delta t_i) \qquad (8-37)$$

（4）根据余弦矩阵 $\boldsymbol{C}$,进一步获得实际拍摄时刻 $T+\Delta t_i$ 的星敏感器三个最优指向矢量与星敏感器 X 轴、Y 轴和 Z 轴矢量的夹角 $(\alpha_i,\beta_i,\varepsilon_i)$,即

$$\begin{bmatrix} \alpha_i \\ \beta_i \\ \varepsilon_i \end{bmatrix}=\begin{bmatrix} \arccos(\,|c_{11}|\,) \\ \arccos(\,|c_{22}|\,) \\ \arccos(\,|c_{33}|\,) \end{bmatrix} \qquad (8-38)$$

其中,$(\alpha_i,\beta_i,\varepsilon_i)$ 均在 $\left[0,\dfrac{\pi}{2}\right]$ 的范围内。

根据统计规律,通过星敏感器三轴矢量可得,星敏感器滚转轴最优矢量与滚转轴各矢量夹角的夹角 η_i 符合均值为零、方差为 σ^2 的正态分布。但由于测量误差夹角只能为正,所以概率密度函数与一般正态分布的概率密度函数略有不同[126],即

$$p(\eta_i)=\begin{cases} 2f(\eta_i) & (\eta_i\geqslant0) \\ 0 & (\eta_i<0) \end{cases} \qquad (8-39)$$

$$f(\eta_i)=\frac{1}{\sqrt{2\pi}\sigma}e^{-\frac{\eta_i^2}{2\sigma^2}}$$

$$\sigma=\sqrt{\frac{\sum_0^n \eta_i^2}{n-1}} \qquad (8-40)$$

式中:n 为星敏感器的总采样次数。将 $\alpha_i,\beta_i,\varepsilon_i$ 统一用 η_i 表示,将 $\alpha_i,\beta_i,\varepsilon_i$ 分别代入式（8-40）,可得 $\sigma_X,\sigma_Y,\sigma_Z$。

星敏感器指向精度和滚转精度示意图如图 8-17 所示。α_i、β_i、ε_i 可以反映星敏感器的三个轴由于误差带来的微小变化,以此为星敏感器的精度评价标准,可得到星敏感器的滚转精度为 $3\sigma_X(99.7\%)$ 或 $3\sigma_Y(99.7\%)$,指向精度为 $3\sigma_Z(99.7\%)$。

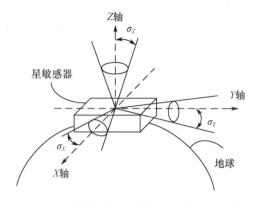

图 8 - 17　星敏感器指向精度和滚转精度示意图

8.3.6　真实星空实验结果

在实验时,选择合适的天气、时间和地点是必需的。下面对实验情况和实验结果进行介绍和分析。在实验中,采用 192ms 的曝光时间,实验地点选择国家天文台兴隆观测站。其中获得的典型星图及对应天区的 Skymap 图片如图 8 - 18所示。

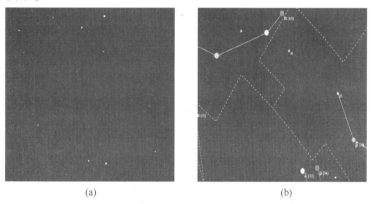

图 8 - 18　星敏感器捕获的星图(a)及对应天区的 Skymap 图片(b)

实验时间为某日 20 时到次日 5 时,星敏感器正对天顶,观星实验照片如图 8 - 19所示。

根据星图识别情况,进行姿态估计得到星敏感器输出的四元数。星敏感器固定在地球上,与地球共同在惯性系内围绕 Z 轴转动,输出结果为地球相对于惯性系的转动结果。按照 321 欧拉角的转动方式,星敏感器测得的地球转动曲线如图 8 - 20 所示。

从数据上可知,地球的运动曲线 ϕ'(绕 Z 轴)角速度基本上满足 15.04°/h,与地球自转角速度相符。θ'(绕 X 轴)和 ψ'(绕 Y 轴)基本上不变,这和上述理论分析结果基本一致,可以验证星敏感器在真实星空的模式下正常工作。

图 8 - 19   观星实验照片

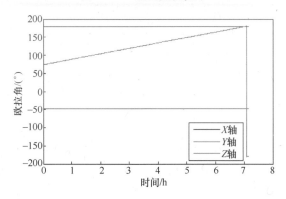

图 8 - 20   星敏感器测得地球转动曲线

为了得到星敏感器精度,需要消除地球的自转影响,同时消除岁差、章动等影响,得到消除地球运动后的星敏感器结果输出。星敏感器测得的地球转动曲线如图 8 - 21 所示。

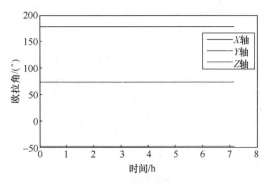

图 8 - 21   星敏感器测得地球转动曲线

星敏感器的精度测试采用真实星空的测试方法,以地球自转为标准测试转台,具有高精度和高准确性的特点;同时天空中的恒星具有真实性,最大可能地与星敏感器在轨应用相一致,测试具有广泛的认同性。以地球作为测试转台时,将星敏感器安装在支架上,若直接对天顶恒星进行测试,则需要将天文学上的岁差、地球自转等参数考虑在内,得到 2011 年 1 月 26 日的结果,帧与帧之间时间间隔为 192ms。将以恒星时下地球的自转为基础,计算星敏感器的精度,取其中10000 帧,指向轴和滚转轴的角度误差曲线如图 8 - 22 所示,视场内识别星点数目如图 8 - 23 所示。

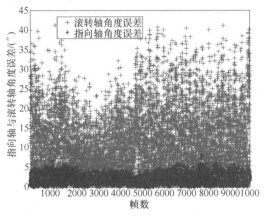

图 8 - 22　星敏感器指向轴和滚转轴的角度误差曲线

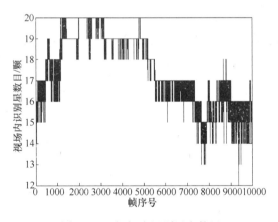

图 8 - 23　视场内识别星点数目

经测试统计,星敏感器在整个视场内的指向精度测试结果为 3.06″(3σ),滚转精度测试结果为 23.65″(3σ),满足系统的精度指标要求,即

$$3\sigma_Z = 3.06''$$
$$3\sigma_Y/3\sigma_Z = 23.65''$$

文献[127,128]给出了理论上星敏感器的单星测量精度公式,利用视场角、像元阵列、质心内插细分精度及视场内可利用星平均数,可计算视轴方向单星测量精度、指向精度和滚转精度。但实验室的测试环境与真实星空有很大的区别,

单星测量精度只能作为星敏感器性能评定的参考,无法给出星敏感器的真正的精度。本节提出的星敏感器精度测试方法的测量物理含义明确,实验数据可以真实显示星敏感器的指向精度和滚转精度,证明本测量方法可行,可以获取并保证星敏感器在使用中的真实性能。

8.3.7 基于真实星空的坐标极性测试及抗杂光性能测试

动态性能低和抗杂光性能差是星敏感器的两大弱势,也是星敏感器亟待提高的重要技术指标。而这两项技术指标的测试也是非常困难的。实验室几乎无法模拟出高动态范围的星等和光谱信息,更无法模拟出外太空的太阳光照和恒星共存的真实工作环境。真实星空条件是一种相对真实的模拟,它在一定程度上模拟了星敏感器的在轨工作状态。

1. 坐标极性测试实验

为了验证星敏感器的坐标极性等参数,需要将星敏感器的安装方向(如图 8 – 24 所示)与观测当地的经纬度、时间和方位等信息相结合,给出星敏感器光轴从北天极旋转至天顶或者从天顶旋转到北极过程中的姿态信息,并将此信息提供给卫星总体用户,以验证极性的正确性。

图 8 – 24 星敏感器安装方向示意图

对星敏感器坐标极性进行测试的地点坐标为北纬 43°47′37″,东经 125°27′27″,测试起始时间为 2015 年 7 月 14 日 23 时 22 分。如图 8 – 24 所示,星敏感器 + X 轴对准地理正东方向, + Y 轴对准地理正北方向, + Z 轴对准正天顶。将星敏感器绕 − X 轴旋转,直至星敏感器的光轴从对准正天顶到对准北极星,该过程的姿态四元数变化如图 8 – 25 所示。在星敏感器的光轴对准北极星后,绕 + X 轴旋转星敏感器,直至光轴从对准北极星到对准正天顶,该过程的姿态四元数变化如图 8 – 26 所示。

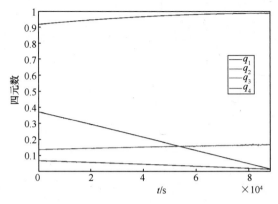

图 8 - 25　天顶指向到北极星指向的姿态四元数变化

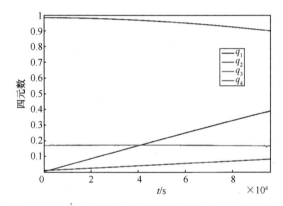

图 8 - 26　北极星指向到天顶指向的姿态四元数变化

　　星敏感器是基于在天球坐标系上位置固定的恒星进行姿态测量的敏感器，因此输出姿态的基准应与天球坐标系保持一致。也就是说，如果星敏感器坐标系与天球坐标系的各个坐标轴相互平行，输出的姿态矩阵是单位矩阵。

　　当星敏感器的光轴指向北极星，即星敏感器的光轴与天球坐标系的 $+Z$ 方向重合时，根据得到的四元数计算可得此时的姿态矩阵，最后一行矢量 $(0.0214, 0.0005, 0.9998)$ 与矢量 $(0,0,1)$ 夹角仅为 $1.1°$，此时星敏感器的光轴指向接近于天球坐标系的 $+Z$ 方向。根据天球坐标系的定义， $+Z$ 方向是北极星方向，因此星敏感器的 $+Z$ 极性得到确认。

　　通过星敏感器安装的地理位置、地方时以及安装方式，结合姿态四元数的输出数据，可以对 X 和 Y 的极性进行确认。由于地球处于不断自转的过程中，因此天球的子午圈时刻也不断变化。恒星时是天文学和大地测量学标示的天球子午圈值，以春分点为参考点。由春分点的周日视运动所确定的时间，在数值上等于春分点相对于本地子午圈的时间。因为恒星时是以春分点通过本地子午圈时为原点计算的，同一瞬间对不同测站的恒星时各异，所以恒星时具有地方性，有时也称为地方恒星时。一个地方的当地恒星时与格林尼治天文台的恒星时之间的差就是这个地方的经度。通过恒星时的计算,在实验日期和实验时刻下,实验地点在天球坐标系下的赤经约为279°。此时,由于星敏感器的 +X 轴指向为地理的正东方向,由姿态数据给出的 +X 轴在天球坐标系下的指向为(0.9920, 0.1243, −0.0213),与天球坐标系 +X 方向的夹角为 7.3°。如图 8 − 27 所示,在赤经为279°、赤纬为44°的测试点,正东方向与天球坐标系 +X 方向的理论夹角为9°,与计算结果近乎一致,因此星敏感器的 +X 轴极性可以得到确认。通过上述测试实验和计算分析,可以证明星敏感器的坐标系极性与天球坐标系极性一致。

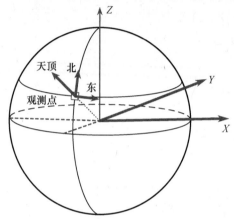

图 8 − 27　测试点地理方位在天球坐标系下指向

2. 抗杂光实验

为了验证系统对杂光的可靠性,对星敏感器进行了大月夜下的实验以及接近天亮时的云层实验,测试星敏感器在杂光下的工作情况。图 8 − 28 为在接近天亮时云层进入视场时的工作照片,红色数字代表被提取的序号。星敏感器在此状况下仍可保持正常工作,说明星敏感器的鲁棒性和抗干扰能力在一定程度

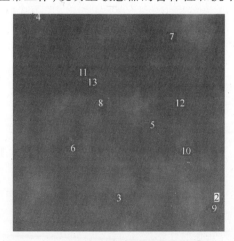

图 8 − 28　星敏感器在接近天亮时有云天气下工作照片(见彩色插页)

上是有保证的。

如图 8 - 29 所示，在晴朗的夜空，当早上接近天亮时，星敏感器的背景值会比较均匀地向上增加，这是考验星敏感器在轨工作性能的一个重要指标。根据遮光罩的杂光分析，当太阳光以一定角度照射到星敏感器遮光罩内部时，星敏感器背景值逐步增加，与此情形大体相似，这也是验证星敏感器抗杂光性能的一种方法。

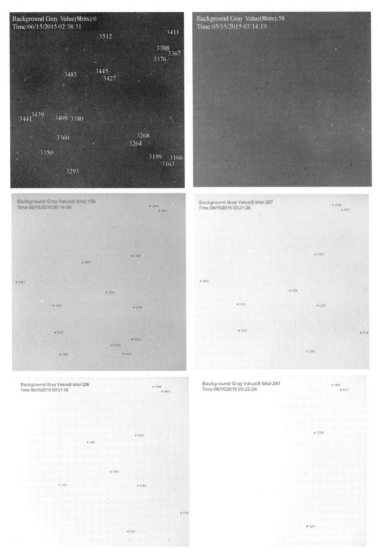

图 8 - 29　在天亮过程中星图变化及其所提取到的星点(2015 年 6 月 15 日,长春)

从图 8 - 29 可以看出，星敏感器的背景值在不断增加，但是仍然可以保证星点的正确提取和识别。这说明算法的抗杂光性能较为优越，可以保证星敏感器在较大的太阳杂光下正常工作。查阅天文日出等参数[129,130]可以确定,在 2015 年 6 月 15 日,长春的日出时间为 3 时 56 分,民用晨光起始时刻为 3 时 20 分,航海晨光时刻为 2 时 32 分,天文晨光起始时刻为 1 时 32 分。

如图 8 - 30 所示,在航海晨光后,星敏感器的背景值开始发生了较大的变化,尤其是在民用晨光开始这一段时间变化非常快,与之对应的星敏感器识别的星也相应地在逐渐减少,最后只有比较亮的星才能在视场内显现出来,比较暗的星几乎都淹没在晨光背景中。

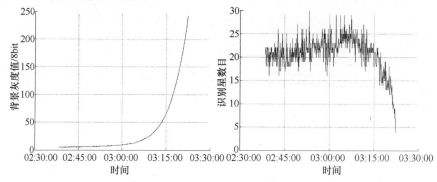

图 8 - 30　在天亮过程中星敏感器的背景变化和识别的星数目变化

另外一种实验就是在大月夜或者月球进入视场时的测试。在满月时,月球的亮度约为 - 12 等,远比所探测的目标亮很多。国际上多个星敏感器研究单位都对月球的影响进行过研究。本书作者在接近满月时,进行了星敏感器的对月球成像实验,获取了星敏感器的成像效果,如图 8 - 31 所示。星敏感器系统从图 8 - 31 中较好地提取出了星点坐标并完成了星图识别。

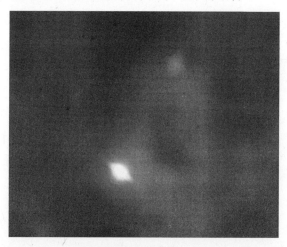

图 8 - 31　在接近满月时的星敏感器成像及提取
识别效果(2015 年 10 月 2 日,兴隆)

云层实验、天亮背景杂光实验和月光实验充分体现了星敏感器的工作性能的稳定性和可靠性,确保了星敏感器在各种工况下的正常工作,为星敏感器在轨的工作性能提升奠定基础。同时,相关技术也可以应用在白天星敏感器等研究工作中。

8.4　环境实验测试系统

为了保证星敏感器的在轨正常工作,需要在地面进行一系列的模拟实验,包括热真空、振动、热循环等。如何检验星敏感器系统在此期间或者实验后的正常工作性能,是星敏感器测试系统的一项重要工作。本节提出一种可以在热真空环境下保证系统工作的星模拟器系统,实验验证星敏感器的光学成像性能,以星点提取和星图识别等软件性能,以确保星敏感器在轨的正常工作。

8.4.1　热真空实验测试系统

对于光学系统来说,热真空实验对于精度等技术指标的影响至关重要。光学系统在热真空条件下不可避免地会产生焦距、弥散斑形状、星点能量集中度等微小变化。技术指标变化程度是否可以接受,对功能和性能有怎样的影响,下面主要通过两种方法进行验证。

1. 热真空下的星敏感器功能监测方法

由于液晶光阀等器件在热真空等环境下会受到很大的局限,需要采用替代性的一种器件——静态星模拟器。它是一种高精度的显示系统,设计原理与动态星模拟器相似,由高精度显示镜头、大视场星点板以及背光板等组成。星敏感器与静态星模拟器的联合装配实验示意图如图 8-32 所示。

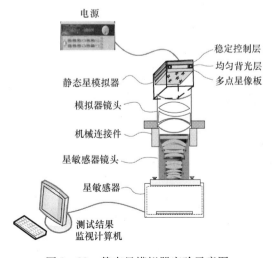

图 8-32　静态星模拟器实验示意图

静态星模拟器主要用于模拟静态星图,可以根据选择所的天区位置,设计一幅静态星图。由于星点板、背光层以及控制系统都可以在热真空(如图 8 – 33 所示)、热循环等环境下稳定工作,故此系统可以在星敏感器和卫星的大型热实验等环境下工作,监测整个系统的工作状态。

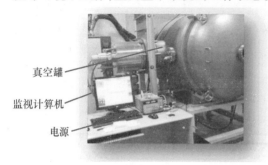
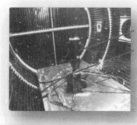

真空罐

监视计算机

电源

静态星模拟器

星敏感器

图 8 – 33　静态星模拟器热真空实验示意图

2. 热真空下的成像性能监测方法

在热真空下,星敏感器的光学系统会发生微小变化,并最终导致能量集中度等参数发生变化,这对于星敏感器来说是致命的。上述的静态星模拟器的监测方法确保了基本功能的正常,因为在真空过程中静态星模拟器的光学系统参数也会发生相应的变化,很难分辨星敏感器探测器上的成像变化是模拟器的变化还是星敏感器的光学系统变化。本节提出了在热真空罐增加的光学窗口,在外部搭建平行光管式的高精度单星模拟器(如图 8 – 34 所示),采用星敏感器在真空状态下的测试实验方法,相对真实地监测星敏感器在轨的预期性能。

单星模拟器

热真空罐

图 8 – 34　静态星模拟器热真空实验示意图

8.4.2　振动等力学实验的星敏感器状态监测方法

振动等力学实验会使星敏感器的光学系统发生变化,或者光学系统与探测器之间发生变化,或者系统与安装棱镜发生变化。传统的星敏感器系统基本上只是在振动实验后进行功能的简单测试,对于这种光学系统对准或者主点类的参数很难进行监测。本书作者在设计星敏感器的过程中,采用了平面玻璃窗口的结构形式,在光学镜头的装调时可以进行星敏感器的内部参数标定等工作,以保证系统的整个光学系统的同轴度和垂直度。同时,这也为星敏感器的棱镜安装及其安装矩阵测量、星敏感器在卫星上的安装及安装矩阵测量、星敏感器在振动后的快速检测提供了重要手段。通过多个经纬仪建站的形式,可以高精度地测量振动前后各个参数之间的变化关系,如图 8 – 35 所示。由于这种方法相对简单,可以在力学实验等现场进行快速测试。

图 8 – 35　经纬仪建站方式的安装矩阵等参数振动前后变化检测

8.5　本章小结

本章根据星敏感器的地面测试等实验需求,设计了星敏感器的全天球动态星模拟器测试系统和实现方法、真实星空测试系统和实验方法以及环境实验中敏感器的监测和检测方法等,并通过介绍实验室的微型星敏感器等产品在此过程中的实验情况,证明这些方法的有效性和可靠性。

全天球动态星模拟器实验,主要目的是验证星敏感器的功能,尤其是在星图识别、全天球覆盖方面。随着 DMD 等微型化器件的逐渐成熟,未来动态星模拟器将变得越来越小,可以逐步在整星上进行应用。在真空、高低温等情况下,显示器件尤其是液晶类显示器件的工作性能严重受限,故静态星模拟器成为热真空、热循环等环境下星敏感器功能测试的一个重要手段,可以确保在实验过程中星敏感器的正常工作。而在振动等力学实验后,如何快速测试实验对于星敏感器性能的影响,并及时调整实验状态,也是未来高精度星敏感器所必须考虑的。本书作者所提出的采用高精度保护玻璃窗口的星敏感器设计形式,为星敏感器的标定以及后续的系统监测提供了重要的保证。

本书作者深入研究了真实星空实验方法,提出了在真实星空实验环境下星敏感器精度测试、抗杂光测试等系列方法,给出了真实星空实验下星敏感器的精度技术指标的定义方法和表述形式,并完成了星敏感器的精度验证等工作。

第 9 章

星敏感器在轨测试

9.1 引　言

通过在地面的充分验证工作,星敏感器已可以保证性能,但在轨测试同样具有重要的意义,可对产品的航天适应性、可靠性、稳定性等功能进行验证,使其可以满足未来在轨应用。本书所涉及的微型星敏感器在 2012 年 10 月 16 日与 SJ - 9B 卫星一起发射,期间进行了星敏感器的姿态测试、图像传输测试以及参数调整等测试,对太阳杂光干扰等情况进行在轨分析和实验,并相继为我国相关型号提供了 10 余台产品。本书以此技术为基础,研制了 150g 纳型星敏感器和 50g 皮型星敏感器,并陆续在我国的新型卫星研制中得到了应用,为我国微小型卫星、皮纳卫星等技术的发展提供技术支持,为高精度的小型化姿态测量提供了一种新的手段。

9.2　长时间星敏感器在轨姿态数据分析

由于卫星在轨道上运行的姿态数据变化是相对固定的,星敏感器的测量结果与轨道周期的吻合性在一定程度上反映了星敏感器工作的正常状态等。从星敏感器在轨运行的众多数据中抽取若干具有代表性的时间点、入轨初期、入轨半年以及入轨 1 年半(最近)的数据进行分析。

图 9 - 1 为 2012 年 12 月 1 日 18 点 ~ 2012 年 12 月 2 日 10 点的遥测数据中的姿态四元数,微型星敏感器的姿态数据符合卫星的轨道运行规律,数据连续,周期性明显,表明星敏感器在轨工作正常。

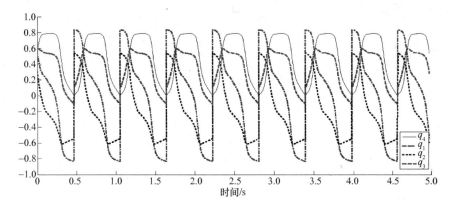

图 9 - 1　微型星敏感器在轨四元数输出结果 $\times 10^4$（2012. 12. 1 ~ 2012. 12. 2）

同时,对星敏感器的参数进行了调整,包括曝光时间、图像阈值、本底噪声等,这些参数均能正常执行,表明星敏感器的在轨工作正常。同时,对在轨运行半年的数据进行分析,得到的在轨四元数输出结果如图 9 - 2 和图 9 - 3 所示。

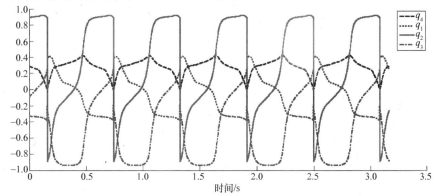

图 9 - 2　微型星敏感器在轨四元数输出结果 $\times 10^4$（2013. 5. 4）

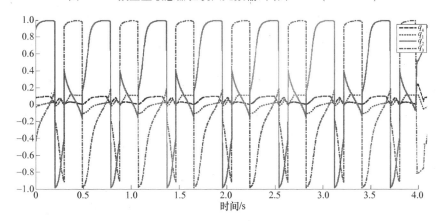

图 9 - 3　微型星敏感器在轨四元数输出结果 $\times 10^4$（2014. 3. 19）

从图9-1~图9-3所示的数据来看,微型星敏感器四元数输出连续,一直保持正常工作。

9.3 星图效果分析

在轨的设定参数基本与地面实验时噪声等参数保持一致,所敏感的星等分析也与地面相当,表明星敏感器在轨工作正常,图像传感器等模拟信号工作正常。

9.3.1 星图识别等功能分析

对上述星图进行星图识别,识别后的星图如图9-4所示。

图9-4 识别后的星图(2012.12.3)(见彩色插页)

对于图9-4所示的蓝色星点,红色标号是导航星在星表中的编号。从图9-4可以看出,星敏感器可以在视场中识别出9颗导航星。这说明星敏感器星图识别的正确性,其中视场内最暗星的星等为5.5等。

9.3.2 姿态运算分析与精度分析

本章采用单帧图像中的静态星图分析方法来对精度进行估计。相对于传统的比较法,静态星图分析方法省去了星敏感器之间的时间对准和安装矩阵的误差的影响。

计算上述识别出的 n 颗星在图像传感器上的位置(x_i, y_i),通过最优估计的方法,确定星敏感器的姿态矩阵 A。

如图9-5所示,星敏感器主光轴在传感器上的位置坐标为(x_o, y_o),导航星

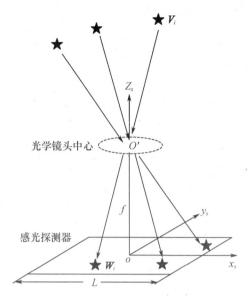

图 9 - 5 星敏感器理想成像模型

S_i 对应的星像点在星敏感器的探测器上的位置坐标为 (x_i, y_i)，星敏感器的焦距为 f，可以得到成像星点在星敏感器坐标系的方向矢量 W_i 的表达式为

$$W_i = \frac{1}{\sqrt{(x_i - x_o)^2 + (y_i - y_o)^2 + f^2}} \begin{bmatrix} -(x_i - x_o) \\ -(y_i - y_o) \\ f \end{bmatrix}$$

导航星 S_i 对应的天球坐标系下的方向矢量为 V_i。在理想情况下，W_i、姿态矩阵 A 以及 V_i 满足如下关系，即

$$W_i = A V_i$$

式中：A 为星敏感器姿态矩阵。

当观测星数量超过两颗时，可以直接通过 Wahba 等提出的 QUEST 及相关算法对星敏感器姿态矩阵 A 进行求解，使得目标函数 $J(A_q)$ 达到最小值，从而获得最优姿态矩阵 A_q，即

$$J(A_q) = \frac{1}{2} \sum_{i=1}^{n} a_i \| W_i - A_q V_i \|^2$$

式中：a_i 为加权系数，满足 $\sum_{i=1}^{n} a_i = 1$。这样，通过计算即可获得星敏感器在惯性空间中的最优姿态矩阵 A_q。

根据姿态矩阵 A 和识别出来的 n 颗导航星，反推每颗导航星在图像传感器上的理论位置 (x_{it}, y_{it})，即通过计算 $A_q V_i$，得

$$W_{it} = \frac{1}{\sqrt{(x_{it} - x_o)^2 + (y_{it} - y_o)^2 + f^2}} \begin{bmatrix} -(x_{it} - x_o) \\ -(y_{it} - y_o) \\ f \end{bmatrix} = A_q V_i$$

计算理论星点位置(x_{it}, y_{it})与实际测量的星点位置(x_i, y_i)之间的误差,取其平均值,并将其转换为等效的角度值,用来表示星敏感器的精度。

以图 9 - 4 为例,经过星图处理、星点提取、星图识别,提取识别到视场内的 9 颗星,提取星点位置与星点计算理论值之间的误差小于 0.2 像素。因此,位置误差可以转换为角度误差,即

$$3\delta = \frac{\arctan\left(\dfrac{\Delta}{f}\right)}{\sqrt{9-1}} = 4.19''$$

式中:$\Delta = 0.2$ 像素;$f = 3320$ 像素。该结果可在一定程度上反映精度指标。

采用同样的方法对在轨传回的 3 幅星图进行处理和分析,得到识别后的星图,如图 9 - 6 ~ 图 9 - 9 所示。

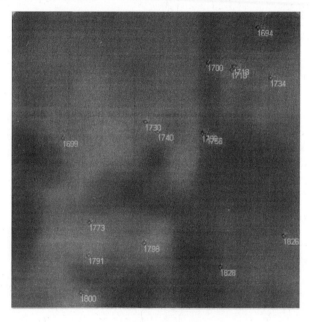

图 9 - 6 识别后的星图(2013.1.24)

对于图 9 - 6 所示的星图,经过星图处理、星点提取、星图识别,提取识别到视场内的 16 颗星,提取星点位置与星点计算理论值之间的误差不小于 0.27 像素。因此,位置误差可以转换为角度误差,即

$$3\delta = \frac{\arctan\left(\dfrac{\Delta}{f}\right)}{\sqrt{16-1}} = 4.21''$$

对于图 9 - 7 所示的星图,经过星图处理、星点提取、星图识别,提取识别到视场内的 16 颗星,提取星点位置与星点计算理论值之间的误差小于 0.26 像素。

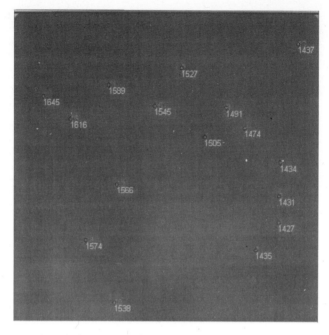

图 9 - 7　识别后的星图(2013.51.18)

因此,位置误差可以转换为角度误差,即

$$3\delta = \frac{\arctan\left(\dfrac{\Delta}{f}\right)}{\sqrt{16-1}} = 4.17''$$

对于图 9 - 8 所示的星图,经过星图处理、星点提取、星图识别,提取识别到视场内的 14 颗星,提取星点位置与星点计算理论值之间的误差小于 0.24 像素。因此,位置误差可以转换为角度误差,即

$$3\delta = \frac{\arctan\left(\dfrac{\Delta}{f}\right)}{\sqrt{14-1}} = 4.14''$$

为了增加精度分析方法的可信性,这里将地面观星实验中的星图进行同样的处理和分析,以便与在轨星图的处理结果进行对比。

对于图 9 - 9 所示的星图,经过星图处理、星点提取、星图识别,提取识别到视场内的 17 颗星,提取星点位置与星点计算理论值之间的误差小于 0.18 像素。因此,位置误差可以转换为角度误差,即

$$3\delta = \frac{\arctan\left(\dfrac{\Delta}{f}\right)}{\sqrt{17-1}} = 2.80''$$

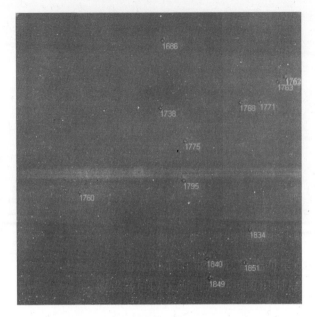

图 9 - 8　识别后的星图(2014.3.6)

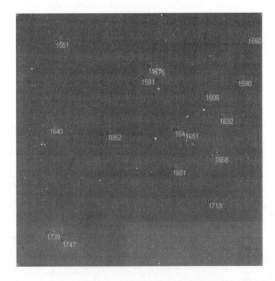

图 9 - 9　地面观星实验中识别后的星图(2011.3.16)

9.4　卫星机动实验

目前已基于卫星进行机动状态下的图像获取和实验。在卫星数传结束对电子盘进行擦除后,在卫星从对地稳定转向对日稳定的过程中进行拍照,获得经图像处理后的星图,如图 9 - 10 所示。

图 9 - 10　卫星机动状态下的星图(增强处理过的图像)(2013.3.5)

通过对星图的分析,首先对星点提取算法进行优化,然后进行星图识别。星敏感器可以正确地进行星图识别,表明星敏感器可以实现在卫星机动情况下的星图识别工作,星敏感器的动态性能得到了显著的提高。

9.4.1　卫星机动过程实验

SJ - XX 卫星的机动过程主要是从对地稳定转为对日稳定获得足够的能源,或者从对日稳定转为对地稳定实现卫星的对地大数据量数传等。卫星姿态控制的流程是机动时间 300s,实际的大角度机动过程不超过 100s。为了提升星敏感器在轨机动过程中的性能,对机动过程中间隔 30s 连续存储的 2 帧在轨图像进行实验测试分析。

从图 9 - 11 可以看出,单星点的运动轨迹方向与星点在探测器的方向基本一致。通过简单差分计算的两帧星图之间的姿态变化与通过单帧计算的姿态变化也基本相同,全面验证了星敏感器在大角度机动过程中的姿态计算能力,并将传统 APS 星敏感器只能够在稳态工作的特性进行了改进。

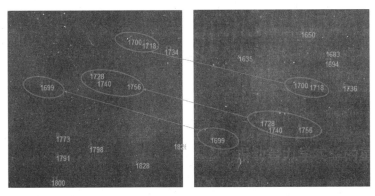

图 9 - 11　机动过程中间隔 30s 的两幅星图(2013.1.24)

通过对多帧连续星敏感器获取图像进行分析,卫星的最大角速度约为 0.6(°)/s,可以保证星敏感器能够正常工作,这也是卫星能够在轨实现的极限角速率。从在轨的星敏感器图像分析以及地面转台实验看,星敏感器的最大工作角速度优于 1.5(°)/s。

9.4.2　卫星机动过程中动态星图处理方法研究

动态性能是星敏感器的重要表征之一,如何提升星敏感器的动态性能是目前星敏感器技术研究的一个重要内容。由于量子效率等因素的影响,APS CMOS 星敏感器的曝光时间普遍在 100ms 以上,当卫星的运行角速度在 1(°)/s 时,星点在像平面上的运动轨迹会占据焦平面 15 像素左右,图像的信噪比显著降低,使得星图识别出现困难。图 9-12 为卫星机动状态下星敏感器拍摄星图经过图像增强处理后的星点信息。

图 9-12　在轨星图经过增强处理后的星点信息

本章结合在轨星敏感器的数据表现,提出一种低信噪比星图的预处理方法和运动参数识别方法,以克服高动态性能所带来的星点能量分散甚至被噪声淹没提取困难的问题。

星敏感器在天球坐标系下的姿态确定步骤包括星点提取、星点质心确定、星图识别以及姿态估计。本章所讨论的动态星图处理方法包括星图预处理方法和星点质心的确定方法。这种方法适用于 CCD 及 CMOS 星敏感器,但对于 APS CMOS 星敏感器来说效果更为显著,这是因为 CMOS 星敏感器存在更多影响性能的噪声因素。

本节利用相关滤波及数学形态学进行去噪及星点能量增强、背景去除以及自适应阈值设定。相关滤波采用 3×3 高斯滤波模板,用以增强星点信息,抑制椒盐噪声和高斯噪声等。经过高斯滤波后,星点能量被突出。然后,采用数学形态学的开运算变换,使用较大的结构元素,得到星图中缓慢变化的背景噪声,从而降低星点提取的难度。但对于 APS CMOS 星敏感器来说,存在一些特殊性质。

例如,APS CMOS 的复位噪声在运动情况下,与星点基本粘连。使用以上星图处理技术,不但不会受到影响,反而可以利用这一特性,使之成为对星点的提取和识别有利的因素。

在星点提取结果的基础上,通过局部星图微分可以获得包括运动方向和运动长度的运动信息,进而在运动模型建立的基础上进行处理以及复原。本节采用运动参数提供的分析窗口,保证后续的质心确定以及不完全复位所带来的拖尾的去除。

动态星图处理以及星点提取的完整流程如图 9 - 13 所示。

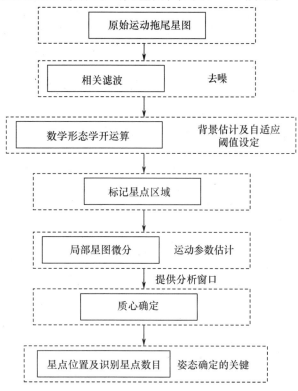

图 9 - 13　动态星图处理以及星点提取的完整流程

本章利用提出方法对真实在轨星图进行了处理。分析结果以及转台验证实验结果表明,提出的方法可以很好地利用运动特性,解决由运动带来的性能恶化问题,保证提取星点的数量以及位置精度。

1. 基于相关滤波和数学形态学的自适应阈值设定方法原理

1) 星图去噪及星点能量增强

选择高斯分布模板作为相关滤波的模板。$f(x,y)$ 为星敏感器灰度图, $h(x,y)$ 为相关滤波的模板。与卷积运算相似,f 与 h 的一维相关滤波可以表示为

$$c(t) = f(t) \circ h(t) = \int_{-\infty}^{\infty} f(\tau)h(\tau-t)\mathrm{d}\tau \qquad (9-1)$$

二维离散化相关滤波可以表示为

$$c(x,y) = f(x,y) \circ h(x,y) = \sum_{m=0}^{M-1}\sum_{n=0}^{N-1} f(m,n)h(m-x,n-y) \quad (9-2)$$

式中：$x = 0,1,2,\cdots,M-1$；$y = 0,1,2,\cdots,N-1$。上述公式显示，卷积运算与相关运算最大的区别是相关运算不需要反摺。

对于原始图像 F_{org}，相关滤波的过程可以表示为

$$C_{\mathrm{filter}} = F_{\mathrm{org}} \circ H_{\mathrm{filter}} \qquad (9-3)$$

滤波模板 H_{filter} 采用 3×3 窗口，与星点的能量分布相同。一方面，相关滤波是一种可以较好抑制高斯噪声以及椒盐噪声的线性低通滤波器；另一方面，经过相关滤波，在相关度高的位置将出现峰值。这样，星点的能量可以在不改变质心位置的情况下被增强。

2）自适应提取阈值估计方法

以上的滤波过程可以消除椒盐噪声、高斯噪声等，但对于缓慢变化的背景噪声却不适用。全局阈值方法如 Otsu[131] 提出的方法并不适合动态的情况。近年来，相关研究已经集中在自适应局部阈值分割方法上[132-135]。其中，最常用的是利用周围像素的灰度值的线性或非线性组合来确定某一背景区域像素的灰度值。然而，当该像素在星点周围时，这种评价结果往往会受到恒星星点灰度值的影响，而难以获得满意的背景信息。数学形态学的开运算则可以很好地解决这个问题。二维图像的数学形态学过程如下：

$c(x,y)$ 表示在点 (x,y) 处经相关滤波后的灰度值，$b(x,y)$ 表示点 (x,y) 处的结构算子，D_b 是 b 的定义域，D_c 是 c 的定义域。

腐蚀算法是数学形态学中的最基本运算过程之一。f 被 b 腐蚀的过程可以表示为 $c \ominus b$，即

$$t1(x,y) = c\ominus b(x,y) = \min_{\substack{(i,j)\in D_b \\ (x+i,y+j)\in D_c}} \left[c(x+i,y+j) - b(i,j) \right] \qquad (9-4)$$

膨胀运算是数学形态学中的另一种最基本的运算。膨胀运算的过程可以表示为 $c \oplus b$，即

$$t2(x,y) = c\oplus b(x,y) = \max_{\substack{(i,j)\in D_b \\ (x-i,y-j)\in D_c}} \left[c(x-i,y-j) + b(i,j) \right] \qquad (9-5)$$

腐蚀的过程与二维卷积过程相似，仅使用相减运算代替相乘运算，使用最小值代替卷积求和。

膨胀的运算过程与二维卷积过程相似，仅使用相加运算代替卷积中相乘运算，使用最大值代替卷积求和。

c 与 b 之间的开运算 t 可以用腐蚀运算和膨胀运算的组合来表示,即 $t = (c\Theta b)\oplus b$。当结构元素 b 的半径大于星点半径时,开运算可以很容易获得星图的缓慢变化的背景噪声 t。

如图 9 – 14 所示,利用小半径信号作为直观示意说明。假设信号所在像素的灰度值 85,只要结构元素 b 的半径大于信号半径 c,开运算即可得到不包括信号信息在内的背景值。

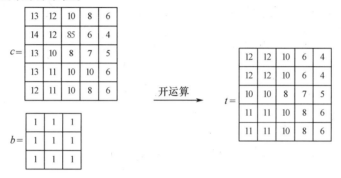

图 9 – 14　开运算示意图

考虑到星点在动态情况下的模型特性,本节的结构元素 b 被设置为圆盘状,半径为 25 像素。为计算方便,结构元素 $b(x,y)$ 外部的元素设为 0,结构元素 $b(x,y)$ 内部的元素设为 1。t 表示慢变背景噪声,并与星点能量不相关。背景 (x,y) 可以由式(9 – 6)的均值得到,K 与 L 为均值窗口的大小。

$$B(x,y) = \frac{1}{2(K-1)+1} \cdot \frac{1}{2(L-1)+1} \cdot \sum_{i=-(K-1)}^{K-1}\sum_{j=-(L-1)}^{L-1} t(x+i,y+j)$$

(9 – 6)

因此,每个像素的自适应背景阈值可以表示为

$$T(x,y) = B(x,y) + \sigma \tag{9 – 7}$$

式中:σ 为常数,其典型值在 10 与 20 之间。以 T 作为阈值,可以进一步进行二值化以及连通域分析。这样,就完成了星点的提取,并得到第 p 颗星的一系列相关信息,包括星点区域的边界信息 Z_n、区域内的像素点 (x_p, k, y_p, k)、像素所对应的灰度值 Γ_p 以及对星表相对应的识别信息 N_p。在运动参数分析和质心确定的过程中,将利用 c 与 B 之间的差值 g 作为阈值提取基础,避免背景噪声的影响。g 可以由式(9 – 8)得到,运动参数分析和质心确定使用相同的 g。

$$g(x,y) = c(x,y) - B(x,y) \tag{9 – 8}$$

由于星点在星图上属于稀疏分布,以上的星点信息获取可以为后续的处理提供分析窗口。

2. 基于局部图像微分的星点运动方向及运动长度辨识方法原理

需要注意的是,仅仅提高提取星的数目是不够的,还要在此基础上保证星点的位置精度。在卫星高角速度机动状态下,由于曝光时间较长,在探测器上会形成星点的运动轨迹。如何利用运动轨迹提升系统的信噪比,增强信号的提取能力,并进一步完善系统的运动信息,是系统的一个重要突破点。下面提出了一种使用单幅图像即可获得运动参数的方法。在得到运动方向、运动长度等运动参数的信息后,即可设定提取的窗口,在窗口范围内运行质心算法,从而消除上一步的处理以及其他噪声可能带来的对提取精度的影响。

运动参数对于运动模糊图像来说非常重要,可以为后续的处理和复原提供模糊的点扩散函数。使用运动参数来为质心确定提供参考窗口,进而使模糊的星点与 APS CMOS 的复位不完全现象分离开。在考虑运动窗口后,就可以确定星点位置。已有学者对几种运动模糊参数估计方法进行了研究。Cannon[136] 使用方形 PSF 以及它在频域中的周期性零点来处理匀速直线运动情况下的拖尾图像。拖尾长度可以通过测量零点之间的距离得到。然而,在不同的运动条件下,频域的零点很难获得。文献[137,138]使用最大似然法对图像的模糊及噪声过程进行建模。但是,这种方法需要嵌入复原的算法,并需要大量的计算。Savakis 和 Trussell[139] 提出了一种运动模糊参数识别方法,选择不同的 PSF 来确定复原后的功率谱与期望的功率谱的最佳匹配。然而,这种方法对噪声较敏感,很难获得较好的结果。

星点在星图上呈稀疏分布状,因此对于整幅星图来说,星点的运动特征很难被提取出来。本节在 Y. Yitzhaky[140,141] 的基础上,提出一种改进的星图运动参数识别的方法。由于运动模糊图像在运动方向的同向性和平滑性均比其他方向明显,这里采用图像微分法进行图像运动参数的识别。对于运动方向来说,运动将使运动方向上的高频分量降低,而对其他方向的影响却很微弱。利用这一性质,可以采用有方向的高通滤波(图像微分),当滤波方向与运动模糊方向重合时,对这一方向进行微分,图像的灰度值之和在理论上达到最小。

为计算方便,本节利用双三次插值对图像进行图像旋转,使运动方向与水平轴重合。使用 $g(i,j)_\alpha$ 表示待分析已去噪和增强的运动模糊星图。$g(i,j)_\alpha$ 在本节中并不是指整幅星图,而是代表 Z_p 中的 3×3 窗口。窗口的中心位于区域 Z_p 中灰度值最大的像素对应的位置 $\zeta_{i,j}$。星图旋转后的结果表示为 $g'(u,v)_0$。经过图像微分后,结果可以表示为

$$\Delta g(i,j)_\alpha = g'(u+1,v)_0 - g'(u,v)_0 \qquad (9-9)$$

对水平方向的微分结果求和,可以表示为

$$I(\Delta g)_\alpha = \sum_{i=0}^{2} \sum_{j=0}^{2} |\Delta g(i,j)_\alpha| \qquad (9-10)$$

运动方向所成角度 α 可以表示为

$$\hat{\alpha} = \text{angular}(\min(I(\Delta g)_{\alpha})) \qquad (9-11)$$

在获得运动方向 α 后,可以对图像区域 Z_p 进行旋转,在水平方向进行一阶微分运算。这里使用 Soble 算子代替一阶微分运算来降低噪声影响。对微分后结果进行自相关运算,最终得到自相关曲线。自相关曲线将会出现一个正峰值和一对共轭的负峰值。计算得到两个负峰值之间的距离,即运动长度的 2 倍。

Soble 算子可表示为

$$\nabla_{\text{soble}} = \begin{bmatrix} 1 & 0 & -1 \\ 2 & 0 & -2 \\ 1 & 0 & -1 \end{bmatrix}$$

图像微分的过程可以表示为

$$\chi'(i,j)_0 = \chi(i,j)_0 * \nabla_{\text{soble}} \qquad (9-12)$$

式中:$\chi(i,j)$ 为区域 Z_p 的旋转结果; $*$ 为卷积运算;$\chi'(i,j)_0$ 为微分结果。

在第 n 行的自相关结果 $S(i,j)$ 可以表示为

$$S(i,j) = \sum_{n=0}^{N-1} \chi'(i,n)_0 \chi'(i,n+j)_0 \qquad (9-13)$$

式中:$j = -(N-1),\cdots,-1,0,1,\cdots,N-1$;$N$ 为 $\chi(i,j)_0$ 列号。

通常对若干行结果求和具有更高的可靠性。第 $\zeta_{i,j}$ 行附近的两三行即可满足要求,计算表达式为

$$S_{\text{sum}} = \sum_{i=0}^{M-1} S(i,j) \qquad (9-14)$$

式中:$i = 0,1,\cdots,M-1$;M 为相关行号。这样,就可以通过 S_{sum} 曲线上两个负相关峰的距离获得运动长度。

3. 基于参考窗口和自适应阈值的质心确定方法

在高动态性的情况下,星敏感器在曝光时间内会发生未知的显著移动,难以直接进行质心算法。不仅如此,APS CMOS 传感器在曝光时间内还会出现无法避免的复位噪声。它是前幅图像的复位不完全。在前一帧图像中的饱和部分无法在这一帧开始时恢复到零。这种现象会使拖尾与星点粘连。需要参考窗口来分离星点的位置以及拖尾。参考窗口的大小则由运动方向和运动长度来决定。惯性敏感器信息或多帧累加星图可以提供运动信息。下面提出的方法则更有优势,可以仅利用一幅星图就获得运动信息。

在获得星点信息和运动参数的基础上,确定参考窗口 $\mathbb{R}_p$,如图 9-15 所示。参考窗口的中心为 $\zeta_{i,j}$,参考窗口 $\mathbb{R}_p$ 的边界由运动方向和运动长度来决定。这样粗略获得的星点区域 Z_p 可以精确到 $\mathbb{R}_p$ 范围内,从而避免图像的复位噪声,进一步可以在式(9-8)中自适应阈值 $g(x,y)$ 基础上进行质心确定,以及使用姿态解算算法进行姿态矩阵的求解。

本节使用信号的均值与噪声均值的差 D-Value(Difference Value)作为星点

提取难度的衡量标准。提取星点的位置与使用姿态矩阵 A_q 反推的星点位置的比较结果作为衡量星点位置精度的标准。该评价方法适用于在轨星图的评价,并且可以表示姿态测量的准确性。

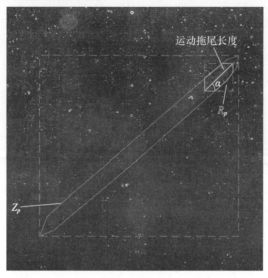

图 9-15　基于参考窗口的星点提取及质心确定方法示意图

9.4.3　真实在轨星图分析和处理结果

在轨星图由 LEO 卫星获得,星图基本信息如表 9-1 所列。

表 9-1　星图基本信息

性能参数	参数值	单位
成像日期	2013/05/18	
敏感区域	1024×1024	像素
像素尺寸	15×15	μm
曝光时间 Δt	360	ms

图 9-16 和图 9-17 分别展示了使用以及不使用本节提出的星点提取方法所得到的星点提取结果。红色的数字表示提取到的星点,绿色的数字表示识别到的星点。

如图 9-16 和图 9-17 所示,利用本节提出的星图处理方法,可以有效提高星点的提取和识别数量。图 9-16 和图 9-17 的(b)、(c)以及(d)展示了一颗星的灰度值。这颗星在图 9-16 难以被观察到,但采用自适应阈值设定方法后,随着星点的增强和噪声的抑制,在图 9-17 中星点变得很明显。红色数字代表在被提取的序号,绿色数字表示该星在星表中对应的 ID 号。

表 9-2 提供了识别到星点的详细信息。

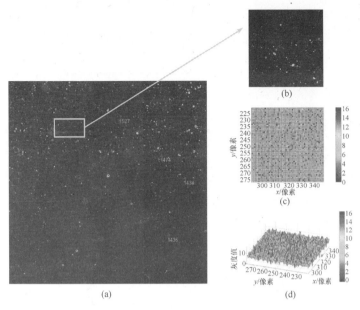

图 9 – 16　星点提取结果(见彩色插页)

(a)在轨星图经过一般处理方法后提取及识别到的星点信息;(b)同一星点区域的灰度图;

(c)同一星点区域的彩色显示图;(d)同一星点区域的 3D 显示图。

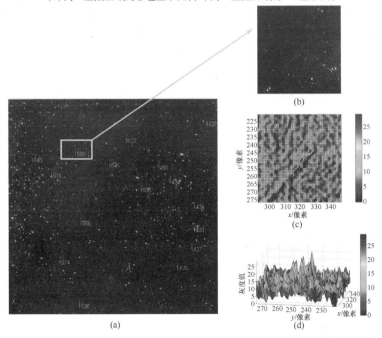

图 9 – 17　星点提取结果(见彩色插页)

(a)在轨星图使用星图预处理方法后提取及识别到的星点信息;(b)同一星点区域的灰度图;

(c)同一星点区域的彩色显示图;(d)同一星点区域的 3D 显示图。

表 9 - 2　已识别星点信息

已识别星点信息				星点位置及能量信息					
序号	ID	赤纬/(°)	赤经/(°)	星等 M_v	普通质心方法			自适应阈值设定方法		
					x/像素	y/像素	D - Value	x/像素	y/像素	D - Value
1	1434	26.7147	233.6719	2.21	904.55	495.21	27.40	898.93	500.98	34.01
2	1527	33.3148	228.8757	3.46	574.43	184.22	11.32	566.96	192.12	16.58
3	1431	26.2956	235.6857	3.85	失败			894.84	612.35	14.23
4	1474	29.1057	231.9572	3.64	786.16	380.37	8.70	779.02	387.42	12.59
5	1435	26.8779	239.3969	4.14	821.71	781.81	9.34	816.89	788.44	14.91
6	1427	26.0684	237.3985	4.61	失败			892.70	696.62	10.49
7	1645	40.8330	232.7323	5.05	失败			103.38	285.73	8.84
8	1491	30.2879	230.8014	5.59	失败			725.27	318.45	8.91
9	1505	31.3592	233.2325	4.16	失败			643.86	417.06	10.69
10	1538	33.7991	245.5893	5.22	失败			343.03	961.16	10.34
11	1589	37.3772	231.1226	4.30	失败			323.15	246.62	10.80
12	1566	35.6574	237.8080	4.80	失败			350.52	572.81	8.52
13	1437	26.9476	226.1114	4.52	失败			957.51	111.96	8.31
14	1574	36.4910	242.2429	4.74	失败			246.32	757.45	8.39
15	1545	34.3360	231.5724	5.46	失败			477.19	316.30	7.54
16	1616	39.0101	233.8122	5.15	失败			193.74	359.85	7.68

如表 9 - 2 所列,在采用自适应阈值设定方法后,随着 D - Value 的提高,有些此前未能提取的星可以被成功提取并识别。

图 9 - 18 和图 9 - 19 展示了运动方向的鉴别结果。以较大的角度为步长,可以从图 9 - 18 获得可靠的范围。进一步以较小的角度为步长,可以得到精确的运动方向结果。

图 9 - 18 显示以 10°为步长,鉴别曲线的最小值在 50°左右。由此可以确定,运动方向在 40°~60°之间。

对上述结果中的 40°~60°区间进一步以 1°步长细分,可以得到图 9 - 19 所示的结果。可以看出,对在轨图像分析的结果是星点运动方向与水平方向成 52°的夹角。

从图 9 - 18 和图 9 - 19 可以看到,运动方向可以由水平方向逆时针旋转 52°得到。

如前所述,两个负相关峰之间的距离等于 2 倍的运动长度。运动长度可以

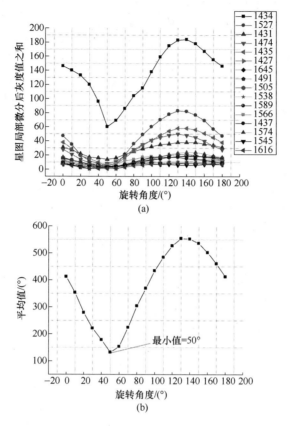

图 9 - 18　步长 10°时运动方向鉴别曲线

(a)所有被识别星点的鉴别曲线；(b)鉴别中曲线在不同角度的和。

方便地从图 9 - 20 中获得。图 9 - 20 的自相关曲线展示了对两个星点进行旋转微分并自相关的结果，曲线的两个共轭负峰之间的运动长度为 16 像素。

从图 9 - 20 中可以获得运动长度信息，ID1527 星两个负相关峰之间的距离为 32 像素，ID1474 星的两个负相关峰之间的距离为 27 像素。这样可以得到 ID1527 星的运动拖尾长度约为 16 像素，ID1474 星的运动拖尾长度约为 13.5 像素。理论上在同一运动角速度下捕获各星的运动拖尾长度应相等，但由于不同星的亮度有些许不同，图像上不同星的灰度值不尽相同，因此检测到的运动拖尾长度也会有少许差别。所有星点的平均拖尾长度为 16.87 像素，角速度的粗略估计结果为 0.8(°)/s。运动长度和运动方向可以为质心确定进一步提供参考窗口。

综上所述，本节提出的预处理方法以及运动参数识别方法对于低信噪比的动态星图处理是有效的。在此基础上，设定提取窗口进行高动态星图复原，即可得到较高精度的动态星图的星点质心。

表 9 - 3 显示了使用不同星点提取方法对应的不同星点位置精度结果。

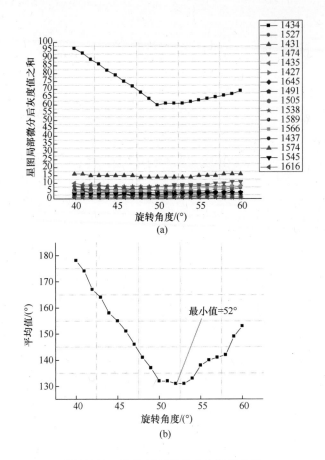

图 9 - 19　步长 1°时运动方向鉴别曲线
(a)所有被识别星点的鉴别曲线；(b)鉴别曲线在不同角度的和。

　　如表 9 - 3 所列,在只采用最初星图处理方法的条件下,星点位置精度将下降。这主要是由于 APS CMOS 星敏感器的传感器存在图像不完全复原现象,相关滤波会使星点的轮廓与传感器的不完全复原部分相混叠,使星点轮廓增大,星点位置产生误差。然而,在利用运动参数得到参考窗口后,这种情况将得到改善。使用星点提取方法,识别的星点数目将从 4 颗增加到 16 颗,并能保证在角速度 0.8 (°)/s 的情况下,平均位置精度可以保持在 0.8 像素以内。

　　总之,通过预处理方法和图像运动参数识别方法,在增强星点信息和星等敏感性的同时,可以抑制背景噪声,为高动态长拖尾星图提供参考窗口,从而保证星点与噪声分离。利用真实在轨星图对算法进行了验证。真实在轨星图以及转台实验的的处理结果显示:本章提出的方法可以提高星图中识别星点的数目,同时提高星点的位置精度,进而提高星敏感器的动态性能。

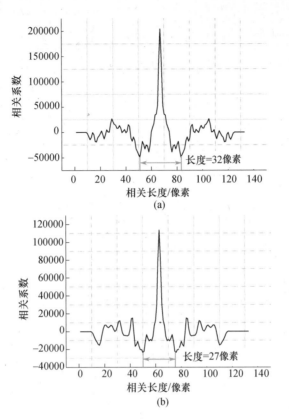

图 9 - 20　运动长度自相关曲线

(a)任意选择的 ID 1527 星的自相关曲线；(b)任意选择的 ID 1474 星的自相关曲线。

表 9 - 3　不同处理方法对应的星点位置精度

				星点的位置精度信息					
已识别星点信息				普通质心方法		初步动态星图处理		完整动态星图处理	
序号	ID	赤纬/(°)	赤经/(°)	Δx /像素	Δy /像素	Δx /像素	Δy /像素	Δx /像素	Δy /像素
1	1434	26.7147	233.6719	− 0.64	0.37	− 2.11	1.97	− 0.92	0.77
2	1527	33.3148	228.8757	0.11	− 0.57	0.21	− 0.64	− 0.22	− 0.53
3	1431	26.2956	235.6857	失败	2.11	− 1.54	0.07	0.28	
4	1474	29.1057	231.9572	− 0.16	− 0.26	− 0.22	0.22	− 0.11	− 0.21
5	1435	26.8779	239.3969	0.69	0.46	− 1.17	1.29	0.26	0.47
6	1427	26.0684	237.3985	失败		− 4.40	4.47	1.08	− 0.99
7	1645	40.8330	232.7323	失败		− 0.19	− 1.00	− 0.70	1.25
8	1491	30.2879	230.8014	失败		− 2.39	− 1.49	− 0.65	0.33
9	1505	31.3592	233.2325	失败		− 6.51	6.18	− 0.11	0.13

（续）

已识别星点信息				星点的位置精度信息					
				普通质心方法		初步动态星图处理		完整动态星图处理	
序号	ID	赤纬/(°)	赤经/(°)	Δx/像素	Δy/像素	Δx/像素	Δy/像素	Δx/像素	Δy/像素
10	1538	33.7991	245.5893	失败		−5.17	7.49	0.21	−1.15
11	1589	37.3772	231.1226	失败		−7.43	7.07	−0.89	0.86
12	1566	35.6574	237.8080	失败		−6.82	7.11	−0.13	0.60
13	1437	26.9476	226.1114	失败		0.92	−0.36	0.56	−1.07
14	1574	36.4910	242.2429	失败		−7.27	9.57	−0.74	0.97
15	1545	34.3360	231.5724	失败		7.82	−7.47	−0.35	1.37
16	1616	39.0101	233.8122	失败		3.94	−5.16	−1.03	0.92

9.4.4 星敏感器高动态跟踪算法研究及高动态性能地面验证实验

在星敏感器研制过程中,针对星敏感器在轨运行环境中可能遇到的大角速度、大角加速度情况开展了特别的算法研究(如图 9 − 21 所示),并充分考虑星敏感器片上存储空间与计算能力,根据星敏感器光学系统及传感器特性进行简化应用,降低了算法的计算复杂度,并在应用前进行了充分的高动态性能地面验证实验。

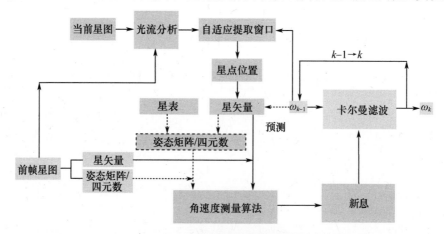

图 9 − 21 星敏感器高动态跟踪算法

在研制过程中,对星敏感器动态性能进行了地面的实验验证,如图 9 − 22 所示。将星敏感器固定在转台上,利用转台的转动来测试星敏感器的动态性能。

转台的转速设定为从 0.2(°)/s 到 0.5(°)/s,转动范围为绕 − X 轴从距离正天顶 −5° 旋转到正天顶并继续旋转 5°,各个转速下得到的四元数姿态数据如图 9 − 23 所示。从测试结果可知,在星敏感器转动过程中,四元数会产生较

图 9 - 22　星敏感器动态性能地面验证实验

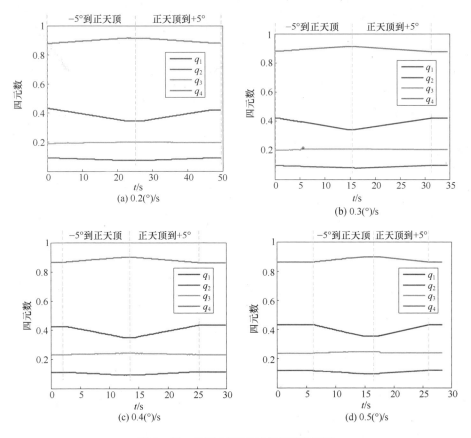

图 9 - 23　不同角速度下真实星空测试

为明显的变化,表明星敏感器姿态有较为明显的变化。从图9-24可以发现,同一颗星在不同转速下的成像有着显著的变化。随着角速度的增大,星点趋于模糊,拖尾现象明显,正确提取质心的难度增大。因此,动态性能测试表明星敏感器在0.5(°)/s的动态范围内可以正常工作。

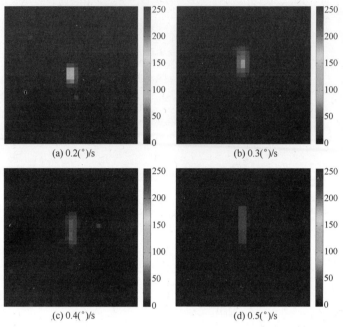

(a) 0.2(°)/s (b) 0.3(°)/s

(c) 0.4(°)/s (d) 0.5(°)/s

图9-24　不同角速度下星点成像情况

9.5　微型星敏感器在轨评估软件

为了全面考核微型星敏感器在轨性能指标,课题组专门开发了基于可视化界面的星敏感器在轨数据评估软件系统,包括星敏感器原理演示、姿态数据分析、星图分析、精度分析等内容,如图9-25和图9-26所示。

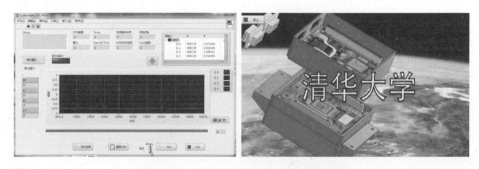

图9-25　在轨评估软件总控和原理演示

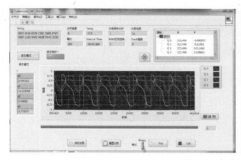
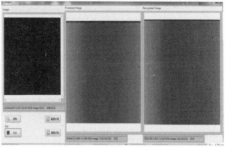

图 9-26　在轨运行姿态数据、星图数据及精度评估

9.6　高精度高动态星敏感器应用情况

经过关键技术的不断攻关与积累,清华大学研制的高精度动态星敏感器已在多颗卫星上取得了成功的应用。2015 年 10 月 7 日 12 时,"吉林一号"组星(如图 9-27 所示)成功发射,其中 1 颗灵巧成像技术验证卫星和 2 颗视频卫星均采用了本书作者所研制的星敏感器作为关键姿态测量组件。这种星敏感器可对常规推扫、灵巧成像、凝视视频、立体成像等多种卫星工作模式提供重要的姿态测量信息,是关系光学遥感相机性能的重要部组件之一。

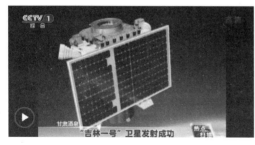

图 9-27　"吉林一号"组星

"吉林一号"灵巧成像技术验证卫星分辨率优于 5m,幅宽优于 9.6km,动态传函优于 0.1,信噪比优于 40dB,可针对海岸带、公路、铁路、河流等非沿轨长条带目标实现高分辨率、全覆盖成像,也可进行晨昏、月光等低照度微光条件下的图像获取,弥补传统可见光遥感的不足。灵巧成像技术验证卫星获取的图像如图 9-28 所示。灵巧成像视频卫星质量约 95kg,可进行凝视视频,拍摄 4K 超清视频,分辨率为 1.13m,地面覆盖宽度为 4.3km×2.4km。灵巧成像视频卫星拍摄影像截图如图 9-29 所示。

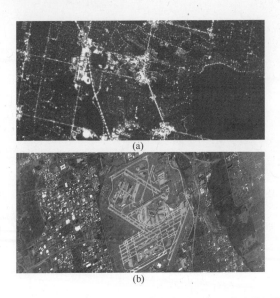

图 9 - 28　"吉林一号"灵巧成像技术验证卫星获取的图像
(a)凝视姿态(100ms,丹佛夜景);(b)大侧摆角斜视成像(芝加哥机场)。

图 9 - 29　"吉林一号"视频卫星拍摄影像截图(墨西哥杜兰戈)

9.7　本 章 小 结

微型星敏感器采用了 APS 探测器、快速星图识别算法、流水线工作模式、低功耗设计方法,自在轨运行以来,在轨表现良好,技术指标满足要求,是目前在轨运行功耗最低的星敏感器,可为微小卫星实现绝对高精度的姿态测量提供一种新的手段。同时,实验过程中进行了卫星机动等实验,首次获取了卫星在机动过程中的星敏感器成像照片,并首次实现了国内自主研制的 APS 星敏感器在卫星机动状态下的正常工作,为我国星敏感器的性能提升奠定了基础。

第 10 章

纳型星敏感器及其在轨测试

10.1 引　言

目前,以微纳卫星为代表的微小型航天器成为航天领域最活跃的研究方向,广泛应用于数据通信与传输、地面与空间环境监测、导航定位以及科学实验等诸多领域。微纳卫星技术尤其是 CubeSat 卫星技术的发展,对高性能的微纳星敏感器提出了迫切的需求。因此,面向微纳卫星的应用目标,清华大学研制了新一代的 150g 纳型星敏感器与 50g 皮型星敏感器。其中,纳型星敏感器已于 2015 年 9 月 20 日搭载 NS - 2 纳型卫星发射,并进行了一系列在轨性能测试,显示了超强的空间适应性,为未来微纳卫星的高性能遥感、通信等任务应用奠定基础。

10.2 微 纳 卫 星

10.2.1 微纳卫星概念和特点

美国宇航公司在 1993 年对微小卫星进行了划分和定义。根据它的定义,小卫星作为一种可用常规运载器发射的航天器,质量为 10 ~ 500kg。而英国萨里大学也对不同种类的小卫星进行了细分和定义,如表 10 - 1 所列,该分类方法得到了国内外文献报道和技术实践的普遍认同。

从定义和分类看,微纳卫星不仅仅是一个重要的概念,最主要的是在结构设计和功能应用上与目前常见的大卫星有着本质的区别。比较典型的微纳卫星代表如立方体卫星 CubeSat(如图 10-1 所示),具有标准的尺寸大小 10cm×10cm×10cm(1U),可以采用模块化组合设计,形成大小为 2U 或 3U 的结构。

图 10-1　立方体卫星[142]

表 10-1　小卫星的分类

名　称	质量(含燃料)/kg
小卫星	100~500
微卫星	25~100
纳卫星	1~25
皮卫星	0.1~1
飞卫星	<0.1

根据微纳卫星的定义、发展和应用,微纳卫星的主要技术特点如下。

(1)微纳卫星是以 MEMS 技术为基础的一种全新概念的卫星,采用多维集成技术,把传感器、执行机构、微处理器乃至光学系统统一设计集成,形成光、机、电一体化的具有特定功能的卫星部件或分系统,具有极高的功能密度。

(2)微纳卫星质量轻,可以不使用高成本的大型运载工具进行发射,发射成本显著降低,并且可以采用搭载大卫星发射或者一箭多星的发射方式,发射灵活、机动。

(3)微纳卫星多采用分布式结构,由多颗卫星组成卫星阵列完成一个总体功能。微纳卫星采用分布式的星座结构或者编队飞行,可以显著提高卫星系统的可靠性,提高系统的生存能力。

(4)微纳卫星采用的集成设计方法不仅使得设备更加轻巧坚固,而且可以进行工业化的批量生产,从而明显降低卫星及其部件的研究费用。

作为航天装备的重要组成部分,微纳卫星具有以下技术优势:空间生存能力强、性价比高、可批量部署、研制周期短、易于快速响应,同时还可采用分布式系统改变其功能,重组系统。

10.2.2　微纳卫星姿态控制实现方法

目前,微纳卫星多采用三轴稳定的姿态控制方案。针对不同的应用目标,微纳卫星姿态控制所需要达到的精度会有所差异。一般的实验卫星需要实现中等精度的姿态控制,而应用于对地遥感、地球环境监测、资源探索等领域的微纳卫星需要实现更高精度的姿态控制。

为实现三轴稳定的姿态控制,微纳卫星的姿态控制主要分为以下 6 种模式。

（1）速率阻尼模式。星箭分离后,由于卫星具有一定的初始角速度,因此需要用各轴磁力矩器组合控制卫星消旋,将微纳卫星各方向的角速度阻尼到大约 0.5(°)/s。阻尼的速率时间的长短,可以通过地面指令加以控制,减小姿态角速率。

（2）起旋模式。起旋模式将使微纳卫星建立 Y-Thomson 自旋,抑制章动;该自旋轴与正常轨道法向平行。地面需要根据能源状况,设定该模式完成的速度。

（3）消旋模式。消旋模式下启动动量轮,按地面给定转速运动,星体消旋,减小俯仰轴角速率,抑制章动,吸收星体剩余角动量。

（4）姿态捕获对地指向（正常模式）。动量轮继续吸收星体的部分角动量,建立起偏置动量模式。通过俯仰轴控制律和三轴扩展卡尔曼滤波器实现俯仰角的调整,使俯仰轴角速率很小,进而实现对地的定向,此后卫星转入正常模式。

（5）正常工作期间姿态保持。在正常工作期间,卫星的指向靠动量轮偏置动量提供的刚性保持以及由动量轮的角动量调节实现,同时采用磁力矩器控制星体的角速度。

（6）姿态机动。为实现前视/后视拍照等任务,微纳卫星需要在轨道平面内调整卫星姿态使照相机对准目标。这可通过动量轮的动量调节实现机动,同时微纳卫星的推进系统也可做机动实验。

微纳卫星的姿态控制流程如图 10 - 2 所示。

10.2.3　星敏感器在微纳卫星中的作用

通常,微纳星敏感器多采用 MEMS 磁强计、MEMS 惯性敏感器等小型化器件进行姿态测量和确定,一般可以达到中等精度的姿态控制(0.5°~1°)。随着微纳卫星在对地遥感等领域的应用,对微纳卫星的姿态确定精度提出了更高的要求(角秒级精度),仅仅依靠磁强计、惯性敏感器无法满足高精度姿态确定的要求。因此,随着微纳卫星应用范围的拓展,对微纳星敏感器技术提出了更高的要求:在保证星敏感器高精度定姿优势的前提下,实现星敏感器的进一步微型化,以满足微纳卫星的应用。

在一个高精度的三轴稳定微纳卫星姿态控制过程中,在星箭分离初期,卫星星体处于完全无序旋转状态,为实现姿态控制,需要根据各轴向的星体角速度,利用各轴磁力矩器组合降低卫星转速。在速率阻尼模式完成后,卫星姿态控制进入起旋模式,使星体绕自旋轴自旋。实现星体自旋后,卫星姿态控制进入消旋

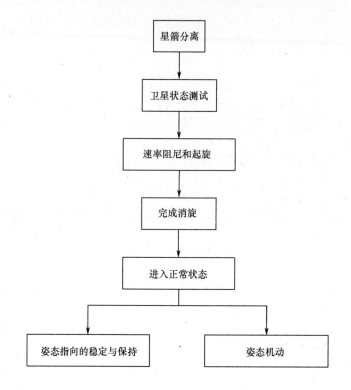

图 10 - 2　微纳卫星姿态控制流程

模式,星体消旋,减小俯仰轴角速率,抑制章动。因此,在速率阻尼阶段、起旋阶段和消旋阶段,星敏感器可以为卫星平台提供精确的姿态信息。而在姿态稳定需要进行机动任务时,如进行对地某点的成像任务,高精度的星敏感器可以提供准确的姿态状态,以便卫星平台能够准确确定拍照时刻,甚至是机动时刻的成像功能和图像定位等,将大大提升微纳卫星的功能和性能水平。

10.3　微纳星敏感器

10.3.1　微纳星敏感器的发展

微纳卫星技术的不断发展,大大推动了微纳星敏感器的研究,出现了一系列质量在 300g 以下的微纳星敏感器产品。在国际上,以加拿大多伦多大学和荷兰代尔夫特理工大学等高校为背景的 Sinclair、BCT、BST 等公司在微纳星敏感器领域异军突起,打破了传统的研究思路,提出了一系列微纳星敏感器的研制方法,实现了航天技术的跨越式发展。目前典型的纳型/皮型星敏感器如表 10 - 2 所列。

表 10-2　纳型/皮型星敏感器

研究机构	器件名称	主要指标参数
Sinclair[143]（加拿大）	ST-16/ST-16RT 	定姿精度:7″,70″(rms 指向/滚转) 更新率:2Hz 体积:59×56×31.5mm³(ST-16 无遮光罩) 质量:85g(ST-16 无遮光罩) 功耗:<500mW(平均); 　　　<1W(峰值) 动态性能:≤3(°)/s
BCT[144]（美国）	Nano Star Tracker 	定姿精度:6″,40″(1σ 指向/滚转) 更新率:5Hz 体积:100×67.3×50mm³(带遮光罩) 质量:350g(带遮光罩) 功耗:<500mW(平均); 　　　<1W(峰值) 初始捕获时间:2s
BST[145]（德国）	ST-100 	定姿精度:30″,200″(3σ 指向/滚转) 更新率:5Hz 视场角:31°×23° 体积:60×90×161mm³(带遮光罩) 质量:740g(带遮光罩) 功耗:<3W
BST[146]（德国）	ST-200 模块 	定姿精度:30″,200″(3σ 指向/滚转) 更新率:1Hz 体积:30×30×38.1mm³(无遮光罩) 质量:50g(无遮光罩) 功耗:<220mW(平均); 　　　<650W(峰值)

（续）

研究机构	器件名称	主要指标参数
Azmerit[147] （俄罗斯）	ASTC－1 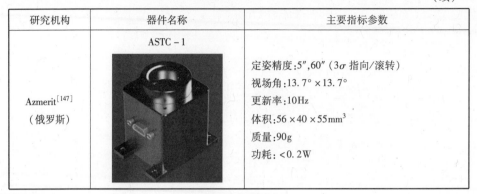	定姿精度:5″,60″（3σ 指向/滚转） 视场角:13.7°×13.7° 更新率:10Hz 体积:56×40×55mm³ 质量:90g 功耗:<0.2W

10.3.2 纳型星敏感器总体设计

由于面向微纳卫星的应用需求,纳型星敏感器在体积上需要实现小型化,因此所应用的镜头和遮光罩均进行了小型化方法研究和设计。目前,商业镜头已经达到了直接在纳型乃至皮型星敏感器上应用的程度,课题组研制的皮型星敏感器就采用了一款成熟的商业镜头。

电子学系统实现小型化和低功耗的途径是采用单片集成技术以及柔性电路板技术。电子学系统采用基于单片 SoC 和 APS CMOS 图像探测器的精简电路架构,在单片 SoC 上采用流水线的工作模式实现对 APS CMOS 图像探测器的控制、星图捕获、数据处理、姿态解算、通信等功能。电路板采用刚柔结合印制电路板（Flexible-Rigid PCB）的设计方式,既提高了系统可靠性,又隔绝了外部与感光器件所在电路板的联系,保证了系统精度。系统原理图如图 10-3 所示。

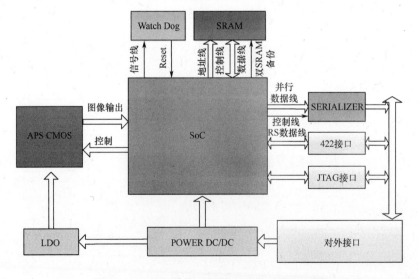

图 10-3 基于单片 SoC 的电子学系统原理图

在此基础上的纳型星敏感器仍然采用了一体式的总体设计方案,将光学敏感头部和整个电子学系统集中于一体,包含遮光罩的整体尺寸为 50mm × 50mm × 110mm,如图 10 – 4 所示。

图 10 – 4　纳型星敏感器结构

10.3.3　纳型星敏感器总体技术指标

根据上述总体设计方案,纳型星敏感器的主要技术指标如表 10 – 3 所列。

表 10 – 3　纳型星敏感器的主要技术指标

视场	15° × 12°
敏感星等	5.8 等
精度 3σ	优于 7″(俯仰和偏航),70″(滚转)
数据更新率	大于 10Hz
全天自主姿态捕获时间	小于或等于 200ms
质量	150g
功耗	小于 1W

10.3.4　纳型星敏感器地面测试

根据前述星敏感器地面测试方法,对纳型星敏感器进行了一系列的外场测试实验,下面对实验情况和实验结果进行介绍和分析。在纳型星敏感器外场测试实验中,采用了 30ms 的曝光时间,实验地点为长春净月潭观测站。时间为某日 22 时到次日 3 时,星敏感器正对天顶,如图 10 – 5 所示。

在一段连续时间内,纳型星敏感器直接输出的四元数和识别星点数目如图 10 – 6 和图 10 – 7 所示。根据该四元数,实验得到的是地球相对于惯性系的转动结果。在消除地球的自转影响以及岁差、章动等影响后,经测试统计,星敏

图 10 - 5　外场测试实验

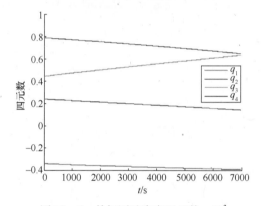

图 10 - 6　外场测试姿态四元数 $\times 10^3$

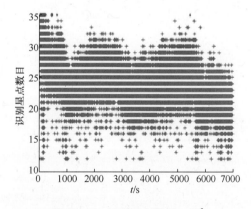

图 10 - 7　识别星点数目 $\times 10^3$

感器在整个视场内的指向精度测试结果为优于 $7''(3\sigma)$，滚转精度测试结果为优于 $70''(3\sigma)$。

　　纳型星敏感器的动态性能测试仍然采用转台测试方法，将纳型星敏感器固定于转台上,使星敏感器的 X 轴与转台的转轴平行,$+X$ 轴指向当地地理正东方向,$+Y$ 轴指向当地地理的正北方向,$+Z$ 方向指向正天顶,如图 10 - 8 所示。

图 10 - 8　纳型星敏感器动态性能测试

转台的转速设定为 $1.4 \sim 2.0(°)/s$,不同转速下各自进行 4 次旋转实验。第一次旋转是绕 $+X$ 轴从偏离正天顶约 $-5°$ 的位置旋转到正天顶,然后继续旋转到偏离正天顶约 $+5°$ 的位置(对应图 10 - 9 中①阶段),暂停后反方向旋转,即绕

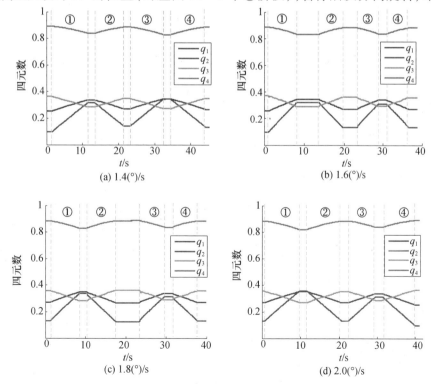

图 10 - 9　纳型星敏感器动态性能测试结果

－X轴旋转到正天顶并继续旋转回到初始位置(对应图 10 - 9 中②阶段),按照上述的过程再进行一组重复实验(对应图 10 - 9 中③、④阶段)。根据图 10 - 9 的测试结果,当纳型星敏感器静止(处于旋转的起始和结束位置)时,各个四元数均无明显变化;而当纳型星敏感器绕旋转轴旋转时,各个四元数均发生明显的变化,而且旋转方向相反时四元数变化趋势也相反。如图 10 - 10 所示,从同一颗星在不同角速度条件下的动态成像效果看,纳型星敏感器在大角速度下仍然具有较高的能量集中度,可以实现星点质心的准确提取。因此,动态性能测试实验表明纳型星敏感器的动态性能优于 2.0(°)/s。

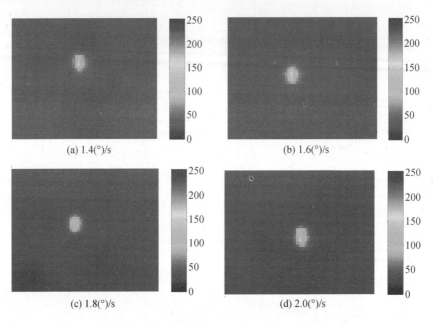

图 10 - 10　不同的角速度下同一颗星成像情况

10.4　纳型星敏感器在轨应用

课题组研制的纳型星敏感器于 2015 年 9 月 20 日搭载一箭 20 星中的 NS - 2 纳型卫星(如图 10 - 11 所示)发射。该纳型卫星采用三轴稳定的姿态控制方案,在速率阻尼阶段、起旋阶段和消旋阶段,卫星平台需要对姿态和角速率进行准确可靠的监测。

该纳型卫星搭载的纳型星敏感器具有精度高、动态性高的特点。在卫星处于三轴稳定阶段前,纳型星敏感器不仅可以为卫星平台提供有效的姿态数据,而且可以对卫星三轴角度率进行递推,满足卫星平台快速确定三轴转速与三轴姿态的要求。

(a)　　　　　　　　　　　　(b)

图 10 - 11　纳型星敏感器安装在 NS - 2 纳型卫星上

10.4.1　卫星姿态与角速率确定方法

根据 2015 年 10 月 11 日 5 点纳型星敏感器的输出,可以得到有效的姿态四元数曲线如图 10 - 12 所示。

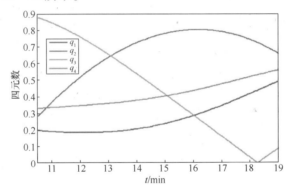

图 10 - 12　姿态四元数曲线

由文献[148]可知,假设时刻 t_k 的姿态矩阵为 $\boldsymbol{A}(k)$,两个时刻 t_k 和 t_{k+1} 之间的时间间隔为 $\Delta t = t_{k+1} - t_k$,可以根据姿态四元数得到纳型卫星当前的三轴角速率,即

$$[w(k) \times] = \frac{\boldsymbol{I} - \boldsymbol{A}(k+1)\boldsymbol{A}^{\mathrm{T}}(k)}{\Delta t} \qquad (10-1)$$

$$[w(k) \times] = \begin{bmatrix} 0 & -w_z(k) & w_y(k) \\ w_z(k) & 0 & -w_x(k) \\ -w_y(k) & w_x(k) & 0 \end{bmatrix} \qquad (10-2)$$

根据上述三轴角速率的确定方法,得到的三轴角速率曲线如图 10 - 13 所示。在卫星平台实现三轴稳定姿态前,该姿态数据和三轴角速率数据可以快速准确地确定星体的状态,以进行有效地控制。

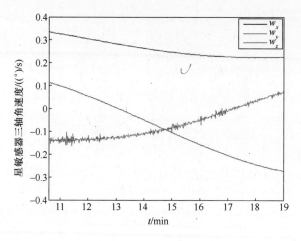

图 10 – 13　角速率曲线

10.4.2　卫星指向确定方法

通过纳型星敏感器获得的监测数据,可以进一步确定卫星、太阳以及地球三者之间的指向关系。如图 10 – 14 所示,星敏感器获取的星图背景值呈现周期性变化:当背景值达到饱和时,星敏感器无姿态数据输出,表明此时太阳/地球进入星敏感器的视场;当背景值较低时,星敏感器正常进行姿态数据输出,表明此时太阳/地球离开星敏感器视场。

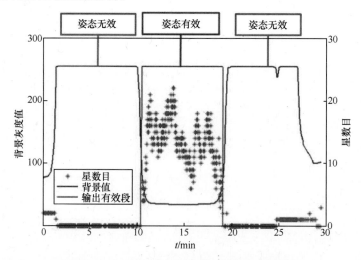

图 10 – 14　星敏感器遥测数据监测参数曲线

在所定义的天球坐标系上,各个恒星的赤经和赤纬是唯一确定的,而且除太阳之外的恒星距离地球的距离均可以认为是无穷远,因此赤经/赤纬不会随观测地点和观测时间的变化而变化。但是,由于地球围绕太阳进行公转,太阳在天球坐标系上会产生周年视运动,如图 10 - 15 所示。

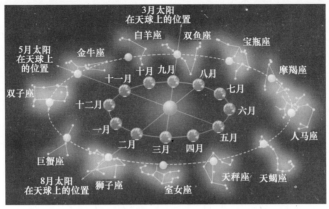

图 10 - 15　不同时间的太阳在天球坐标系中位置示意图[149]

　　结合在轨四元数姿态数据结果,星敏感器有几乎 1/2 概率被地球遮挡,背景灰度值饱和。同时分析太阳光与星敏感器光轴夹角的变化情况(如图 10 - 16),45°以上均处于姿态有效状态。表明星敏感器太阳抑制角可以达到 45°,与设计指标相符。

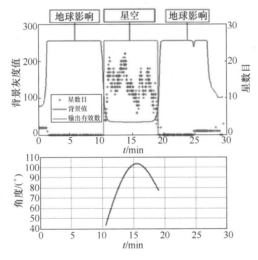

图 10 - 16　太阳光与星敏感器光轴夹角的变化情况

　　根据纳型星敏感器的输出数据,结合卫星的轨道信息,可以反推得到如图 10 - 17 所示的卫星(星敏感器光轴)、地球以及太阳的指向关系。当星敏感器光轴指向星空方向时,纳型星敏感器正常工作,输出有效姿态数据;而当星敏感器光轴指向地球方向时,地球进入星敏感器视场,星敏感器无法工作。在整个过程中,太阳光线都没有进入星敏感器的视场,目前纳型星敏感器仍然在进一步在轨测试中。

图 10 – 17　卫星、地球与太阳指向关系

10.5　本 章 小 结

随着微纳卫星的发展和应用,高精度的姿态测量和姿态机动任务对星敏感器提出了更高的要求。纳型星敏感器采用了一体化的小型化设计,实现了高测量精度、高动态性以及系统的微型化和低功耗,以充分满足微纳卫星的应用需求。课题组研制的纳型星敏感器在国内首次进行了纳型卫星在轨实验,具有高精度、高更新率和高动态性的特性,可以为敏捷/灵巧成像、智能载荷成像和卫星群成像等任务提供重要保障,并且为今后皮型星敏感器的发展和应用奠定了基础。

　　星敏感器是卫星上精度最高的姿态测量部件,已经广泛应用在各种型号卫星中。随着光电探测技术、微电子与集成电路技术和微光学技术的发展,星敏感器已经从原来的"复杂、笨重、脆弱"逐步走向了"轻巧、灵活和健壮"。星敏感器技术水平的提升,是卫星水平和能力的一个重要表现,也是我国从航天大国进入航天强国的一个重要体现。本书所述的研究工作得到了国家自然科学基金(61377012,51522505,61605099)、国家 863 计划(2012AA121503)、原总装备部预先基础研究计划的支持。自 2001 年开始,课题组面向国家需求,走独立自主的技术路线,取得了多项突破:基于 APS CMOS 的星敏感器成像和滤波算法;基于流水线结构的实时星图滤波和星点提取方法;星敏感器快速星图识别和高精度标定技术;星敏感器的测试实验方法。课题组完成了 1kg 级别微型星敏感器、150g 纳型星敏感器及 50g 皮型星敏感器三代产品设计,并进行了在轨验证和广泛应用。这些星敏感器将成为中国航天产品走向世界的一个突破口。

　　面向不断增长的任务需求,课题组通过梳理星敏感器的发展需求,提出未来星敏感器在功能上和技术上的发展方向。

　　(1)微小型化和低成本方面。随着近年来微纳卫星技术的蓬勃发展,高科技公司和民间资本逐步进入了航天领域,并促进了卫星技术的快速革新和更新换代。Planet Lab,Skybox,oneWeb,BlackSky 等新兴卫星势力计划发射上百颗小卫星,低成本、小型化的纳型/皮型星敏感器必然将在其中发挥重要作用;随着微光机电技术发展,星敏感器的微型化将会取得意想不到的效果,甚至未来的手机照相组件经过适当改进也可以进行应用;COTS 器件和低成本航天技术逐渐成为航天领域一股新生力量。

　　(2)超高精度和甚高精度方面。星敏感器的另一个重要方向是满足超高精度卫星应用需求,如高精度测绘、测图和导航定位等,要求星敏感器精度越高越好,如美国鲍尔航天与技术公司(Ball Aerospace Technologies Corp.)的 HAST(High Accuracy Star Tracker)产品。科学级 CMOS 和 CCD 技术水平的提升是这种系统的一个前提,而光机系统的热稳定性、应力稳定性等技术指标也是这一领域技术提升的关键。应努力将星敏感器精度推向极致,但质量、体积和功耗等会相对较大。

(3)白天星敏感器技术。上述星敏感器基本上只能在大气层外使用,几乎都是为卫星研制的。随着临近空间、导弹和无人机乃至船用天文导航需求的日益迫切,大气层内的白天星敏感器技术受到越来越多的关注。为了降低大气等影响,通常采用长焦距、小视场的系统实现方案;同时,一般需要将天空背景的蓝光进行滤除,采用偏振等方案。这种星敏感器的视场通常在 1°以内,全天探测到的星数目也不超过 100 颗,无法进行自主识别,需要采用转台等辅助方案,系统庞大且复杂。

随着压缩感知成像、量子成像、衍射成像方式的进步以及光电探测器件水平的提升,上述 3 种新型星敏感器在未来 10~20 年必将得以实现,这 3 种技术的攻克必将给我国天文导航及高性能卫星带来质的飞跃。

参 考 文 献

[1] Kim H Y. Novel methods for spacecraft attitude estimation[D]. Texas: Texas A&M University, 2002.

[2] Mortari D, Pollock T C, Junkins J L. Toward the most accurate attitude determination system using star trackers[J]. Spaceflight mechanics, 1998, 1998: 839 – 850.

[3] Wertz J R. Introduction to Attitude Dynamics and Control[M]//Spacecraft Attitude Determination and Control. Berlin: Springer Netherlands, 1978: 487 – 509.

[4] Samaan M A. Toward faster and more accurate star sensors using recursive centroiding and star identification [D]. Texas: Texas A&M University, 2003.

[5] 武延鹏. HXMT 卫星姿态确定与控制系统的设计与实验研究[D]. 北京: 清华大学, 2004.

[6] Wahba G. A Least Squares Estimate of Satellite Attitude[J]. Siam Review, 1965, 7(3):409 – 409.

[7] 李杰. APS 星敏感器关键技术的研究[D]. 北京:中国科学院,2005.

[8] Hans Kunt Raue. Attitude and Orbit Control Systems[EB/OL]. [2016 – 10 – 31] http://www. jena – optronik. de/en/aocs. html.

[9] Sodern. Attitude Measurement[EB/OL]. [2016 – 10 – 31]. http://www. sodern. com/sites/en/ref/Hydra_ 50. html.

[10] Ball Aerospace. Star trackers[EB/OL]. [2016 – 10 – 31] http://www. ballaerospace. com/page. jsp? page = 104.

[11] ESA. Active Pixel Sensor Based Star Tracker: Galileo Avionica[EB/OL]. [2016 – 10 – 31]https://artes. esa. int/projects/active – pixel – sensor – based – star – tracker – galileo – avionica.

[12] Bagnasco G, Giulicchi L, Pablos P, et al. The contribution of the science technology programme to low – cost planetary missions[J]. Acta Astronautica, 2006, 59(8): 882 – 898.

[13] Technical University of Denmark. The Advanced Steller Compass[EB/OL]. [2016 – 10 – 31] http:// www. space. dtu. dk/english/Research/Instruments_Systems_Methods/Stellar_navigation.

[14] Betto Maurizio, John L. Jørgensen, Peter S. Jørgensen, et al. Advanced Stellar Compass onboard autonomous orbit determination, preliminary performance[J]. Astrodynamics, Space Missions, and Chaos, 2004, 1017: 393 – 407.

[15] TERMA. Star trackers[EB/OL]. [2016 – 10 – 31]. http://www. terma. com/space/space – segment/star – trackers.

[16] Surrey Satellite Technology Limited. Download[EB/OL]. [2016 – 10 – 31]. http://www. sstl. co. uk/ download.

[17] 范春石. 轻型化高性能卫星姿态确定系统及其关键技术研究[D]. 北京:清华大学,2009.

[18] Anderson D S. Autonomous star sensing and pattern recognition for spacecraft attitude determination[D]. Texas: Texas A&M University,1991.

[19] Fossum E R. Active pixel sensors: are CCDs dinosaurs? [J]. Proceedings of the SPIE, Charge – Coupled Devices and Solid State Optical Sensors III. 1993, 1900(3):2 – 14.

[20] Fossum E R, Bartman R K, Eisenman A R. Application of the active – pixel – sensor concept to guidance

and navigation [J]. Proceedings of SPIE, Space Guidance, Control and Tracking, 1993, 1949: 256 – 264.

[21] Fereyre P, Guillon M, Prevost V, et al. Back Illuminated System – on – Chip For Night Vision [J]. OPTRO, 2012, 74:1 – 5.

[22] Teledyne DALSA. Products – CCD and CMOS sensor [EB/OL]. [2016 – 10 – 31]. http://www. tele-dynedalsa. com/imaging/knowledge – center/appnotes/ccd – vs – cmos/.

[23] 王虎,苗兴华,汶德胜,等. 宽视场大相对孔径星敏感器光学系统设计 [J]. 光子学报, 2005, 34 (12): 1822 – 1824.

[24] 吴峰,沈为民. 轻小型星敏感器光学系统的设计 [J]. 光子学报, 2004,33(11):1336 – 1338.

[25] 卢欣. CCD 星敏感器光学系统设计 [J]. 中国空间科学技术, 1994, 14(4): 49 – 53.

[26] 尤英奇, 刘光亚. CCD 星跟踪器光学系统 [J]. 光学精密工程, 1989(3):10 – 14.

[27] 房建成,宁晓林,田玉龙. 航天器自主天文导航原理与方法 [M]. 北京:国防工业出版社, 2006.

[28] Kosik J C. Star pattern identification aboard an inertially stabilized aircraft [J]. Journal of Guidance Control & Dynamics, 1991, 14(2):230 – 235.

[29] Junkins J L, White C C I, Turner J D. Star pattern recognition for real time attitude determination [J]. Journal of the Astronautical Sciences, 1977, 25(25):251 – 270.

[30] Bezooijen R W H V. A star pattern recognition algorithm for autonomous attitude determination [J]. Automatic Control in Aerospace, 1990, 51 – 58.

[31] Padgett C, Kreutz – Delgado K. A grid algorithm for autonomous star identification [J]. IEEE Transactions on Aerospace & Electronic Systems, 1997, 33(1):202 – 213.

[32] Liebe C C. Pattern recognition of star constellations for spacecraft applications [J]. IEEE Aerospace & Electronic Systems Magazine, 1993, 8(1):31 – 39.

[33] Rogers S K. Method for star identification using neural networks [J]. Proc Spie, 1997, 3077:471 – 478.

[34] Trask A J. Autonomous artificial neural network star tracker for spacecraft attitude determination [D]. Illinois: University of Illinois at Urbana – Champaign, 2002.

[35] 李春艳,李恪, 张龙云,等. 基于神经网络技术的星图识别方法 [J]. 科学通报, 2003,48(9):892 – 895.

[36] Hong J, Dickerson J A. Neural – Network – Based Autonomous Star Identification Algorithm [J]. Journal of Guidance Control & Dynamics, 2000, 23(4):728 – 735.

[37] Mortari D, Samaan M A, Junkins J L. Lost – in – Space Pyramid Algorithm for Robust Star Pattern Recognition [J]. Guidance and Control, 2001, 2001: 49 – 68.

[38] Mortari D, Mortari D. Search – Less Algorithm for Star Pattern Recognition [J]. Journal of the Astronautical Sciences, 1997, 45(2): 179 – 194.

[39] Cypress. Photosensitive detector products [EB/OL]. [2016 – 10 – 31]. http://www. fillfactory. com.

[40] Lopes R V F, Carvalho G B, Silva A R. Star Identification for Three – Axis Attitude Estimation of French – Brazilian Scientific Micro – Satellite (AAS 98 – 366) [J]. Ferroelectrics, 1991, 119(1):1 – 7.

[41] Vedder J D. Star trackers, star catalogs, and attitude determination – Probabilistic aspects of system design [J]. Journal of Guidance Control & Dynamics, 1993, 16(3):498 – 504.

[42] Blarre L, Perrimon N, Lacroix A, et al. New Sodern's APS Based Autonomous Multiple Heads Star Sensor (hydra): Three Heads are Better than One [J]. Guidance, Navigation and Control Systems, 2005, 606: 11.

[43] Liebe C C. Star trackers for attitude determination [J]. IEEE Aerospace and Electronic System Magazine, 1995, 10(6):10 – 16.

［44］ Accardo D, Rufino G. Brightness – independent start – up routine for star trackers［J］. IEEE Transactions on Aerospace & Electronic Systems, 2002, 38(3):813 – 823.

［45］ Hancock B R, Stirbl R C, Cunningham T J, et al. CMOS active pixel sensor specific performance effects on star tracker/imager position accuracy［J］. Proceedings of SPIE, Functional Integration of Opto – Electro – Mechanical Devices and Systems, 2001, 4284:43 – 53.

［46］ 维基百科. 星等的定义与说明［EB/OL］. ［2016 – 10 – 31］. http://zh. wikipedia. org/wiki/% E6% 98% 9F% E7% AD% 89.

［47］ Liebe C C. Accuracy Performance of Star Trackers – A Tutorial［J］. IEEE Transactions on Aerospace & Electronic Systems, 2002, 38(2):587 – 599.

［48］ Serway R A, Jewett J W. Physics for scientists and engineers with modern physics［M］. Toronto: Nelson Education, 2013.

［49］ The Physics Factbook. Power Density of Solar Radiation［EB/OL］. ［2016 – 10 – 31］. http://hypertextbook. com/facts/1998/ManicaPiputbundit. shtml.

［50］ 刘智. CMOS 图像传感器在星敏感器中应用研究［D］. 长春: 中国科学院研究生院(长春光学精密机械与物理研究所), 2004.

［51］ Liebe C C, Alkalai L, Domingo G, et al. Micro APS based star tracker［J］. Proceedings of IEEE Aerospace Conference, 2002, 5: 2285 – 2300.

［52］ Tian H, Fowler B, Gamal A E. Analysis of temporal noise in CMOS photodiode active pixel sensor［J］. IEEE Journal of Solid – State Circuits, 2001, 36(1):92 – 101.

［53］ Yadidpecht O, Fossum E R, Pain B. Optimization of noise and responsivity in CMOS active pixel sensors for detection of ultralow – light levels［J］. Proceedings of SPIE, Solid State Sensor Arrays: Development and Applications, 1997, 3019(1):125 – 136.

［54］ Mendis S K, Kemeny S E, Gee R C, et al. CMOS active pixel image sensors for highly integrated imaging systems［J］. Solid – State Circuits, IEEE Journal of, 1997, 32(2):187 – 197.

［55］ Mallat S G. A Theory for Multi – Resolution Signal Decomposition: The Wavelet Representation［J］. IEEE Trans on PAMI, 1989, 10 (7):674 – 693.

［56］ Laine A. Wavelet Theory and Application［M］. New York City: Springer Publishing, 1993.

［57］ 卢欣. CCD 星敏感器光学系统设计［J］. 中国空间科学技术, 1994, 14(4): 49 – 53.

［58］ 董瑛, 邢飞, 尤政. 基于 CMOS APS 的星敏感器光学系统参数确定［J］. 宇航学报, 2004, 25(6): 663 – 668.

［59］ 钟兴, 金光, 王栋, 等. CMOS 星敏感器焦平面装配及标定［J］. 光电工程, 2011, 38(9): 1 – 5.

［60］ 孙高飞, 张国玉, 郑茹, 等. 星敏感器标定方法的研究现状与发展趋势［J］. 长春理工大学学报(自然科学版), 2010, 33(4): 8 – 14

［61］ 钟红军, 杨孟飞, 卢欣. 星敏感器标定方法研究［J］. 光学学报, 2010, 30(5): 1343 – 1348.

［62］ 贺鹏举. 大视场星敏感器标定技术研究［D］. 北京: 清华大学, 2011.

［63］ 王洪涛, 罗长洲, 王渝, 等. 星敏感器模型参数分析及标准方法研究［J］. 电子科技大学学报, 2010, 39(6): 880 – 885.

［64］ 郝雪涛, 张广军, 江洁. 星敏感器模型参数分析与校准方法研究［J］. 光电工程, 2005, 32(3): 5 – 8.

［65］ 张辉, 田宏, 袁家虎, 等. 星敏感器参数标定及误差补偿［J］. 光电工程, 2005, 32(9): 1 – 4.

［66］ 李春艳, 李怀锋, 孙才红. 高精度星敏感器天文标定方法及观测分析［J］. 光学精密工程, 2006, 14 (4): 558 – 563

［67］ 邢飞, 董瑛, 武延鹏, 等. 星敏感器参数分析与自主校正［J］. 清华大学学报(自然科学版), 2005,

45(11): 1484 - 1488.

[68] Roth J P. Diagnosis of automata failures: a calculus and a method[J]. Ibm Journal of Research & Development, 1966, 10(4):278 - 291.

[69] Cypress. PSoC 4 and 5LP[EB/OL]. [2016 - 10 - 31]. http://www. fillfactory. com.

[70] Enright J, Dzamba T. Rolling Shutter Compensation for Star Trackers[J]. AIAA Guidance, Navigation, and Control Conference, 2012, 4839:1 - 15.

[71] Shortis M R, Clarke T A, Short T. Comparison of some techniques for the subpixel location of discrete target images[J]. Proceedings of SPIE, Videometrics III, 1994, 2350: 239 - 250.

[72] Ronse C, Devijver P A. Connected components in binary images: the detection problem[M]. New Jersey: John Wiley & Sons, Inc. ,1984.

[73] Schwartz J T, Sharir M, Siegel A. An efficient algorithm for finding connected components in a binary image[J]. New York Univ. , Robotics Research Tech. Rep, 1985, 38.

[74] Stefano L D, Bulgarelli A. A simple and efficient connected components labeling algorithm[J]. Proceedings of International Conference on Image Analysis and Processing, 1999 ,322 - 327.

[75] Haris K, Efstratiadis S N, Maglaveras N, et al. Artery skeleton extraction using topographic and connected component labeling[J]. Proceedings of International Conference on Image Processing, 2001 , 2:339 - 342.

[76] Preston K, Rosenfeld A, Onoe M. Real - time/Parallel Computing: Image Analysis[M]. Berlin: Plenum Press, 1981.

[77] Suzuki K, Horiba I, Sugie N. Fast connected - component labeling based on sequential local operations in the course of forward raster scan followed by backward raster scan[J]. Proceedings of IEEE 15th International Conference on Pattern Recognition, 2000 , 2:434 - 437.

[78] Khanna V, Gupta P, Hwang C J. Maintenance of Connected Components in Quadtree - based Image Representation[J]. Proceedings of IEEE International Conference on Information Technology: Coding and Computing, 2001 , 647 - 651.

[79] Shiloach Y, Vishkin U. An O (log n) parallel connectivity algorithm[J]. Journal of Algorithms, 1982 , 3 (1):57 - 67.

[80] Manohar M, Ramapriyan H K. Connected component labeling of binary images on a mesh connected massively parallel processor[J]. Computer Vision Graphics & Image Processing, 1989, 45(2):133 - 149.

[81] Biswas P K, Mukherjee J, Chatterji B N. Component labeling in pyramid architecture[J]. Pattern Recognition, 1993, 26(7):1099 - 1115.

[82] Cheng Y, Jensen J R, Huntsberger T L, et al. Hypercube algorithm for image component labeling[J]. Scalable High - Performance Computing Conference, 1994. Proceedings of the. IEEE, 1994 ,259 - 262.

[83] Ranganathan N, Mehrotra R, Subramania S. A high speed systolic architecture for labeling connected components in an image[J]. IEEE Transactions on Systems Man & Cybernetics, 1991, 25(3):415 - 423.

[84] MathWorks. Matlab 图像处理工具箱[EB/OL]. [2016 - 10 - 31]. https://www. mathworks. com/help/images/index. html.

[85] Computer Science & Engineering, University of Washington. Binary ImageAnalysis[EB/OL]. [2016 - 10 - 31]. http://courses. cs. washington. edu/courses/cse576/book/ch3. pdf.

[86] Zenzo S D, Cinque L, Levialdi S. Run - based algorithms for binary image analysis and processing[J]. IEEE Transactions on Pattern Analysis & Machine Intelligence, 1996, 18(1):83 - 89.

[87] Gottlieb D M. Star pattern recognition techniques[J]. Spacecraft Attitude Determination and Control, The Netherlands, 1978, 257 - 266.

[88] Bezooijen V, Roelof. W H. Autonomous star referenced attitude determination[J]. Proceedings of the An-

nual Rocky Mountain Guidance and Control Conference. 1989, 1989;31 – 52.

[89] Van Bezooijen R W H. Star sensors for autonomous attitude control and navigation[J]. Proc. SPIE 1992, CR47: 153 – 180.

[90] Van BezooijenR W H. True – sky demonstration of an autonomous star tracker[J]. Proceedings of SPIE, Acquisition, Tracking, and Pointing VIII, 1994, 2221:156 – 168.

[91] Padgett C, Kreutz – Delgado K. A grid algorithm for autonomous star identification[J]. IEEE Transactions on Aerospace & Electronic Systems, 1997, 33(1):202 – 213.

[92] 张广军. 星图识别[M]. 北京:国防工业出版社, 2011: 100 – 120.

[93] Shwartz E L. Spatial Mapping in the Primate Sensory Projection: Analytic Structure and Relevance Perception[J]. Biological Cybernetics, 1977, 25(4):181 – 194.

[94] 屠善澄. 卫星姿态动力学与控制[M]. 北京:宇航出版社, 1998.

[95] Mortari D, Samaan M A, Junkins J L. Lost – in – Space Pyramid Algorithm for Robust Star Pattern Recognition[J]. Guidance and Control, 2001: 49 – 68.

[96] Mortari D, Samaan M A, Bruccoleri C, et al. The Pyramid Star Identification Technique[J]. Navigation, 2004, 51(3):171 – 183.

[97] 邢飞,尤政,董瑛. 基于导航星域和 K 矢量的快速星图识别算法[J]. 宇航学报, 2010, 31(10): 2302 – 2308.

[98] Mortari D. A fast on – board autonomous attitude determination system based on a new star – ID technique for a wide FOV star tracker[J]. Advances in the Astronautical Sciences, 1996, 93: 893 – 904.

[99] Samaan M A, Mortari D, Junkins J L. Nondimensional star identification for uncalibrated star cameras[J]. Journal of the Astronautical Sciences, 2006, 54(1):95 – 111.

[100] Mortari D, Junkins J L. SP – Search Star Pattern Recognition for Multiple Fields of View StarTrackers [J]. Proceedings of the AAS/AIAA Astrodynamics Specialist Conference, 1999, 437: 1 – 15.

[101] Mortari D. SP – Search: A New Algorithm for Star Pattern Recognition[J]. Advances in the Astronautical Sciences, 1999, 102(Pt II): 1165 – 1174.

[102] Dong Y, Xing F, You Z. Brightness independent 4 – star matching algorithm for lost – in – space 3 – axis attitude acquisition[J]. Tsinghua Science & Technology, 2006, 11(5): 543 – 548.

[103] 邢飞,武延鹏,董瑛,等. 微型星敏感器实验室测试系统研究[J]. 光学技术, 2004, 30(6): 703 – 705.

[104] 陈元枝. 基于星敏感器的卫星三轴姿态测量方法研究[D]. 长春:中国科学院长春光学精密机械与物理研究所, 2000.

[105] 王晓东. 大视场高精度星敏感器技术研究[D]. 长春:中国科学院长春光学精密机械与物理研究所, 2003.

[106] Samaan M A, Mortari D, Junkins J L. Recursive mode star identification algorithms[J]. IEEE Transactions on Aerospace and Electronic Systems, 2005, 41(4): 1246 – 1254.

[107] Shuster M D. Three – axis attitude determination form vector observations: a fast optimal matrix algorithm [J]. The Journal of the Astronautical Sciences, 1996, 41(2): 261 – 280.

[108] Markley F L. Attitude Determination from Vector Observations: A Fast Optimal Matrix Algorithm[J]. The Journal of the Astronautical Sciences, 1993, 41(2):261 – 280.

[109] Baritzhack I Y. REQUEST – A recursive QUEST algorithm for sequential attitude determination[J]. Journal of Guidance Control & Dynamics, 2015, 19(5):1034 – 1038.

[110] Shuster M D. Kalman filtering of spacecraft attitude and the QUEST model[J]. Journal of the Astronautical Sciences, 1990, 38(3):377 – 393.

[111] Shuster M D. A Simple Kalman Filter and Smoother for Spacecraft Attitude[J]. Journal of the Astronautical Sciences, 2012, 37(1):89 – 106.

[112] 索旭华, 张新邦. 全天球实时恒星模拟器技术[J]. 航天控制, 2002, 20(1): 47 – 50.

[114] Gullapalli S N. ASTRA1 solid state star trackers for Martin Marietta's modular attitude control system module[J]. Proceedings of SPIE, Space Guidance, Control, and Tracking, 1993, 1949:127 – 137.

[115] Eisenman A R, Yellin M. New technology tracker for the Pluto mission spacecraft[J]. Proceedings of SPIE, Space Guidance, Control, and Tracking II. 1995, 2466: 60 – 67.

[116] Alexander J W, Chang D H. Cassini star tracking and identification algorithms, scene simulation, and testing[J]. Proceedings of SPIE, Cassini/Huygens: Amission to the Saturnian System, 1996, 2803: 311 – 336.

[117] Rufino G, Moccia A. Laboratory Test System for Performance Evaluation of Advanced Star Sensors[J]. Journal of Guidance Control & Dynamics, 2002, 25(2):200 – 208.

[118] Eisenman A, Joergensen J L, Liebe C C. Real sky performance of the prototype Ørsted advanced stellar compass[J]. Proceedings of IEEE Aerospace Applications Conference. 1996, 2:103 – 113.

[119] Eisenman A R, Joergensen J l, Liebe C C. Astronomical performance of the engineering model Oersted Advanced Stellar Compass[J]. Proc. SPIE, Space Sciencecraft Control and Tracking in the New Millennium, 1996, 2810: 252 – 264.

[120] Bank T. Characterizing a star tracker with built – in attitude estimation algorithms under the night sky[J]. Proceedings of SPIE, Acquisition, Tracking, and Pointing XI, 1997, 3086: 264 – 274.

[121] Inc Wikimedia Foundation. Axial precession[EB/OL]. [2014 – 02 – 14]. http://en. wikipedia. org/wiki/Axial_precession

[122] Inc Wikimedia Foundation. Nutation[EB/OL]. [2014 – 03 – 23]. http://en. wikipedia. org/wiki/Nutation.

[123] 李春艳, 李怀锋, 孙才红. 高精度星敏感器天文标定方法及观测分析[J]. 光学精密工程, 2006, 14(4):558 – 563.

[124] 李广宇. 天球参考系变换及其应用[M]. 北京: 科学出版社, 2010.

[125] Federal Agency for Cartography and Geodesy. International Earth Rotation and Reference Systems Service [EB/OL]. [2014 – 02 – 14]. http://www. iers. org.

[126] 矫媛媛, 周海银, 李新娜, 等. 星敏感器光轴测量的锥面误差模型及其应用[J]. 宇航学报, 2010, 31(9):2138 – 2144.

[127] Ju G. Autonomous star sensing, pattern identification, and attitude determination for spacecraft: An analytical and experimental study[D]. Texas: Texas A&M University, 2001.

[128] Abreu R. Stellar attitude determination accuracy with multiple – star – tracking advanced star tracker[J]. Proceeding of SPIE, Space Guidance, Control, and Tracking, 1993, 1949: 216 – 227.

[129] Inc Wikimedia Foundation. Sunrise equation [EB/OL]. [2014 – 02 – 14]. https://en. wikipedia. org/wiki/Sunrise_equation.

[130] SunriseSunset. com. 日出日落时间查询[EB/OL]. [2016 – 10 – 31]. http://www. sunrisesunset. com.

[131] Otsu N. A threshold selection method from gray – level histograms[J]. Automatica, 1975, 11(285 – 296): 23 – 27.

[132] Bernsen J. Dynamic thresholding of grey – level images[J]. Proceedings of the Eighth International Conference on Pattern Recognition. 1986, 2: 1251 – 1255.

[133] Kontsevich L L, Tyler C W. Bayesian adaptive estimation of psychometric slope and threshold[J]. Vision Research, 1999, 39(16): 2729 – 2737.

[134] Chang S G, Yu B, Vetterli M. Adaptive wavelet thresholding for image denoising and compression[J]. IEEE Transactions on Image Processing A Publication of the IEEE Signal Processing Society, 2000, 9 (9):1532 – 1546.

[135] Zhang W, Quan W, Guo L. Blurred star image processing for star sensors under dynamic conditions[J]. Sensors, 2012, 12(5): 6712 – 6726.

[136] Cannon M. Blind deconvolution of spatially invariant image blurs with phase[J]. IEEE Transactions on Acoustics, Speech, and Signal Processing, 1976, 24(1): 58 – 63.

[137] Banham M R, Katsaggelos A K. Digital image restoration[J]. IEEE Signal Processing Magazine, 1997, 14(2): 24 – 41.

[138] Biemond J, Tekalp A M, Lagendijk R L. Maximum likelihood image and blur identification: a unifying approach[J]. Optical Engineering, 1990, 29(5): 422 – 435.

[139] Savakis A E, Trussell H J. Blur identification by residual spectral matching[J]. IEEE Transactions on Image Processing, 1993, 2(2): 141 – 151.

[140] Yitzhaky Y, Kopeika N S. Identification of blur parameters from motion – blurred images[J]. Graphical models and image processing, 1997, 59(5): 310 – 320.

[141] Yitzhaky Y, Milberg R, Yohaev S, et al. Comparison of direct blind deconvolution methods for motion – blurred images[J]. Applied optics, 1999, 38(20): 4325 – 4332.

[142] NASA. NASA to Announce Selections for Small Satellite Launch Contract[EB/OL]. [2016 – 10 – 31]. http://www. nasa. gov/press – release/nasa – to – announce – selections – for – small – satellite – launch – contract.

[143] Sinclair Interplanetary. High – performance star trackers[EB/OL]. [2016 – 10 – 31]. http://www. sinclairinterplanetary. com/startrackers.

[144] Blue Canyon Technologies. Star Tracker[EB/OL]. [2017 – 02 – 15]. http://bluecanyontech. com/portfolio – posts/nano – star – trackers.

[145] Berlin Space Technologies. Star Tracker ST200 and ST400[EB/OL]. [2016 – 10 – 31]. https://www. berlin – space – tech. com/portfolio/1913/.

[146] Berlin Space Technologies. The LEOS – 50[EB/OL]. [2016 – 10 – 31]. https://www. berlin – space – tech. com/portfolio/leos – 50/.

[147] Prokhorov M, Abubekerov M, Biryukov A. Star Traker ON Chip[EB/OL]. [2016 – 10 – 31]. http://mstl. atl. calpoly. edu/ ~ bklofas/Presentations/SummerWorkshop2013/Prokhorov_Star_Tracker. pdf.

[148] Crassidis J L. Angular velocity determination directly from star tracker measurements[J]. Journal of Guidance, Control, and Dynamics, 2002, 25(6): 1165 – 1168.

[149] 互动百科. 黄道[EB/OL]. [2016 – 10 – 31]. http://www. baike. com/wiki/% E9% BB% 84% E9% 81% 93% 5B% E5% A4% A9% E6% 96% 87% E7% 8E% B0% E8% B1% A1% 5D.

内 容 简 介

星敏感器是目前航天器应用中精度最高的姿态测量敏感器。本书针对微型航天器姿态敏感系统轻小型、高精度的特点,详述了基于 APS CMOS 技术的微小型星敏感器系统、算法研究、样机研制、地面测试与在轨测试等核心技术,所研制的 APS CMOS 星敏感器在精度、捕获时间、功耗、体积等方面具有优势。在此基础上,本书又进一步阐述了 150g 纳型星敏感器、50g 皮型星敏感器等先进技术的研究情况。以上星敏感器样机在我国多个卫星任务中得到了成功应用。

The star tracker has the highest accuracy among different attitude measurement sensors applied in spacecraft. Given that the attitude measurement system in miniature spacecraft should be compact and light with high accuracy, "System principle and implementation approach of APS CMOS star tracker" describes key technologies such as the miniature system based on APS CMOS technology, the algorithm research, the prototype development, ground test and on-orbit experiment. The developed APS CMOS star tracker has advantages in accuracy, capture time, power consumption, and volume. Furthermore, this book expounds advance researches on 150g nano star tracker and 50g pico star tracker. The aforementioned star trackers have been successfully applied in several satellites.

232

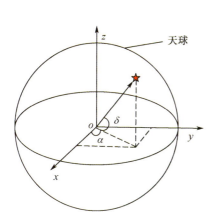

图 1-1　导航星在天球球面坐标系和
　　　　直角坐标系中的描述关系

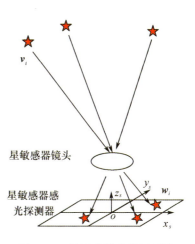

图 1-2　星敏感器成像原理图

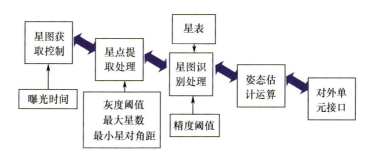

图 1-3　星敏感器工作流程

图 1-4　"嫦娥"卫星上 CCD
　　　　星敏感器

图 1-5　NS-1 卫星上 APS 星相机和
　　　　某型号卫星敏感器

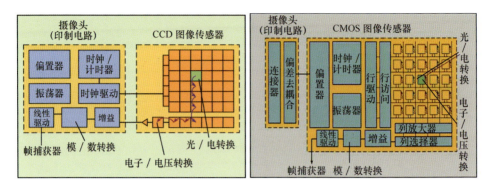

图 1-6　CCD 与 APS CMOS 的读出方式示意图

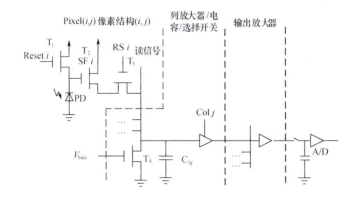

图 1-7　APS CMOS 内部结构

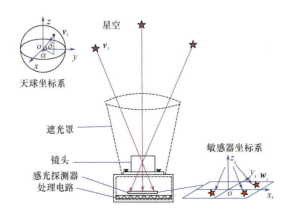

图 2-1　星敏感器成像原理图

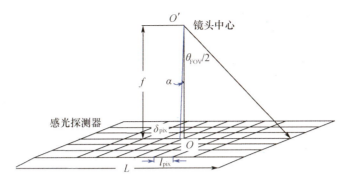

图 2 - 2　星敏感器精度约束关系

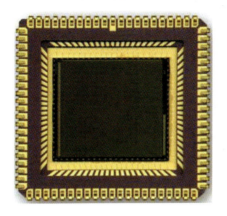

图 2 - 3　Star1000 感光探测器实物图

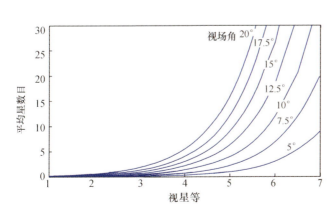

图 2 - 4　星敏感器视场角、视星等和星数目关系

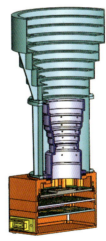

图 2 - 5　一体式星敏
感器内部结构图

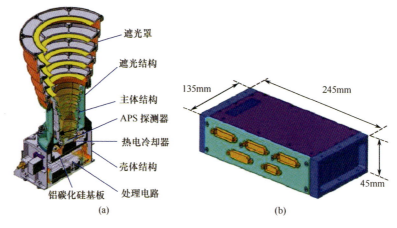

图 2-6　分体式星敏感器结构图

(a)光学敏感头部；(b)电子处理单元。

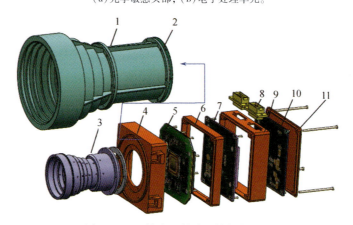

图 2-7　一体式星敏感器结构装配图

1—遮光罩；2—隔热圈；3—镜头；4—APS 盒体；5—APS 电路板；

6—FPGA 盒体；7—FPGA 电路板；8—接插件；9—DSP 盒体；10—DSP 电路板；11—后盖。

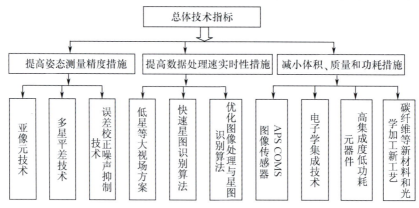

图 2-8　微小型 APS CMOS 星敏感器总体实现框图

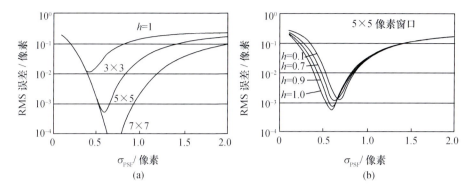

图 3-1 光斑大小、计算窗口及像元填充率与质心偏差的关系

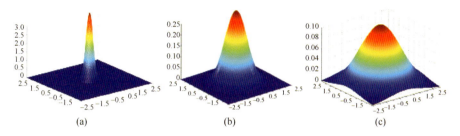

图 3-2 σ_{PSF} 分别为 0.2、0.7 和 1.2 时光斑在 5×5 像素窗口

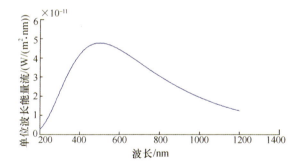

图 3-3 $M_v = 0$, $T = 5800\mathrm{K}$ 对应于各波长的能量密度

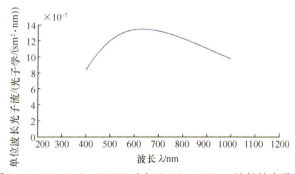

图 3-4 $M_v = 0$, $T = 5800\mathrm{K}$ 对应于 400~1000nm 波长的光子流

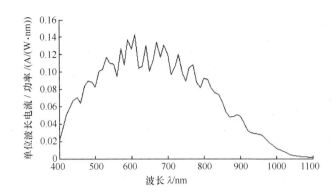

图 3 – 5　APS CMOS Star1000 光谱响应图

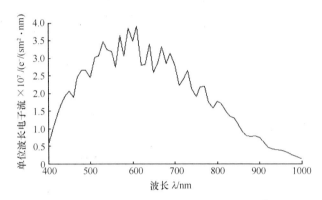

图 3 – 6　$I_e(\lambda) - \lambda$ 的关系曲线($M_v = 0, T = 5800K, 1m^2$ 的面积上)

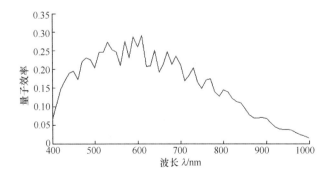

图 3 – 7　Star1000 量子效率与波长关系

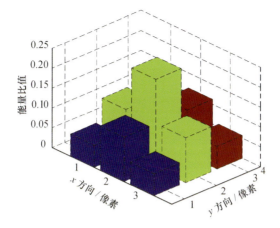

图 3-8 3×3 像素上的能量分布图

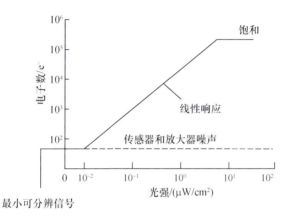

图 3-9 APS CMOS 传感器电子响应特性曲线

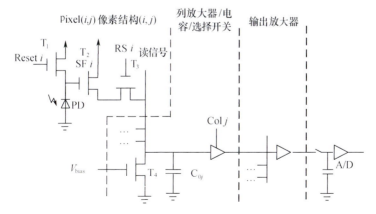

图 3-10 APS CMOS 感光探测器 Star1000 内部结构图

图 3－11　复位噪声等效电路

（a）复位等效电路；（b）噪声等效电路。

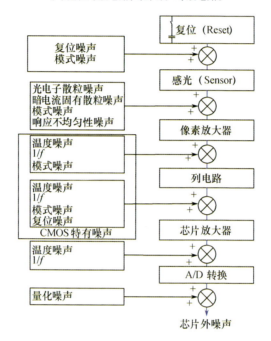

图 3－12　Star1000 APS CMOS 传感器的整体噪声图链

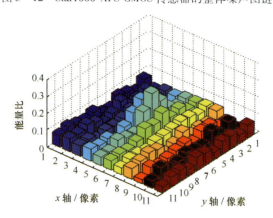

图 3－13　10×10 像素上滤波前星点能量分布图

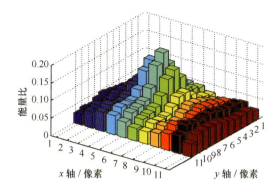

图 3-14 在 10×10 像素上滤波后星点能量分布图

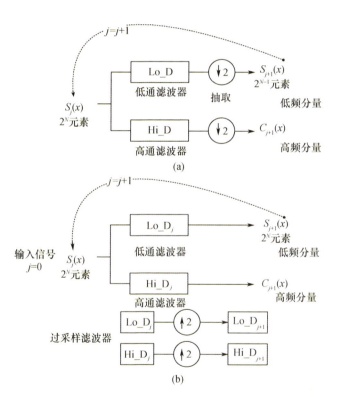

(a)

(b)

图 3-15 小波变换的结构示意图

(a) DWT; (b) SWT。

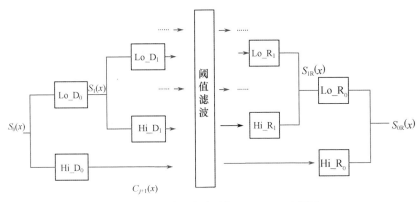

图 3 - 16　利用小波进行 De-Noise 示意图

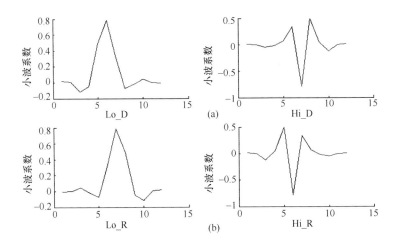

图 3 - 17　sym6 信号分解和重构小波函数图形

（a）信号分解；（b）信号重构。

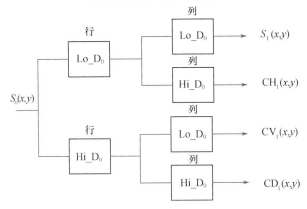

图 3 - 18　二维图像的 SWT 分解示意图

图 3 – 19　星敏感器拍摄得到的星图

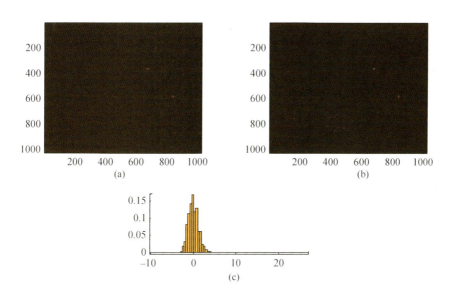

图 3 – 20　对原始星图进行去噪声的小波分析结果图像
(a)原始星图；(b)去噪声星图；(c)噪声残差统计直方图。

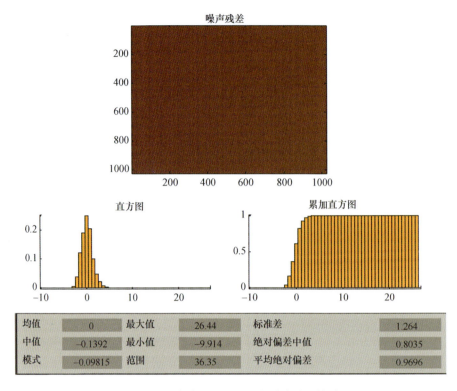

噪声残差

直方图

累加直方图

均值	0	最大值	26.44	标准差	1.264
中值	−0.1392	最小值	−9.914	绝对偏差中值	0.8035
模式	−0.09815	范围	36.35	平均绝对偏差	0.9696

图 3 – 21　小波 De-Noise 后的噪声残差统计

图 3 – 22　原始星图直接阈值分割结果

图 3 – 23　能量相关法滤波星
图阈值分割结果

图 3 - 24　小波去噪声后的阈值星图分割结果

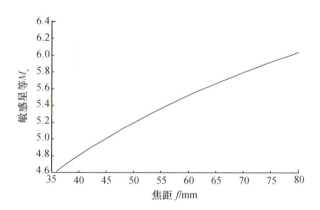

图 4 - 1　星敏感器焦距与敏感星等的关系

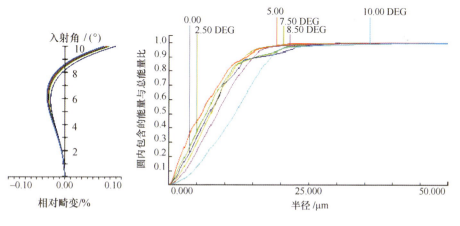

图 4 - 2　相对畸变　　　　　　　　　图 4 - 3　能量集中度

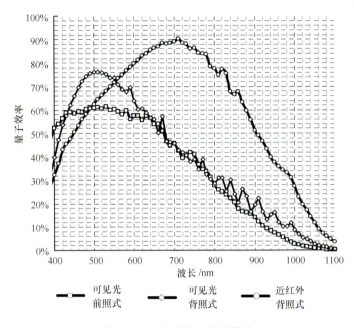

图 4 - 4　APS CMOS 量子效率

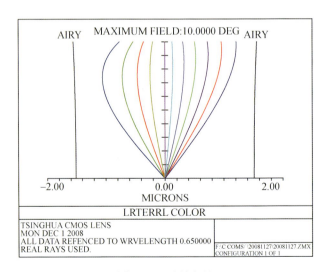

图 4 - 5　垂轴色差

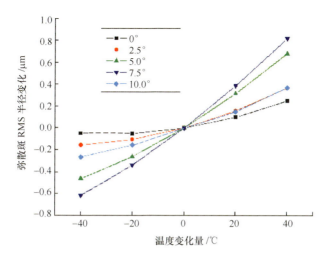

图 4-6   各视场弥散斑 RMS 半径随温度变化

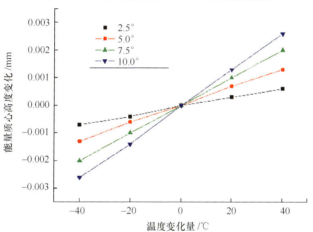

图 4-7   各视场能量质心高度随温度变化

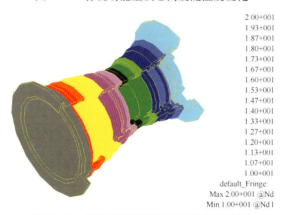

图 4-8   存在温度梯度时的温度分布工况

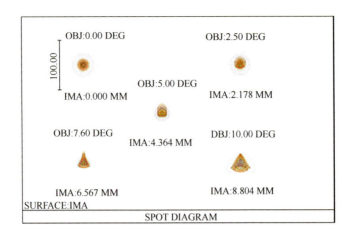

图 4 - 9　轴向温度梯度 10℃ 情况下的系统点列图

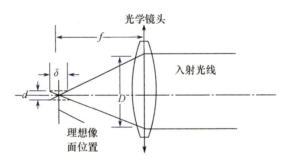

图 4 - 10　理想星敏感器光学系统成像示意图

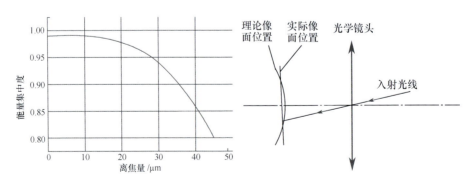

图 4 - 11　能量集中度与离焦量的关系曲线　　　　图 4 - 12　离焦系统分析

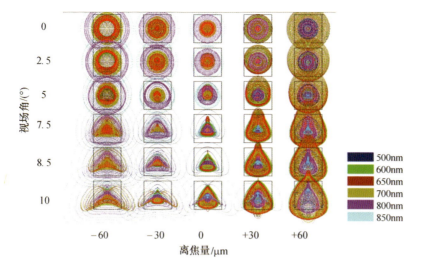

图 4-13　离焦状态下的点列图

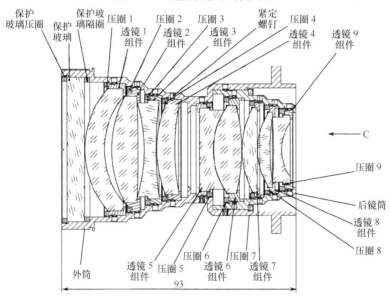

图 4-14　星敏感器的光学镜头内部安装结构

图 4-15　星敏感器镜头加工后实物图

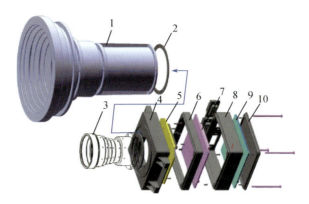

图 4 – 16　星敏感器镜头与结构装配方法

1—遮光罩；2—隔热圈；3—镜头；4—APS 盒体；5—APS 电路板；6—FPGA 盒体；
7—FPGA 电路板；8—DSP 盒体；9—DSP 电路板；10—后盖。

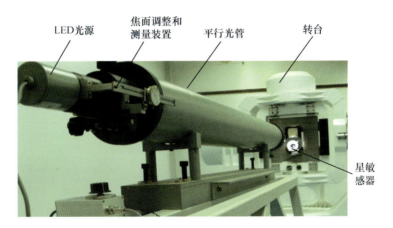

图 4 – 17　星敏感器焦平面装调系统

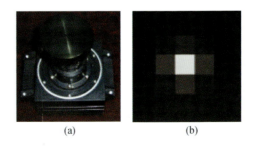

(a)　　　　　　　　　　(b)

图 4 – 18　装调好的星敏感器系统(a)及星点成像图(b)

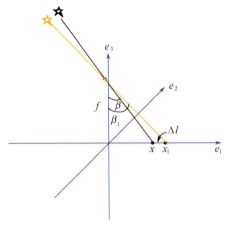

图 5 - 1   噪声等效角示意图

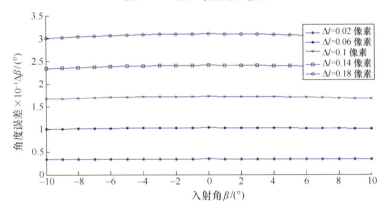

图 5 - 2   不同入射角情况下星点提取误差对应的角度误差曲线

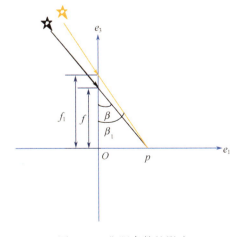

图 5 - 3   焦距参数的影响

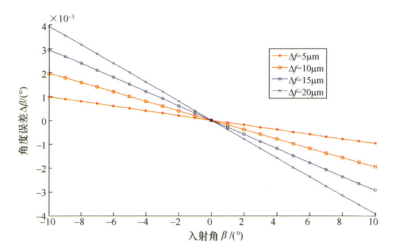

图 5 - 4　不同入射角下焦距误差给系统精度带来的误差

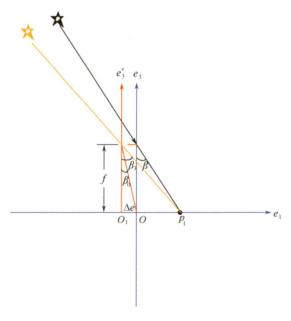

图 5 - 5　主点误差示意图

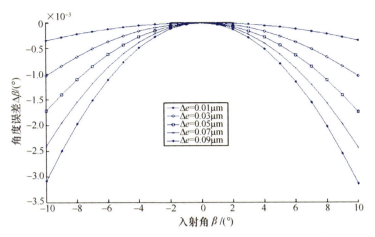

图 5-6　不同入射角下主点误差给系统精度带来的影响

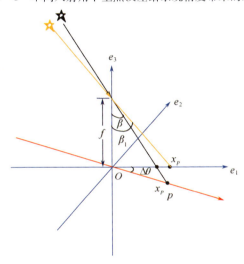

图 5-7　像平面倾斜对系统精度影响示意图

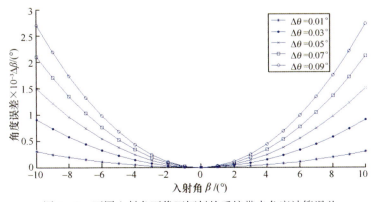

图 5-8　不同入射角下像面倾斜给系统带来角度计算误差

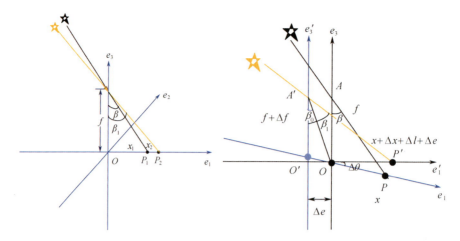

图 5 - 9　畸变对系统精度的影响示意图　　　　图 5 - 10　多参数误差综合

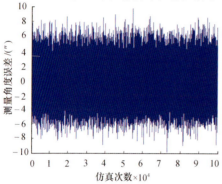

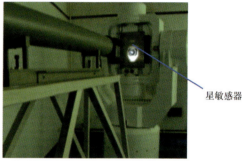

图 5 - 11　蒙特卡洛综合影响分析结果　　　　图 5 - 12　基于转台的主点标定方法

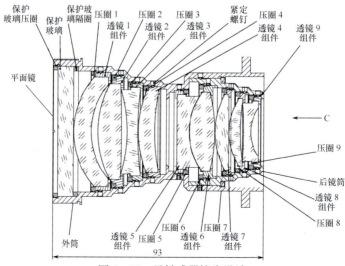

图 5 - 13　星敏感器镜头设计

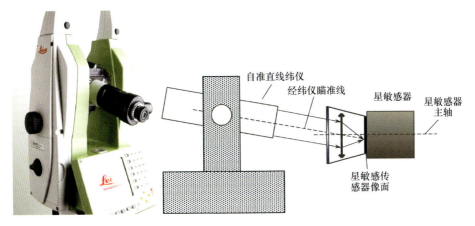

图 5 – 14　经纬仪外观图　　　　　　图 5 – 15　经纬仪标定实验

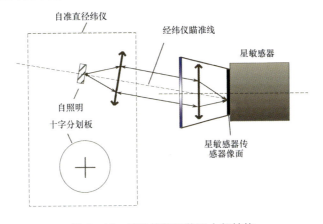

图 5 – 16　经纬仪测量装置内部结构

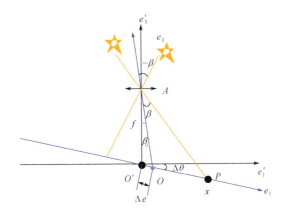

图 5 – 17　以主点为基础的标定模型

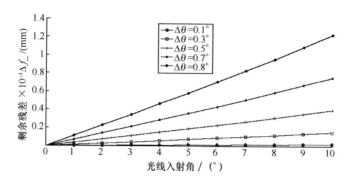

图 5 – 18 采用对称角度角度相减法得到计算残差与入射角及倾斜角关系

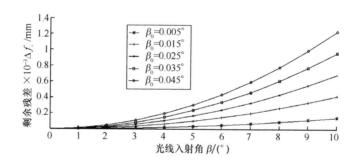

图 5 – 19 采用对称角度角度相加法得到计算残差与
入射角及主点偏差角关系($\Delta\theta = 1°$)

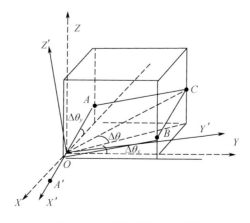

图 5 – 20 两轴倾斜角示意图

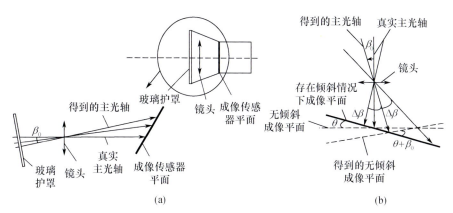

图 5 - 21　主光轴偏差对标定结果的影响

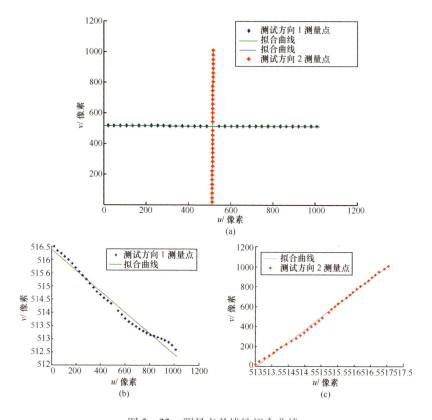

图 5 - 22　测量点及线性拟合曲线

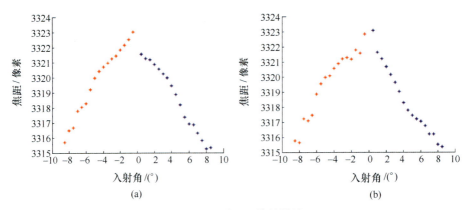

图 5 - 23　焦距 f 估计结果

（a）为测量方向 L1 的结果；（b）为测量方向 L2 的结果。

（红色测量点及蓝色测量点分别表示中心对称的入射光线所得到的测量点）

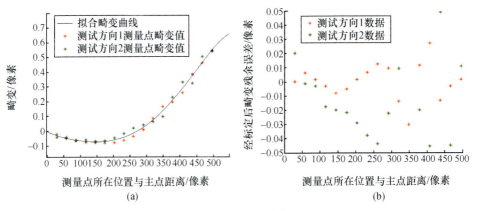

图 5 - 24　畸变曲线

（a）拟合的畸变曲线；（b）拟合后的畸变残余误差。

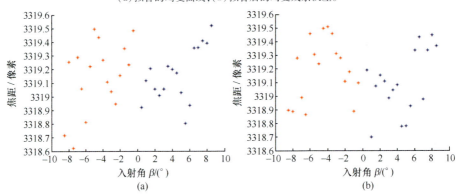

图 5 - 25　焦距 f 的重估计

（a）测量方向 L_1 的结果；（b）测量方向 L_2 的结果。

（红色测量点及蓝色测量点分别表示中心对称入射光线所形成的测量点）

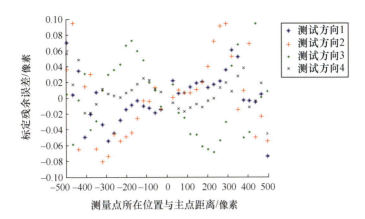

图 5 - 26　标定残余误差

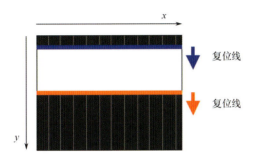

图 6 - 1　APS CMOS ERS 读出方式

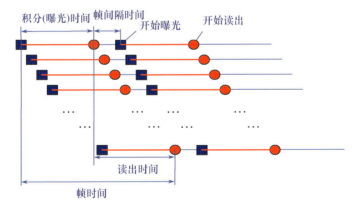

图 6 - 2　APS CMOS ERS 图像流水示意图

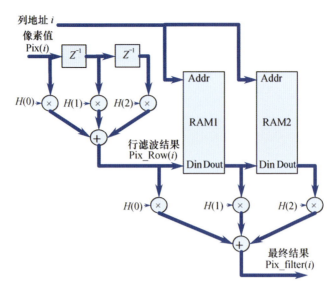

图 6-3   FPGA 内实现图像二维卷积的流水滤波结构图

	上	
左	*	右
	下	

(a)

左上	上	右上
左	*	右
左下	下	右下

(b)

图 6-4   像素 4-相邻和 8-相邻示意图

(a) 4-相邻；(b)8-相邻。

1	1	0	1	1	1	0	1
1	1	0	1	0	1	0	1
1	1	1	1	0	0	0	1
0	0	0	0	0	0	0	1
1	1	1	1	0	1	0	1
0	0	0	1	0	1	0	1
1	1	0	1	0	0	0	1
1	1	0	1	0	1	1	1

(a)

1	1	0	1	1	1	0	2
1	1	0	1	0	1	0	2
1	1	1	1	0	0	0	2
0	0	0	0	0	0	0	2
3	3	3	3	0	4	0	2
0	0	0	3	0	4	0	2
5	5	0	3	0	0	0	2
5	5	0	3	0	2	2	2

(b)

图 6-5   二值图像及其利用递归跟踪算法进行确定标签示意图

(a)二值图像；(b)递归跟踪。

1	1	0	1	1
1	1	0	0	1
1	1	1	0	1
0	0	0	0	0
0	1	1	1	1

行序号	起始列序号	终止列序号	标志位
0	0	1	0
0	3	4	0
1	0	1	0
1	4	4	0
2	0	2	0
2	4	4	0
4	1	4	0

（a）　　　　　　　　　　　　　　　（b）

图 6-6　游程算法的第一遍执行

（a）输入二值图像；（b）计算结果。

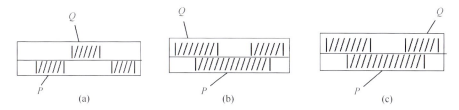

图 6-7　游程算法的 3 种标签形式

（a）P 和 Q 没有重合；（b）P 和 Q 有重合，P 没有标签；（c）P 和 Q 有重合，P 有标签。

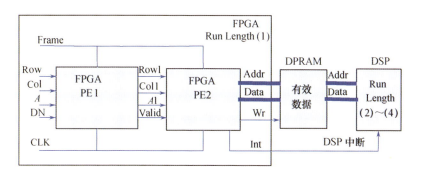

图 6-8　基于 FPGA-DPRAM-DSP 结构的游程算法

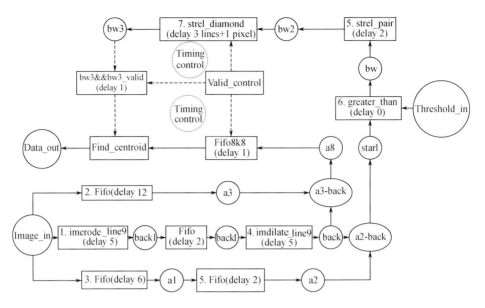

图 6-9　基于 FPGA 硬件逻辑的实时星点提取算法

图 6-10　典型的星点成像

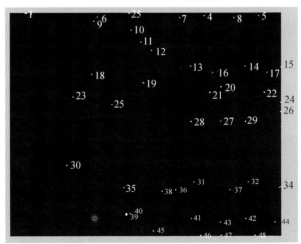

图 6-11　真实星图的提取效果

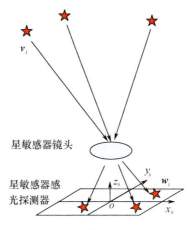

图 7 - 1　星敏感器成像模型

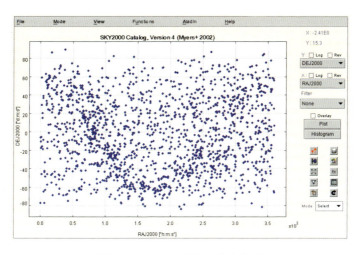

图 7 - 2　全天球导航星分布情况

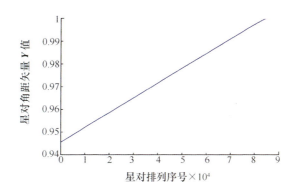

图 7 - 3　导航星对角距余弦矢量

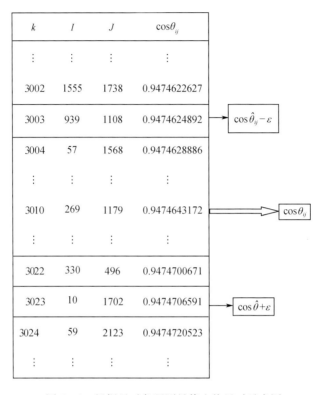

k	I	J	$\cos\theta_{ij}$
⋮	⋮	⋮	⋮
3002	1555	1738	0.9474622627
3003	939	1108	0.9474624892
3004	57	1568	0.9474628886
⋮	⋮	⋮	⋮
3010	269	1179	0.9474643172
⋮	⋮	⋮	⋮
3022	330	496	0.9474700671
3023	10	1702	0.9474706591
3024	59	2123	0.9474720523
⋮	⋮	⋮	⋮

$\cos\hat{\theta}_{ij}-\varepsilon$

$\cos\theta_{ij}$

$\cos\hat{\theta}+\varepsilon$

图 7 - 4 根据星对角距测量值查找星对示意图

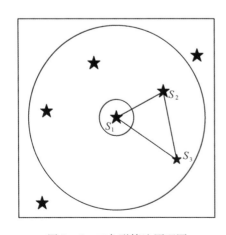

图 7 - 5 三角形算法原理图

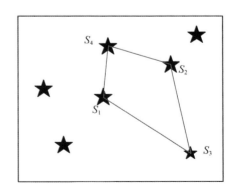

图 7 - 6 多边型匹配法原理图

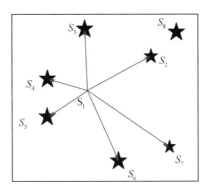

图 7 - 7 极点法原理图

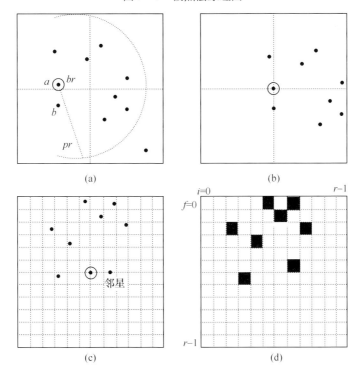

图 7 - 8 栅格法星图识别原理

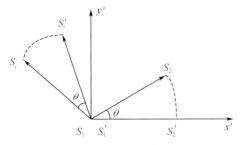

图 7 - 9 导航星坐标建立原理图

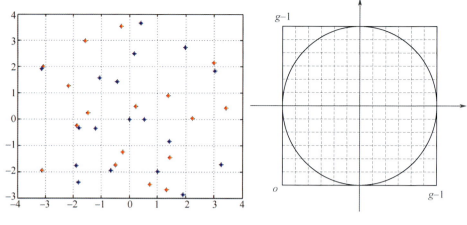

图 7 - 10　星点旋转变换示意图　　　　　　　图 7 - 11　栅格的划分原理

（注:红色表示旋转前星图,蓝色表示旋转后星图）

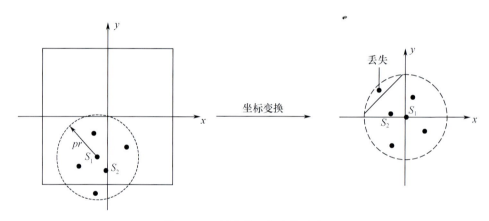

图 7 - 12　栅格的坐标变换示意图

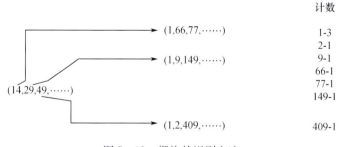

图 7 - 13　栅格的识别方法

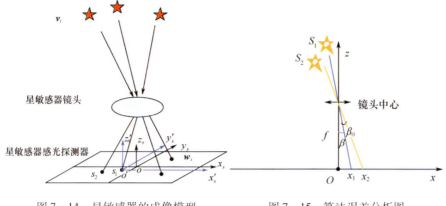

图 7 - 14 星敏感器的成像模型 图 7 - 15 算法误差分析图

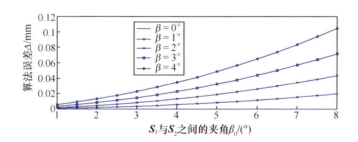

图 7 - 16 利用平移法进行变换时所带来的位置误差

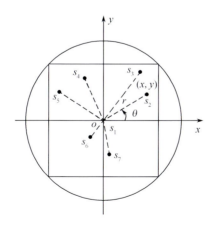

图 7 - 17 直角坐标系星点坐标
到极坐标系变换示意图

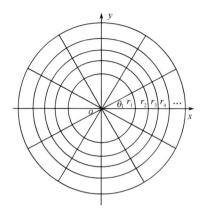

图 7 - 18　极坐标网格划分

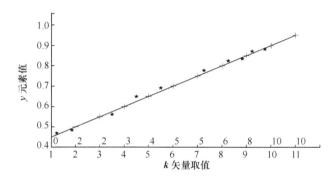

图 7 - 19　k 矢量生成示意图

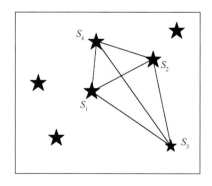

图 7 - 20　金字塔算法的星组构成

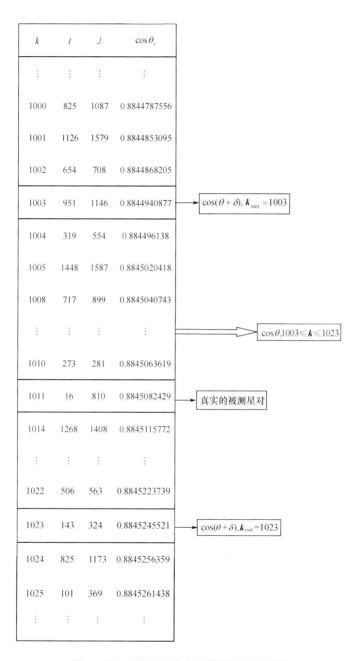

图 7-21　k 矢量查找表的使用说明示意图

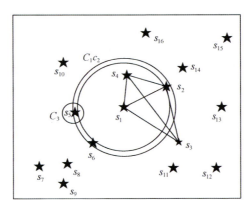

图 7 - 22　全天自主递推星图识别模式

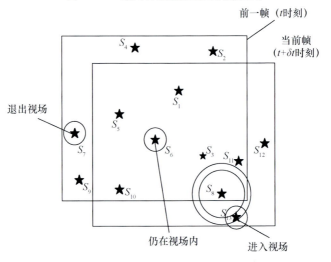

图 7 - 23　跟踪模式下递推星图识别

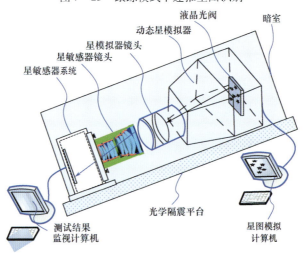

图 8 - 1　星敏感器实验室模拟系统结构图

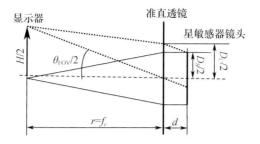

图 8-2　星敏感器实验测试光学系统

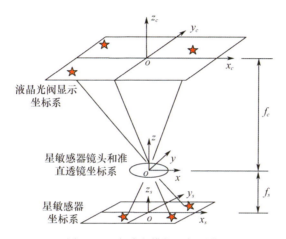

图 8-3　实验室模拟坐标系统

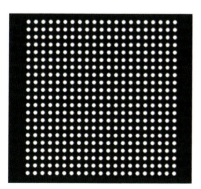

图 8-4　显示器上标定时
模拟的目标点

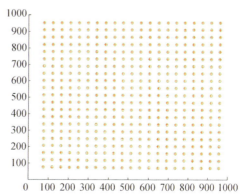

图 8-5　反投影像点(o)与实际
获得像点(+)对比图

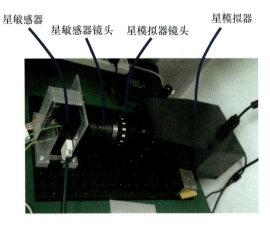

图 8 - 6　星敏感器实验室测试系统

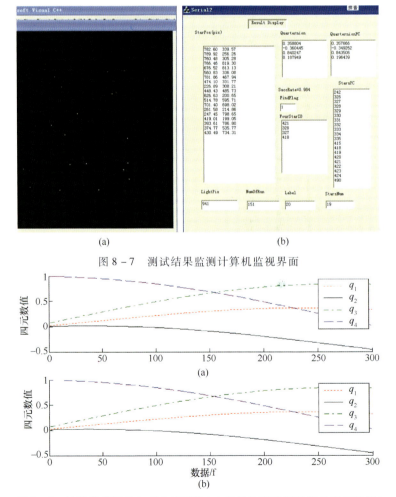

（a）　　　　　　　　　　　　　　　　（b）

图 8 - 7　测试结果监测计算机监视界面

图 8 - 8　计算机模拟星空变化四元数（a）和星敏感器实际测量四元数（b）

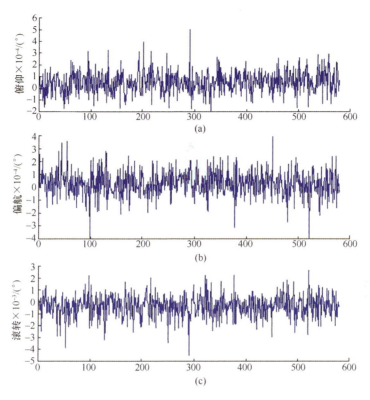

图 8-9 利用实验室测试系统测得星敏感器的三轴姿态估计误差曲线

(a)俯仰方向误差;(b)偏航方向误差;(c)滚转方向误差。

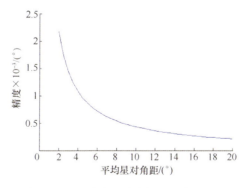

图 8-10 滚转方向精度与星对角距关系

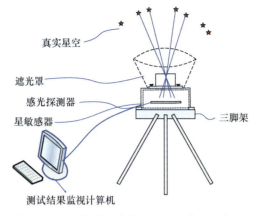

真实星空

遮光罩
感光探测器
星敏感器

三脚架

测试结果监视计算机

图 8 - 11　星敏感器真实星空实验装置示意图

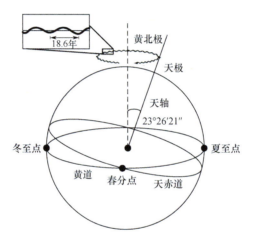

图 8 - 12　地球在天球坐标系中运动的主要坐标系参数

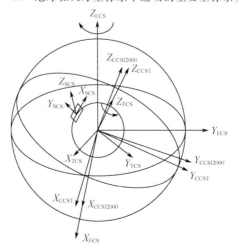

图 8 - 13　系统坐标系定义

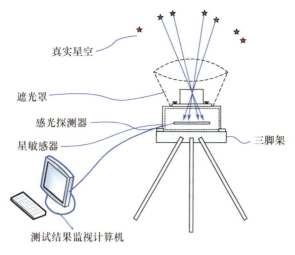

图 8 - 14　星敏感器测量系统装置

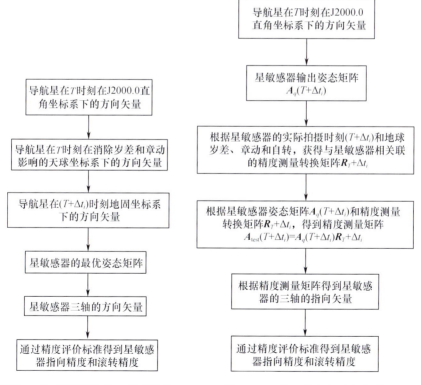

图 8 - 15　基于导航星矢量变换的
星敏感器精度测试方法框图

图 8 - 16　基于姿态矩阵变换的
星敏感器精度测试方法框图

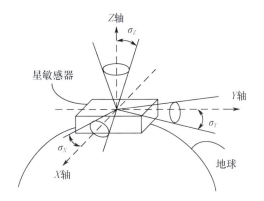

图 8 - 17　星敏感器指向精度和滚转精度示意图

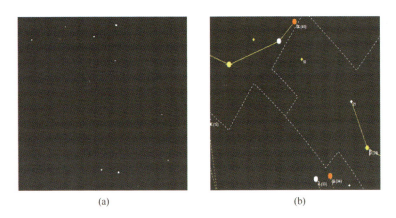

(a)　　　　　　　　　　　　　(b)

图 8 - 18　星敏感器捕获的星图(a)及对应天区的 Skymap 图片(b)

图 8 - 19　观星实验照片

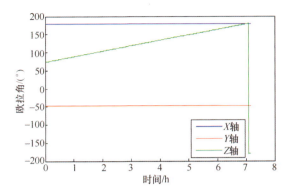

图 8 - 20   星敏感器测得地球转动曲线

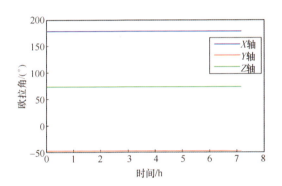

图 8 - 21   星敏感器测得地球转动曲线

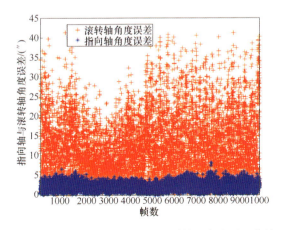

图 8 - 22   星敏感器指向轴和滚转轴的角度误差曲线

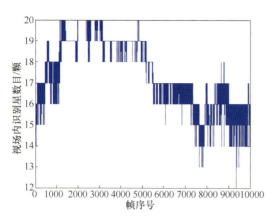

图 8 - 23　视场内识别星点数目

图 8 - 24　星敏感器安装方向示意图

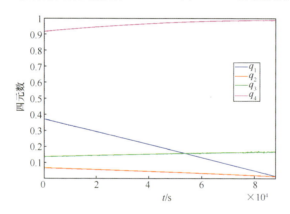

图 8 - 25　天顶指向到北极星指向的姿态四元数变化

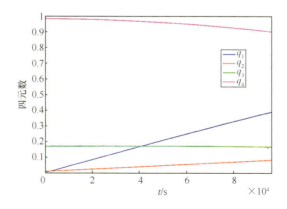

图 8 - 26　北极星指向到天顶指向的姿态四元数变化

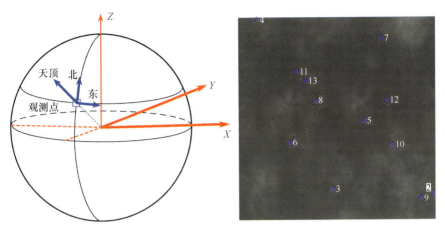

图 8 - 27　测试点地理方位在
天球坐标系下指向

图 8 - 28　星敏感器在接近天亮时
有云天气下工作图片

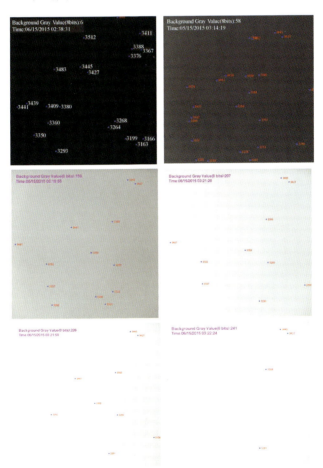

图 8 - 29　在天亮过程中星图变化及其所提取到的星点(2015 年 6 月 15 日,长春)

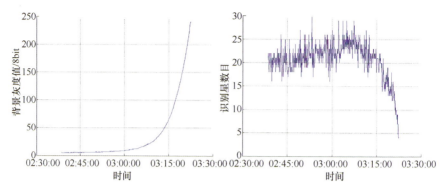

图 8 – 30　在天亮过程中星敏感器的背景变化和识别的星数目变化

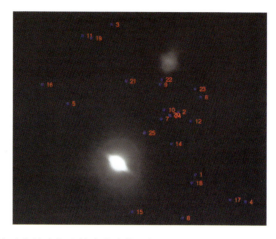

图 8 – 31　在接近满月时的星敏感器成像及提取识别效果（2015 年 10 月 2 日, 兴隆）

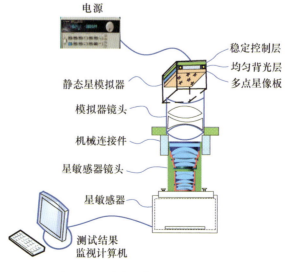

图 8 – 32　静态星模拟器实验示意图

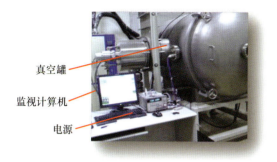
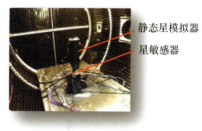

真空罐

监视计算机

电源

静态星模拟器

星敏感器

图 8 - 33　静态星模拟器热真空实验示意图

单星模拟器

热真空罐

图 8 - 34　静态星模拟器热真空实验示意图

图 8 - 35　经纬仪建站方式的安装矩阵等参数振动前后变化检测

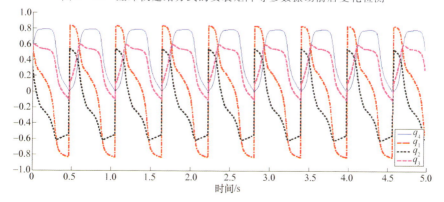

图 9 - 1　微型星敏感器在轨四元数输出结果 $\times 10^4$（2012. 12. 1 ～ 2012. 12. 2）

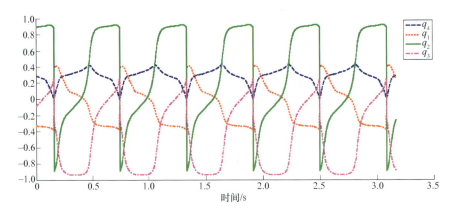

图 9 - 2　微型星敏感器在轨四元数输出结果 × 10^4（2013.5.4）

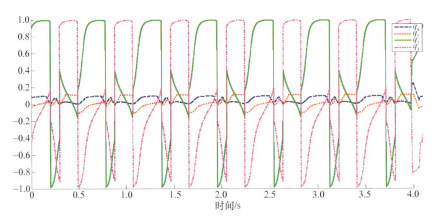

图 9 - 3　微型星敏感器在轨四元数输出结果 × 10^4（2014.3.19）

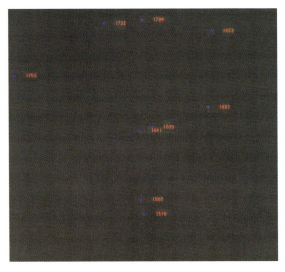

图 9 - 4　识别后的星图（2012.12.3）

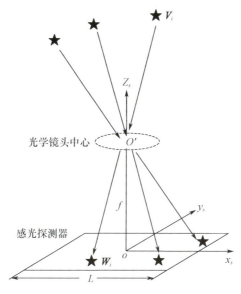

图 9 - 5　星敏感器理想成像模型

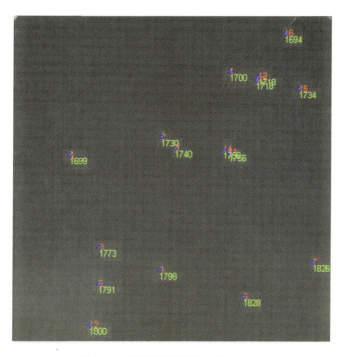

图 9 - 6　识别后的星图(2013.1.24)

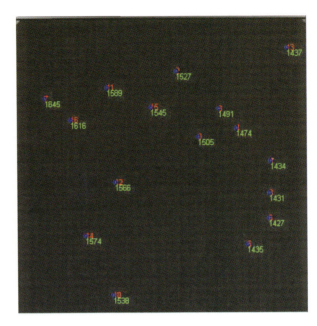

图 9 - 7　识别后的星图(2013.51.18)

图 9 - 8　识别后的星图(2014.3.6)

图 9 – 9　地面观星实验中识别后的星图(2011.3.16)

图 9 – 10　卫星机动状态下的星图(增强处理过的图像)(2013.3.5)

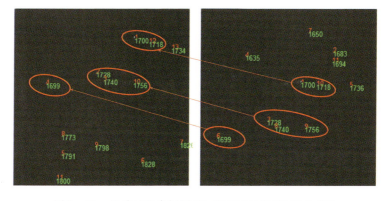

图 9 – 11　机动过程中间隔30s的两幅星图(2013.1.24)

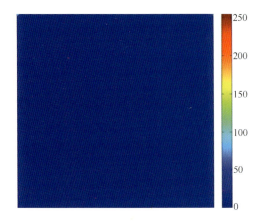

图 9-12 在轨星图经过增强处理后的星点信息

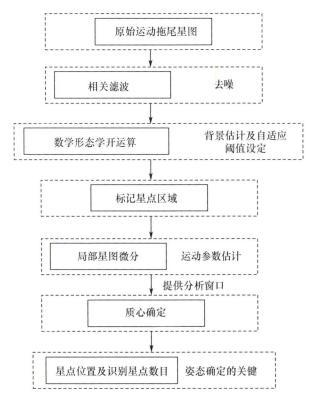

图 9-13 动态星图处理以及星点提取的完整流程

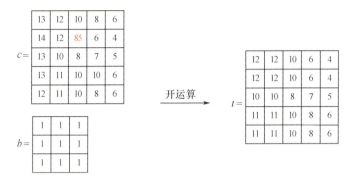

图 9 – 14　开运算示意图

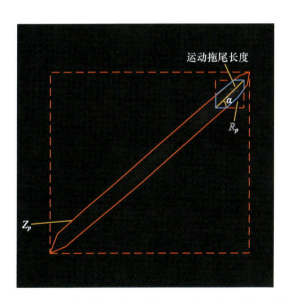

图 9 – 15　基于参考窗口的星点提取及质心确定方法示意图

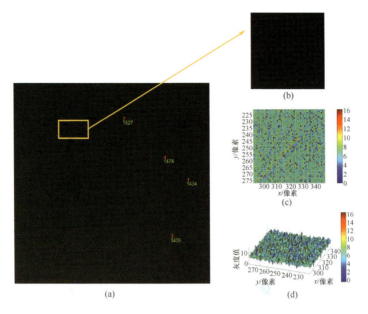

图 9 - 16　星点提取结果

（a）在轨星图经过一般处理方法后提取及识别到的星点信息；（b）同一星点区域的灰度图；

（c）同一星点区域的彩色显示图；（d）同一星点区域的 3D 显示图。

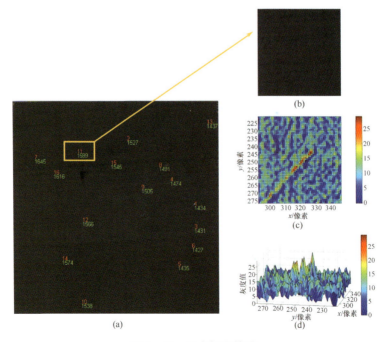

图 9 - 17　星点提取结果

（a）在轨星图使用星图预处理方法后提取及识别到的星点信息；（b）同一星点区域的灰度图；

（c）同一星点区域的彩色显示图；（d）同一星点区域的 3D 显示图。

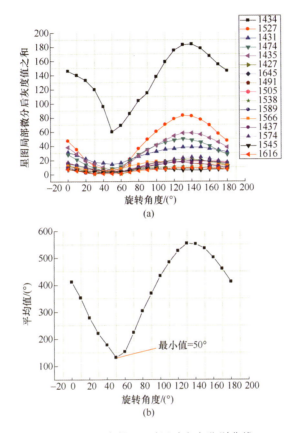

图 9 - 18　步长 10°时运动方向鉴别曲线

（a）所有被识别星点的鉴别曲线；（b）鉴别中曲线在不同角度的和。

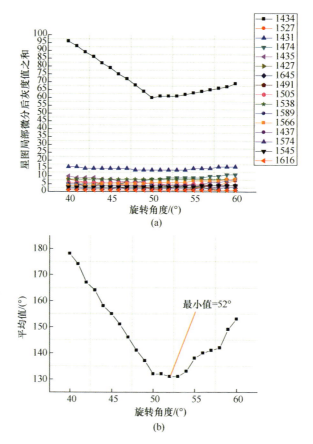

图 9 - 19 步长 1°时运动方向鉴别曲线

（a）所有被识别星点的鉴别曲线；（b）鉴别曲线在不同角度的和。

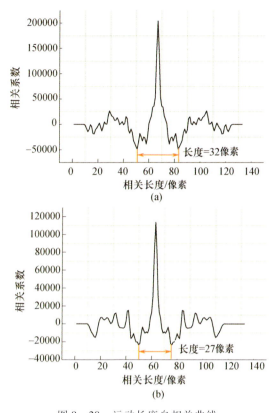

图 9 - 20　运动长度自相关曲线

（a）任意选择的 ID 1527 星的自相关曲线；（b）任意选择的 ID 1474 星的自相关曲线。

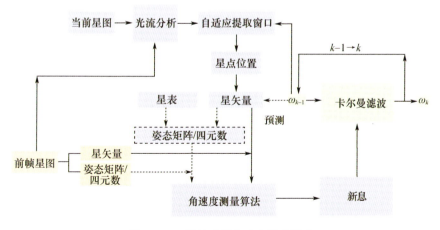

图 9 - 21　星敏感器高动态跟踪算法

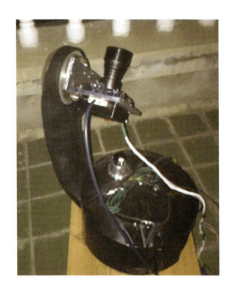

图 9 - 22　星敏感器动态性能地面验证实验

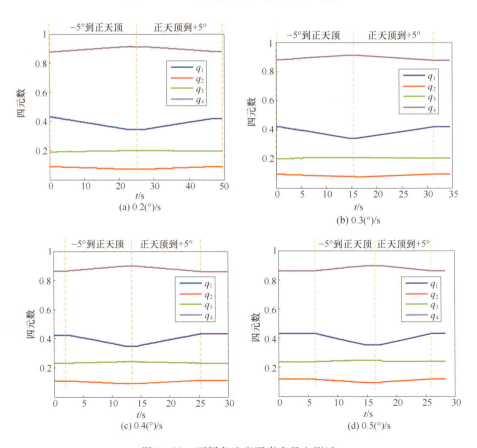

图 9 - 23　不同角速度下真实星空测试

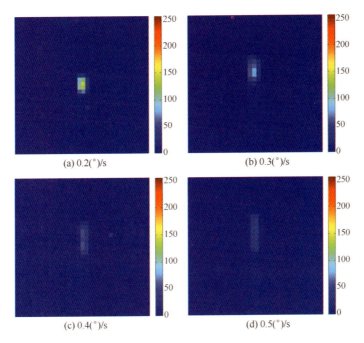

(a) 0.2(°)/s   (b) 0.3(°)/s

(c) 0.4(°)/s   (d) 0.5(°)/s

图 9 - 24   不同角速度下星点成像情况

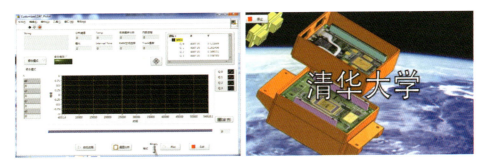

图 9 - 25   在轨评估软件总控和原理演示

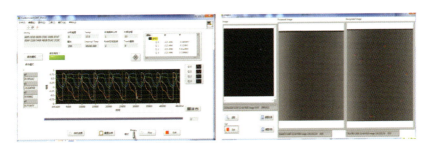

图 9 - 26   在轨运行姿态数据、星图数据及精度评估

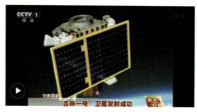

图 9-27 "吉林一号"组星

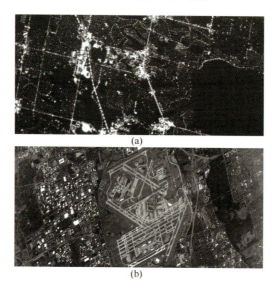

图 9-28 "吉林一号"灵巧成像技术验证卫星获取的图像
（a）凝视姿态（100ms，丹佛夜景）；（b）大侧摆角斜视成像（芝加哥机场）。

图 9-29 "吉林一号"视频卫星
拍摄影像截图（墨西哥杜兰戈）

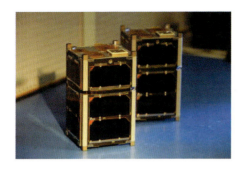

图 10 - 1　立方体卫星[142]

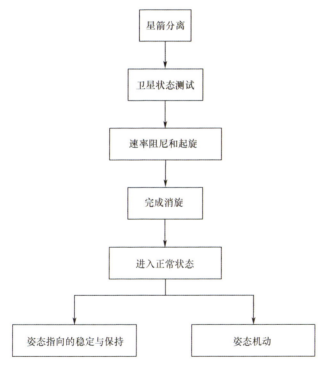

图 10 - 2　微纳卫星姿态控制流程

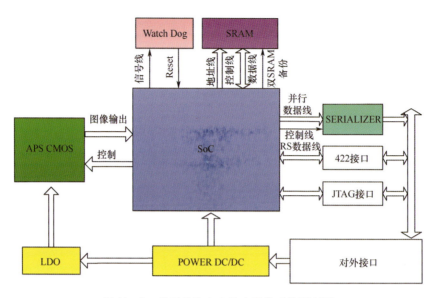

图 10 - 3　基于单片 SoC 的电子学系统原理图

图 10 - 4　纳型星敏感器结构

图 10 - 5　外场测试实验

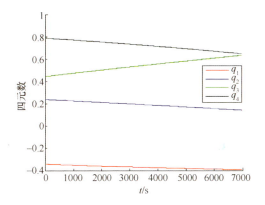

图 10 − 6 外场测试姿态四元数 ×10^3

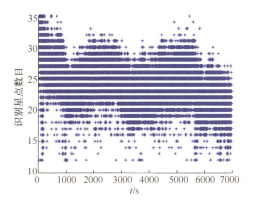

图 10 − 7 识别星点数目 ×10^3

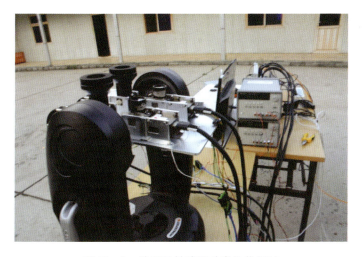

图 10 − 8 纳型星敏感器动态性能测试

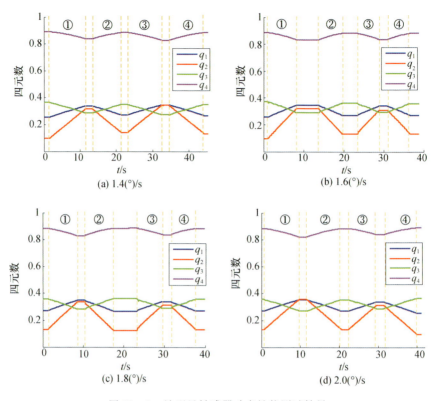

图 10 - 9　纳型星敏感器动态性能测试结果

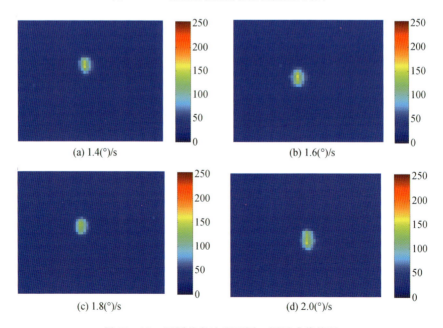

图 10 - 10　不同的角速度下同一颗星成像情况

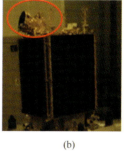

(a)   (b)

图 10-11   纳型星敏感器安装在 NS-2 纳型卫星上

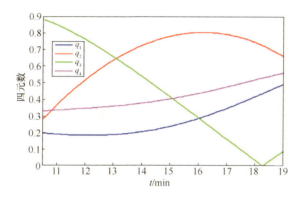

图 10-12   姿态四元数曲线

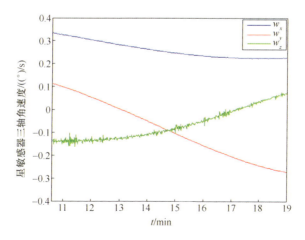

图 10-13   角速率曲线

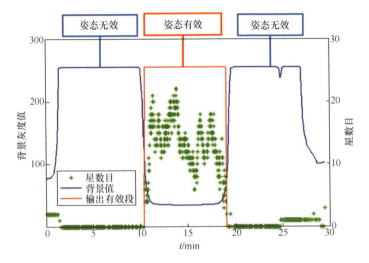

图 10 - 14 星敏感器遥测数据监测参数曲线

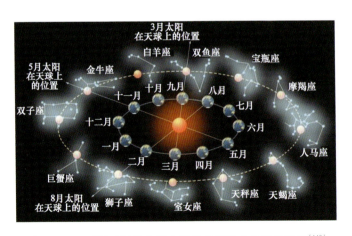

图 10 - 15 不同时间的太阳在天球坐标系中位置示意图[149]

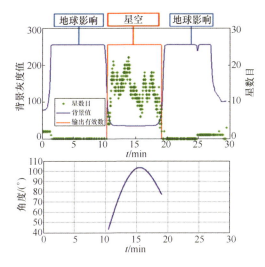

图 10-16 太阳光与星敏感器光轴夹角的变化情况

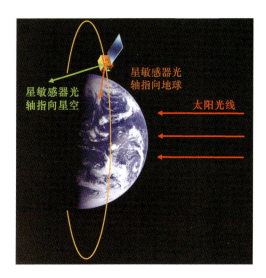

图 10-17 卫星、地球与太阳指向关系